教育部高职高专规划教材

建筑制图与识图

第二版

寇方洲　罗　琳　陈扶云　等编

化学工业出版社

·北京·

本书在总体结构与内容安排上充分考虑了当前高职高专技能型人才培养的目标及后续课程的实际需要。本书主要介绍了以下内容：制图的基本规定；投影法的基本知识；点、直线、平面的投影；基本体的投影；组合体的投影；立体的截断与相贯；轴测投影图；剖面图与断面图；建筑施工图；结构施工图；设备施工图；阴影与透视。本书为强化教学，配有习题集。

本书可作为高职高专土建类各专业的教材，也可作为相关专业人员的参考书。

图书在版编目（CIP）数据

建筑制图与识图/寇方洲，罗琳，陈扶云等编. —2版.
北京：化学工业出版社，2011.12
教育部高职高专规划教材
ISBN 978-7-122-12853-9

Ⅰ. 建… Ⅱ. ①寇…②罗…③陈… Ⅲ. 建筑制图-识别-教材 Ⅳ. TU204

中国版本图书馆 CIP 数据核字（2011）第 238794 号

责任编辑：王文峡　　装帧设计：尹琳琳
责任校对：陶燕华

出版发行：化学工业出版社（北京市东城区青年湖南街 13 号　邮政编码 100011）
印　　装：三河市延风印装厂
787mm×1092mm　1/16　印张 12¾　字数 285 千字　2012 年 2 月北京第 2 版第 1 次印刷

购书咨询：010-64518888（传真：010-64519686）　售后服务：010-64518899
网　　址：http://www.cip.com.cn
凡购买本书，如有缺损质量问题，本社销售中心负责调换。

定　　价：24.00 元

版权所有　违者必究

前　言

本教材第一版经过近五年的使用，得到了全国众多院校师生的充分认可和肯定，由于科学技术的快速发展，原有标准、规范的更新、应广大读者的要求，编者对本教材部分内容进行了完善：其中第十章结构施工图中的钢筋混凝土梁、板、柱配筋图，在平面整体表示法的基础上，增加了传统的表达方法，以更好地满足广大读者的需求。

参加本教材编写工作的有江西现代职业技术学院、江西建设职业技术学院寇方洲、罗琳、陈扶云、周浩。其中绪论由寇方洲、罗琳共同编写，寇方洲编写第二至六章，陈扶云编写第一、七、八章，罗琳编写第九、十章，周浩编写第十一、十二章。全书由寇方洲执笔修订。

本书在编写过程中，承有关设计单位提供了部分资料；江西建设职业技术学院徐友岳教授、现代职业技术学院谢芳蓬教授对本书进行了审核；周浩、刘从燕参加了本书的编排、绘图等工作，在此一并表示感谢。

限于编者水平，书中不妥之处敬请读者批评指正。

编者

2011 年 9 月

第一版前言

为了适应高职高专日益发展的教学需求，适应高职高专建筑类的教学改革，结合职业教育的特点，我们编写了《建筑制图与识图》教材。

本教材在总体结构和内容安排上充分考虑了当前高职高专技能型人才培养的目标，以及后续课程的实际需求，注重理论与实践相结合，以必需、够用为度，加强了制图中的形体表达能力和绘图、读图的基本功训练。

本教材的编写除考虑到建筑类专业必需的画法几何和建筑、结构施工图外，还增加了阴影与透视以及设备施工图内容，以供建筑类各专业使用。

为适应教学需要，同时编写了《建筑制图与识图习题集》，与本书配套使用。

参加本教材编写工作的有江西现代职业技术学院、江西建设职业技术学院寇方洲、罗琳、陈扶云、周浩。其中绪论由寇方洲、罗琳共同编写，寇方洲编写第二至六章，陈扶云编写第一、七、八章，罗琳编写第九、十章，周浩编写第十一、十二章。

本书在编写过程中，承有关设计单位提供了部分资料；江西建设职业技术学院徐友岳教授、现代职业技术学院谢芳蓬教授对本书进行了审核；周浩、刘从燕参加了本书的编排、绘图等工作，在此一并表示感谢。

由于编写时间仓促，加之编者的水平有限，书中难免有不妥与疏漏之处，恳请广大读者批评指正。

编者

2006 年 9 月

目 录

绪论

一、本课程的性质和任务

在实际工程中，无论是建造一幢住宅、一所学校或一座工厂，首先都要画出图样，然后才能按图施工，因此，工程图样被喻为“工程界的技术语言”，是进行工程规划设计和施工不可缺少的工具之一。作为一名工程技术人员，首先必须掌握这种语言，才能读懂施工图样。

本课程是高职高专土建类各专业的一门专业基础课。其主要任务如下。

① 研究投影法，主要是正投影法的基本理论及其应用。

② 了解现行建筑制图标准和有关的专业制图标准。

③ 掌握绘制和阅读建筑工程图样的初步能力。

④ 培养空间想象力及分析表达能力。

⑤ 培养认真负责的工作态度和一丝不苟的工作作风。

二、本课程的学习方法及学习要求

本课程是一门既有理论知识，实践性又相当强的专业基础课，加强实践课的教学是本课程的一个重要环节，要学好这门课，学习时应做到以下几点。

① 端正学习态度，明确学习目的。本课程一般安排在大学一年级，学习者由高中进入大学，容易产生松劲情绪，因此一开始就应明确学习目的，端正学习态度，才能为今后的学习打下一个良好的基础。

② 做到课前预习，课堂上认真听讲，课后及时复习。大学的课程都有统一的教学计划，并制定了教学日历，学习时应根据教学日历安排的进度做好课前预习，粗略阅读一下课程内容；在听课时，带着预习中的疑难问题听课，多思考，注意弄清基本概念；课后要及时复习，以加深理解，本课程的特点是图多，复习时应图文并读，吃透教材内容，特别要注意弄清从空间到平面和从平面到空间的过程。

③ 循序渐进，多做练习，准确作图。本课程的另一个特点是系统性、实践性很强，一环扣一环，务必做到每一次听课及复习后，多做练习，独立完成作业，从易到难，循序渐进。

④ 有意识地培养空间想象能力。可利用模型（如用橡皮泥或瓜果制作）、轴测图等进行由物作图和由图想象物体的反复训练，掌握物体与投影图之间的转换规律，逐步培养空间想象能力。

⑤ 正确处理好识图与画图的关系。画图可以加深对图样的理解，提高识图能力；识图则是画图的基础，只有看懂了图样，才能又快又好地将图画出。对于高等职业技术学院的学生来说，识图能力的培养尤为重要。

⑥ 严格要求，耐心细致，严谨求实。图样是工程施工的重要依据，图样上的任何一点差错将会直接影响工程的质量，甚至造成巨大损失，因此无论是画图、看图，都应

养成严肃认真的工作态度和耐心细致的工作作风。

⑦ 多看、多想、多实践。平时注意多观察周围的建筑物，积累一些感性认识；适当看一些参考书，如画法几何学、其他建筑制图教材、房屋建筑构造、建筑制图标准（规范）等，以拓宽自己的知识面，培养自学能力。

⑧ 本课程是一门承前启后的课程，学好前期的建筑材料课，对学好本课程将有很大的帮助，本制图课学懂了，对后续的建筑构造、建筑设计、施工技术、工程预算等课程会更加得心应手，取得事半功倍的效果。

总之，本课程学得好坏，将直接影响到后续课程的学习和能力的提高，一定要引起高度重视。

第一章 制图的基本规定

建筑工程图是表达建筑工程设计意图的重要手段，也是建筑施工的重要依据，为使工程技术人员或建筑技术工人都能看懂建筑工程图，或用图纸来交流技术思想，就必须有一个统一的基本规定作为制图或识图的依据。因此，为做到建筑工程图制图统一、简单清晰，提高制图效率，满足设计、施工、存档等要求，以适应工程建筑的需要，国家制定了全国统一的建筑工程制图标准。其中《房屋建筑制图统一标准》，(GB/T 50001—2001) 是建筑工程制图的基本规定，是各专业制图的通用部分。除此之外，分别还有总平图、建筑、结构、给排水和采暖等专业的制图标准。在应用《房屋建筑制图统一标准》的同时，还必须与各专业制图标准配合使用。

第一节 图纸的幅面规格

图纸幅面的基本尺寸规定有五种，其代号分别为 A0、A1、A2、A3、A4。各号图纸幅面尺寸和图框形式、图框尺寸都有明确规定，具体规定见表 1-1、图 1-1～图 1-3。

表 1-1 图框及图框尺寸 单位：mm

尺寸代号	幅面代号				
	A0	A1	A2	A3	A4
$b \times l$	841×1189	594×841	420×594	297×420	210×297
c	10			5	
a	25				

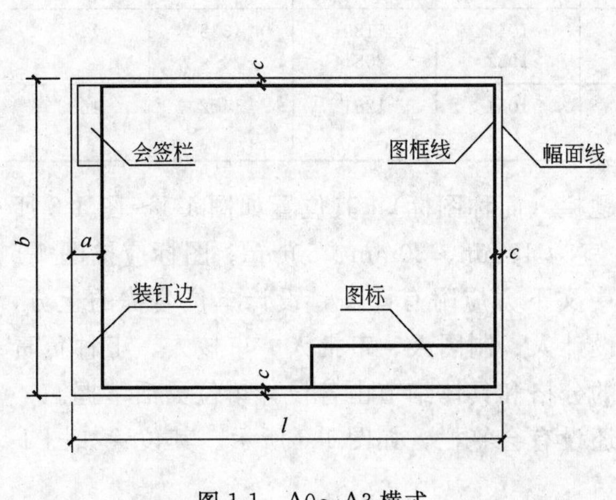

图 1-1 A0～A3 横式

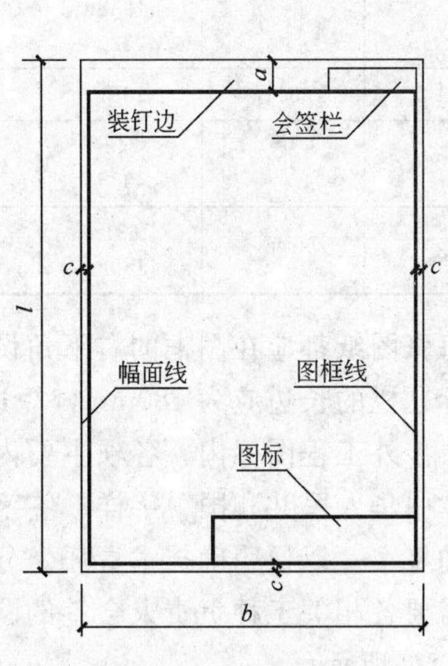

图 1-2 A0～A3 立式

图纸幅面尺寸相当于$\sqrt{2}$系列，即 $l=\sqrt{2}cb$，l 为图纸长边长，b 为图纸短边长。A0 号图幅的面积为 $1m^2$，A1 号为 $0.5m^2$，是 A0 号图幅的对开，其他图幅依此类推，如图 1-4 所示。

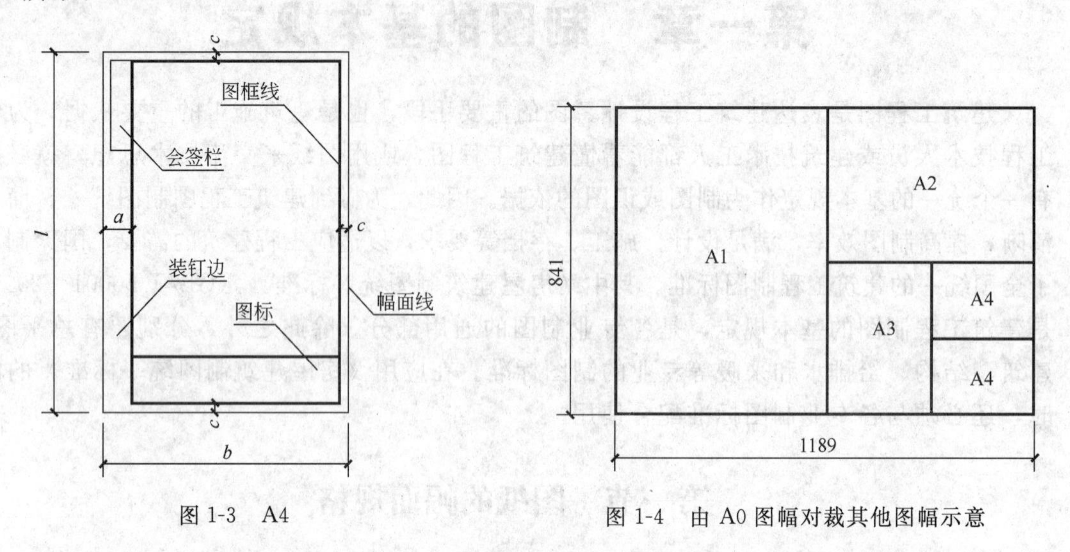

图 1-3　A4

图 1-4　由 A0 图幅对裁其他图幅示意

长边作为水平边使用的图幅称为横式图幅，短边作为水平边使用的图幅称为立式图幅。A0～A3 可横式或立式使用，A4 只能立式使用。

在确定一项工程所用的图纸大小时，不宜多于两种图幅。目录及表格所用的 A4 图幅，可不受此限。

必要时图纸幅面的长边可按表 1-2 加长，短边不得加长，特殊情况下，还可以使用 $b\times l$ 为 841mm×892mm、1189mm×1261mm 的图幅。

表 1-2　图纸长边加长尺寸　　单位：mm

幅面代号	长边尺寸	长边加长后尺寸					
A0	1189	1338 2230	1487 2387	1635	1784	1932	2081
A1	841	1051	1261	1472	1682	1892	2102
A2	594	743 1635	892 1784	1041 1932	1189 2081	1338	1487
A3	420	631 1892	841	1051	1261	1472	1682

每张图纸都应在图框的右下角设有标题栏（简称图标），其位置如图 1-1～图 1-3 所示。标题栏的长边应为 180mm，短边尺寸宜为 40mm、30mm、50mm。图标应按图 1-5 分区。涉外工程图标内，各项主要内容的中文下方应附有译文，设计单位名称的上方，应加“中华人民共和国”字样。签字区有设计人、制图人、审批人、审核人、工种负责人等的签字，以便明确技术责任。分区内的分格和具体细节由各设计单位灵活掌握。

需要各相关工种负责人会签的图纸，还设有会签栏，如图 1-6 所示。其位置如图 1-1～图 1-3 所示。

学生制图作业用标题栏，可选用图 1-7 格式。制图作业上不用会签栏。

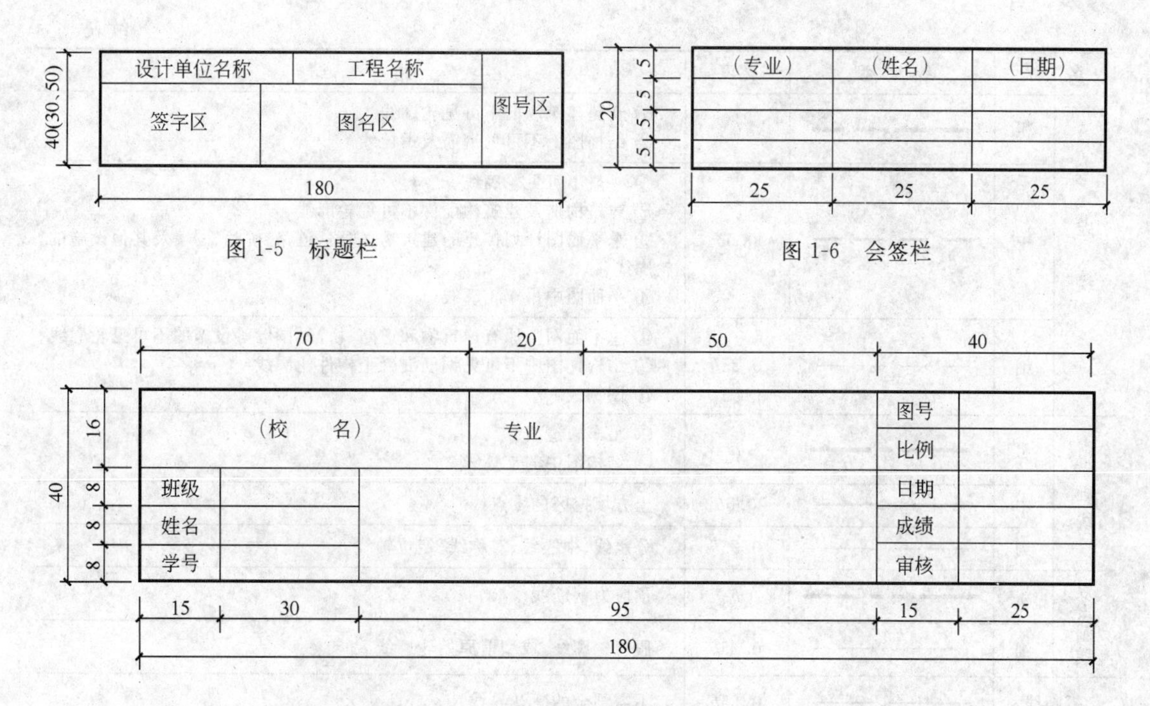

图 1-5 标题栏

图 1-6 会签栏

图 1-7 作业用图标题栏

第二节 图 线

为了表达工程图样的不同内容，并使图中主次分明，必须采用不同的线型、不同的线宽来表示。

一、线型

建筑工程图中的线型有实线、虚线、点划线、双点划线、折断线和波浪线等，其中有些线型还分粗、中、细三种，各种线型的规定及其一般用途详见表 1-3。

表 1-3 线型和线宽

名称		线型	宽度	用途
实线	粗	——— b	b	① 一般作主要可见轮廓线 ② 平面图、剖面图中主要构配件断面的轮廓线 ③ 建筑立面图中外轮廓线 ④ 详图中主要部分的断面轮廓线和外轮廓线 ⑤ 总平面图中新建建筑物的可见轮廓线
	中	———	$0.5b$	① 建筑平、立、剖面图中一般构配件的轮廓线 ② 平面图、剖面图中次要断面的轮廓线 ③ 总平面图中新建道路、桥涵、围墙等及其他设施的可见轮廓线和区域分界线 ④ 尺寸起止符号
	细	———	$0.25b$	① 总平面图中新建人行道、排水沟、草地、花坛等可见轮廓线，原有建筑物、铁路、道路、桥涵、围墙的可见轮廓线 ② 图例线、索引符号、尺寸线、尺寸界线、引出线、标高符号、较小图形的中心线

续表

名称		线型	宽度	用途
虚线	粗		b	① 新建建筑物的不可见轮廓线 ② 结构图上不可见钢筋及螺栓线
	中		0.5b	① 一般不可见轮廓线 ② 建筑构造及建筑构配件不可见轮廓线 ③ 总平面图计划扩建的建筑物、铁路、道路、桥涵、围墙及其他设施的轮廓线 ④ 平面图中吊车轮廓线
	细		0.25b	① 总平面图上原有建筑物和道路、桥涵、围墙等设施的不可见轮廓线 ② 结构详图中不可见钢筋混凝土构件轮廓线 ③ 图例线
点画线	粗		b	① 吊车轨道线 ② 结构图中的支撑线
	中		0.5b	土方填挖区的零点线
	细		0.25b	分水线、中心线、对称线、定位轴线
双点画线	粗		b	预应力钢筋线
	细		0.25b	假想轮廓线、成型前原始轮廓线
折断线			0.25b	不需画全的断开界线
波浪线			0.25b	不需画全的断开界线

二、线宽

在《房屋建筑制图统一标准》（GB/T 50001—2001）中规定，线的宽度应从下列线宽系列中选用：0.18mm、0.25mm、0.35mm、0.5mm、0.7mm、1.0mm、1.4mm、2.0mm。每个图样应根据复杂程度和比例大小，先确定图样中所用的粗线的宽度 b，由此再确定中线宽度 0.5b，最后定出细线宽度 0.25b。粗、中、细线组成一组，称为线宽组，见表 1-4。图框线、标题栏线的宽度见表 1-5。

表 1-4　线宽组

线宽比	线宽组/mm					
b	2.0	1.4	1.0	0.7	0.5	0.35
0.5b	1.0	0.7	0.5	0.35	0.25	0.18
0.25b	0.5	0.35	0.25	0.18		

表 1-5　图框线、标题栏线的宽度　　单位：mm

幅面代号	图框线	标题栏外框线	标题栏分格线、会签栏线
A0、A1	1.4	0.7	0.35
A2、A3、A4	1.0	0.7	0.35

注：1. 需要缩微的图纸不宜采用 0.18mm 线宽。

2. 在同一张图纸内，各不同线宽组中的细线，可统一采用较细线宽组的细线。

三、图线的画法

在绘制图线时，相互平行的两条线，其间隙不宜小于图内粗线的宽度，且不宜小于

0.7mm。虚线、点画线、双点画线的线段长度宜各自相等。一般虚线线段长度为 3～6mm，间距为 1～1.5mm；点画线的线段长度为 10～20mm，间距（包括其中的点）为 2～3mm；双点画线线段长度为 10～20mm，间距（包括其中的双点）为 3～5mm。虚线与虚线相交或虚线与其他图线相交时，应交于线段处；虚线在实线的延长线上时，不得与实线相连接。点画线与点画线相交或点画线与其他图线相交时也应交于线段处。点画线和双点画线端部不应是点。在较小的图形中，点画线或双点画线可用细实线代替。以上各画法如图 1-8 所示。

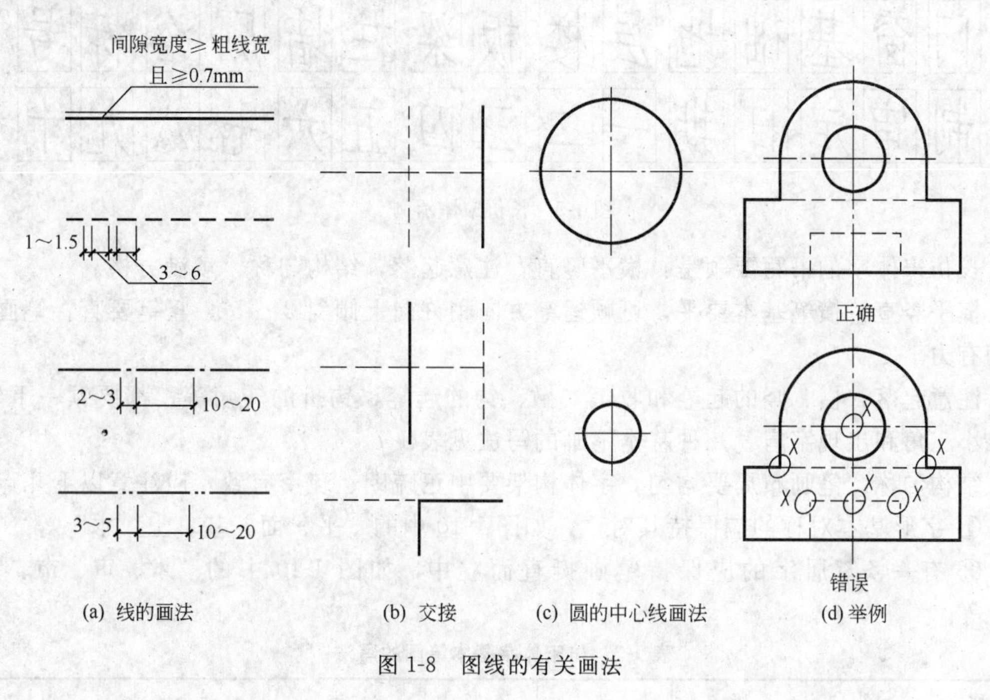

图 1-8 图线的有关画法

第三节 字 体

工程图上的字体有汉字、拉丁字母、阿拉伯数字与罗马数字等，它们的书写应达到笔画清晰、字体端正、间隔均匀、排列整齐的要求。

图纸中字体的大小应按图样的大小、比例等具体情况来定，但应从规定的系列中选用。字高系列有 2.5mm、3.5mm、5mm、7mm、10mm、14mm、20mm 等。字高也称字号，如 5 号字的字高为 5mm。当需要使用更大的字体时，其字高应按$\sqrt{2}$的比值递增。

一、汉字

图纸上的汉字应写长仿宋体，字的高与宽的关系，应符合表 1-6 的规定。在实际应用中，汉字的字高应不小于 3.5mm，长仿宋体字的示例如图 1-9 所示。

表 1-6 长仿宋体字高与字宽的关系　　单位：mm

字高	20	14	10	7	5	3.5	2.5
字宽	14	10	7	5	3.5	2.5	1.8

工业民用建筑厂房屋平立剖面详图

结构施说明比例尺寸长宽高厚砖瓦

木石土砂浆水泥钢筋混凝截校核梯

门窗基础地层楼板梁柱墙厕浴标号

制审定日期一二三四五六七八九十

图 1-9　长仿宋体示例

长仿宋体字的书写要领是：横平竖直，注意起落，结构匀称，填满方格。

横平竖直，横笔基本要平，可顺运笔方向稍许向上倾斜 2°～5°。竖笔要直，笔画要刚劲有力。

注意起落，横、竖的起笔和收笔，撇、钩的起笔，钩折的转角等，都要顿一下笔，形成小三角和出现字肩。几种基本笔画的写法见表 1-7。

结构匀称，笔画布局要均匀，字体构架要中正疏朗、疏密有致，应注意以下几点。

① 字形基本对称的应保持其对称，如图 1-10 中的“平、面、基、土、木”等。

② 有一竖笔居字的应保持笔画挺直而立中，如图 1-10 中的“术、审、市、正、水”等。

表 1-7　仿宋体字基本笔画的写法

名称	横	竖	撇	捺	挑	点	钩
形状							
笔法							

图 1-10　长仿宋体字的布局

③ 有三四道横竖笔画的字大致平行等距，如图 1-10 中的“直、垂、非、里”等。

④ 要注意偏旁所占的比例，有约占一半的，如“柜、轴、孔、抹、粉”等；有约占 1/3 的，如“棚、械、混”等，有约占 1/4 的，如“凝”。

⑤ 左右笔画间要注意穿插呼应，如图 1-10 中的“砂、以、设、纵、沉”等。

初学长仿宋体时应先打格，然后书写。平时要多看、多摹、多练，体会书写要领及

ABCDEFGHIJKLMN

OPQRSTUVWXYZ

abcdefghijklmn

opqrstuvwxyz

1234567890 I V X φ

ABCabcd1234 IV

h　7/14 h　75°

(a) 一般字体（笔画宽度为字高的1/10）

ABCDEFGHIJKLMN

OPQRSTUVWXYZ

abcdefghijklmn

opqrstuvwxyz

1234567890 I V X φ

ABCabc123IVφ

h　10/14 h　75°

(b) 窄体字（笔画宽度为字高的1/14）

图 1-11　字母、数字的写法

字体的结构规律。持之以恒，一定能练好。

二、数字和字母

图纸中表示数量的数字应用阿拉伯数字书写。阿拉伯数字、罗马数字或拉丁字母的字高应不小于2.5mm。书写时不能潦草，以免有误读。书写前应先打格，或在描图纸下垫字格纸，便于控制字体的高度和间距。数字和字母有正体和斜体两种写法，但同一张图纸上必须统一。如写成斜体字，其斜度应是从字的底线逆时针向上倾斜75°。无论正体字或斜体字，笔画都应粗细一致（简称等线体）。夹在汉字中的阿拉伯数字、罗马数字或拉丁字母，其字高宜比汉字字高小一号。阿拉伯数字、罗马数字或拉丁字母的书写有一般字体和窄体字两种，其字体如图1-11所示。

第四节 比　例

图形与实物相对应的线性尺寸之比称为图样的比例，它是线段之比而不是面积之比。

比例的大与小，是指比值的大与小。如果图样上某线段长为10mm，实际物体上与其相对应的线段长也是10mm时，则比例等于1比1，写为1∶1。如果图样上某线段的长为10mm，而实际物体相应部位的长为1000mm时，则比例等于1比100，写为1∶100。

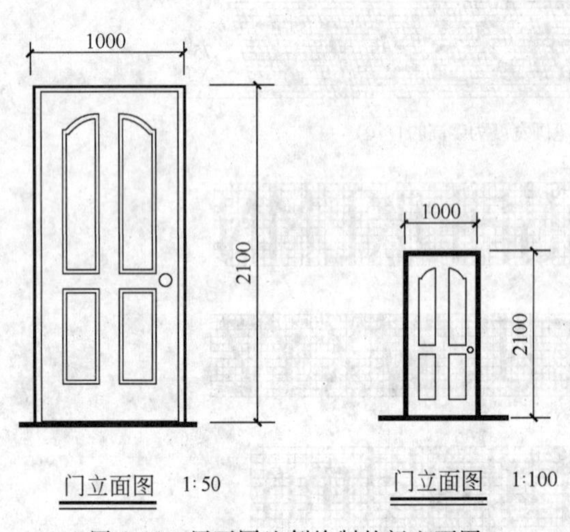

图1-12 用不同比例绘制的门立面图

比值大于1的比例，称为放大的比例，如5∶1。比值小于1的比例，称为缩小的比例，如1∶100。建筑工程图上常常采用缩小的比例（表1-8）。图1-12所示为同一扇门用不同比例画出的立面图。注意，无论用何种比例画出的图样，所标注的尺寸均为物体的实际尺寸，不是图形的尺寸。

表1-8 建筑工程图选用的比例

常用比例	1∶1，1∶100，	1∶2，1∶200，	1∶5，1∶500，	1∶10，1∶1000	1∶20，	1∶50，
可用比例	1∶3，1∶150，	1∶15，1∶250，	1∶25，1∶300，	1∶30，1∶400，	1∶40，1∶600	1∶60，

为使画图快捷准确，可利用比例尺确定图线长度。在三棱比例尺上有六种刻度，可以选择使用。每种比例可以换算使用。如图1-13所示，1∶100的尺面可用作1∶10，但这时尺面的刻度数值应扩大10倍，原1∶100尺面上的1m数值，现当作1∶10读取时就代表10cm了。

比例应以阿拉伯数字表示，如1∶100、1∶10、1∶5等。比例宜注写在图名的右侧，字的底线应取平；比例的字高，应比图名的字高小1号或2号，如图1-14所示。

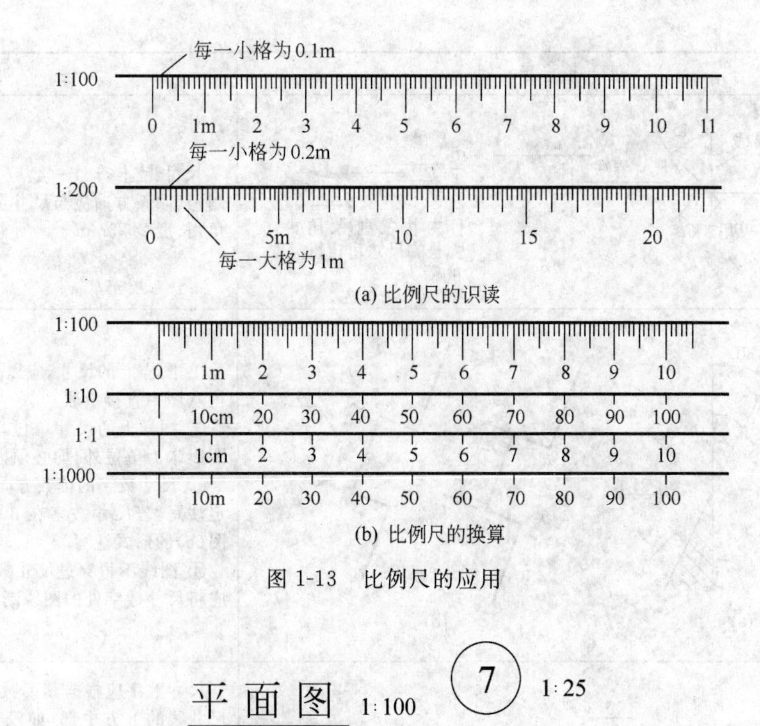

(a) 比例尺的识读

(b) 比例尺的换算

图 1-13 比例尺的应用

图 1-14 比例的注写

第五节 尺寸标注

尺寸组成及基本规定见表 1-9。

表 1-9 尺寸组成及基本规定

项目	图 形 示 例	说 明
尺寸组成	尺寸起止符号 尺寸线 尺寸数字 尺寸界线 3000	图样上的尺寸由尺寸界线、尺寸线、尺寸起止符号、尺寸数字四要素组成
尺寸界线	≥2mm ≥2～3mm	尺寸界线用细实线绘制，一般应与被注长度垂直，其一端应离开图样轮廓线不小于 2mm，另一端宜超出尺寸线 2～3mm。必要时，图样轮廓线可用作尺寸界线
尺寸线	不对 对	尺寸线用细实线绘制，应与被注长度平行，且不宜超出尺寸界线 任何图线均不得用作尺寸线

续表

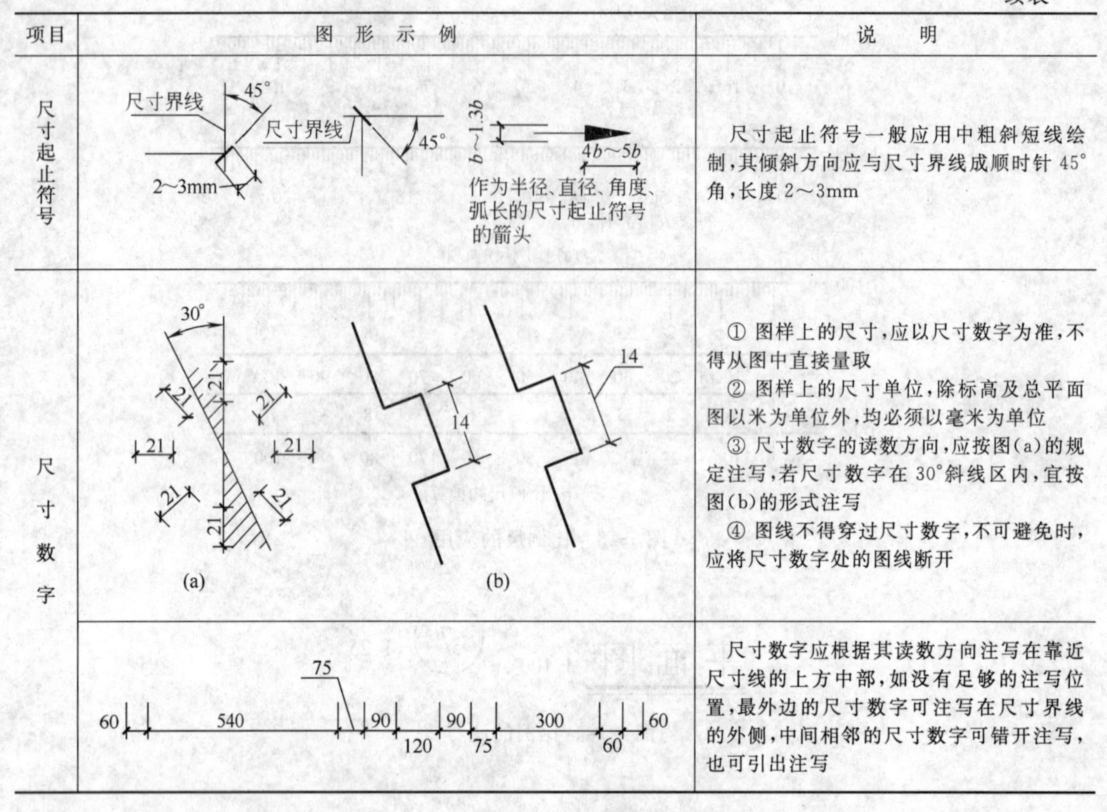

项目	图形示例	说明
尺寸起止符号		尺寸起止符号一般应用中粗斜短线绘制，其倾斜方向应与尺寸界线成顺时针45°角，长度2～3mm
尺寸数字		①图样上的尺寸，应以尺寸数字为准，不得从图中直接量取 ②图样上的尺寸单位，除标高及总平面图以米为单位外，均必须以毫米为单位 ③尺寸数字的读数方向，应按图(a)的规定注写，若尺寸数字在30°斜线区内，宜按图(b)的形式注写 ④图线不得穿过尺寸数字，不可避免时，应将尺寸数字处的图线断开
		尺寸数字应根据其读数方向注写在靠近尺寸线的上方中部，如没有足够的注写位置，最外边的尺寸数字可注写在尺寸界线的外侧，中间相邻的尺寸数字可错开注写，也可引出注写

尺寸的排列与布置及半径、直径、角度、坡度标注见表1-10。

表1-10　尺寸的排列与布置及半径、直径、角度、坡度标注

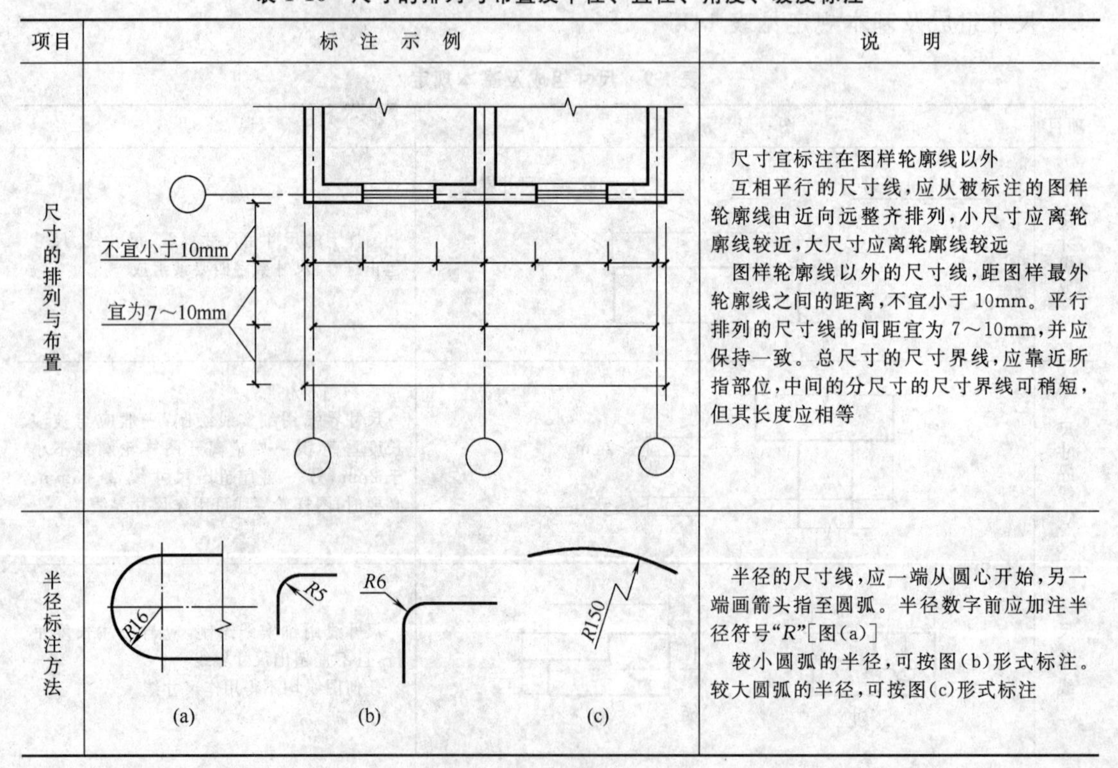

项目	标注示例	说明
尺寸的排列与布置		尺寸宜标注在图样轮廓线以外 互相平行的尺寸线，应从被标注的图样轮廓线由近向远整齐排列，小尺寸应离轮廓线较近，大尺寸应离轮廓线较远 图样轮廓线以外的尺寸线，距图样最外轮廓线之间的距离，不宜小于10mm。平行排列的尺寸线的间距宜为7～10mm，并应保持一致。总尺寸的尺寸界线，应靠近所指部位，中间的分尺寸的尺寸界线可稍短，但其长度应相等
半径标注方法		半径的尺寸线，应一端从圆心开始，另一端画箭头指至圆弧。半径数字前应加注半径符号"R"[图(a)] 较小圆弧的半径，可按图(b)形式标注。较大圆弧的半径，可按图(c)形式标注

续表

项目	标注示例	说明
直径标注方法	$\phi200$　$\phi200$　$\phi10$　$\phi6$　$\phi8$　$\phi4$	圆及大于半圆的圆弧应标注直径，在直径数字前，应加符号“ϕ”。在圆内标注的直径尺寸线应通过圆心，两端箭头指向圆弧 较小圆的直径尺寸，可标注在圆外
角度和坡度标注方法	45°　T　(a)　2%　2%　(b)　1:2　2.5　1　(c)	角度的尺寸线是圆心在角顶点的圆弧，尺寸界线为角的两条边，起止符号应以箭头表示，角度数字应水平方向书写[图(a)] 标注坡度时，在坡度数字下应加注坡度符号——单面箭头，一般应指向下坡方向[图(b)]。坡度也可以用直角三角形形式标注[图(c)]

第六节　徒手绘图技巧

徒手绘画工程图样，能迅速地表达形体或设计意图，是工程技术人员必须掌握的一种技巧。

一、工程图样的徒手绘画要求

如图 1-15 所示，工程图样的徒手绘画要做到以下几点。

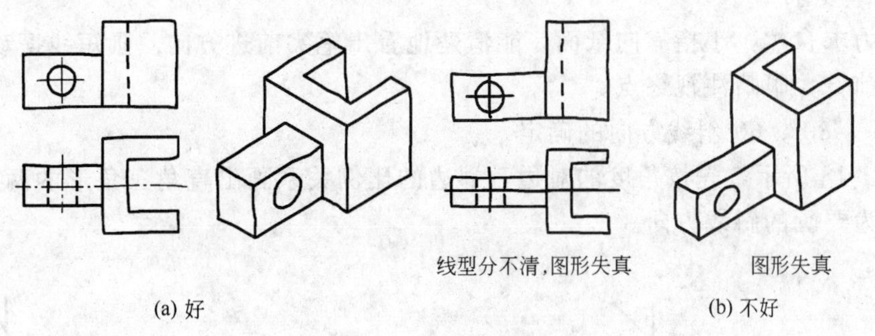

图 1-15　徒手绘图

① 分清线型。粗实线、细实线、虚线、点画线等要能清楚地区分。

② 图形不失真。主要做到：基本符合比例；线条之间的关系正确。

③ 符合制图标准规定。

二、徒手绘画的工具

除图纸或坐标网格纸、橡皮外，使用的铅笔有：2H 铅笔，削尖，用于画底稿；H 铅笔，削尖，用于加深宽度为 0.25*b* 的图线；HB 铅笔，削尖，用于加深宽度为 0.5*b* 和 *b* 的图线。

铅笔的正确削法如图 1-16 所示。

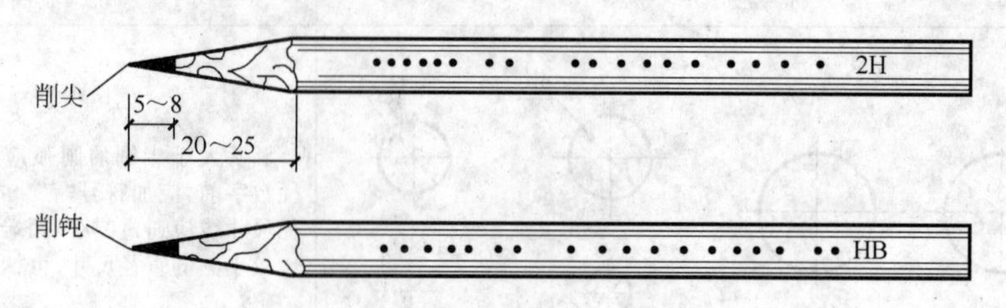

图 1-16　铅笔的正确削法

三、徒手画直线

1. 手势

画不同方向直线的手势如图 1-17 所示。

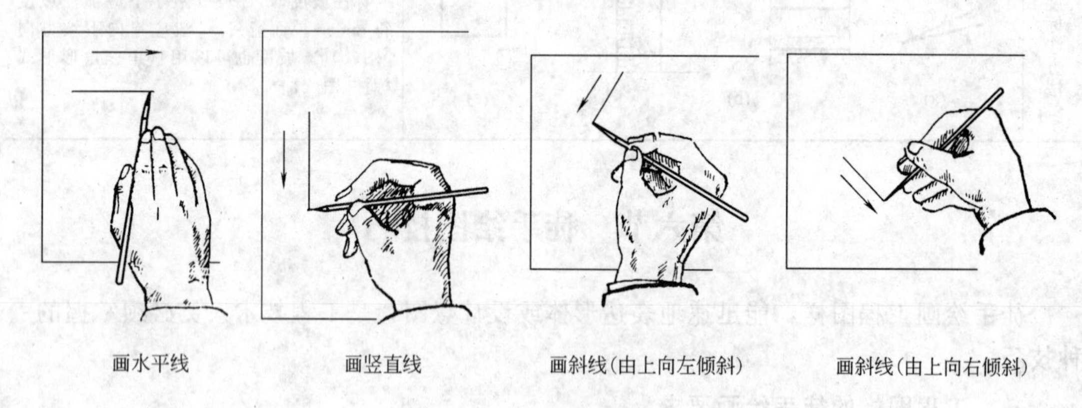

画水平线　　画竖直线　　画斜线(由上向左倾斜)　　画斜线(由上向右倾斜)

图 1-17　徒手画手势

2. 运笔要求

运笔力求自然，小指靠向纸面，能清楚地看出笔尖前进方向。画短线摆动手腕，画长线摆动前臂，眼睛注视终点。

3. 45°、30°、60°斜线方向的确定

如图 1-18 所示，先按角度的对边、邻边的比例关系画出直角三角形的两条直角边，其斜边即为要画的斜线方向。

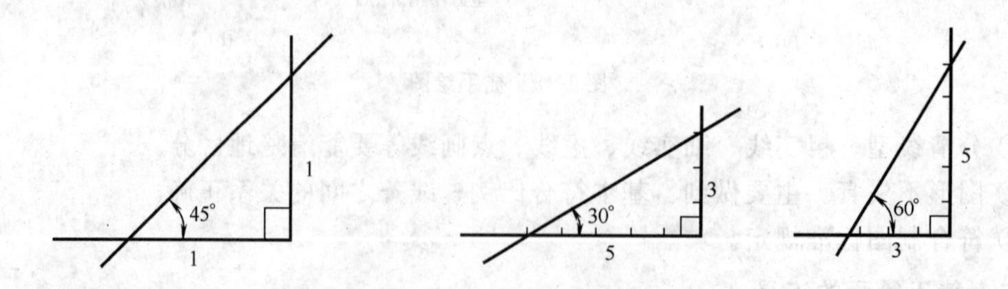

图 1-18　45°、30°、60°斜线方向的确定

4. 要领

徒手画直线要领见表 1-11。

表 1-11　徒手画直线要领

图　　示	说　　明
起点　终点	定出直线的起点和终点
眼看终点	摆动前臂或手腕试画，但铅笔尖不要触及图纸
眼看终点	眼睛注视终点，从起点开始，沿直线方向，轻轻画出一串衔接的短线
	将线条按规定线型加深为均匀连续直线

四、徒手画圆周、圆弧

1. 手势

如图 1-19 所示，以小指或手腕关节为支点，旋转铅笔。

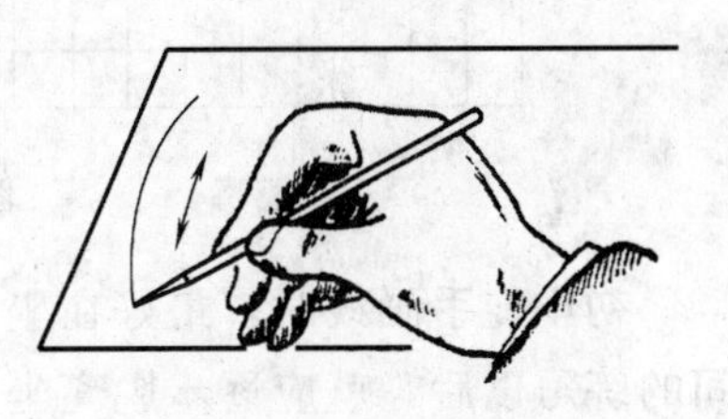

图 1-19　画圆弧的手势

2. 画圆周

画圆周的步骤如图 1-20 所示，小圆周可不画 45°直径线。

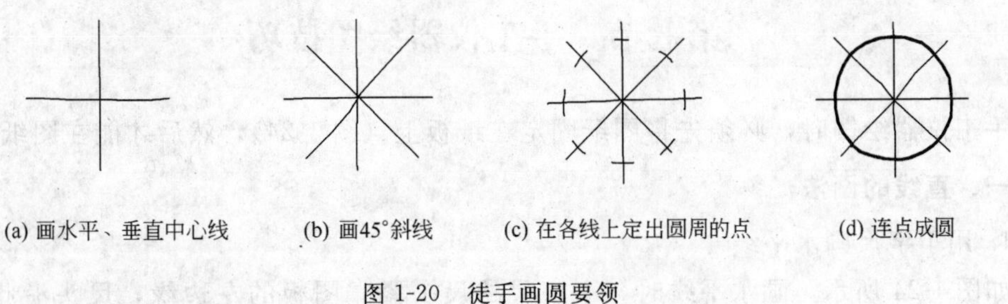

(a) 画水平、垂直中心线　(b) 画45°斜线　(c) 在各线上定出圆周的点　(d) 连点成圆

图 1-20　徒手画圆要领

3. 画圆弧连接两直线

画 90°连接圆弧的方法如图 1-21 所示；画任意角连接圆弧的方法如图 1-22 所示。

五、在坐标网格纸上画线

方法基本上与在白纸上画线相同，但利用坐标网格提供的方便，格线可作底稿线，

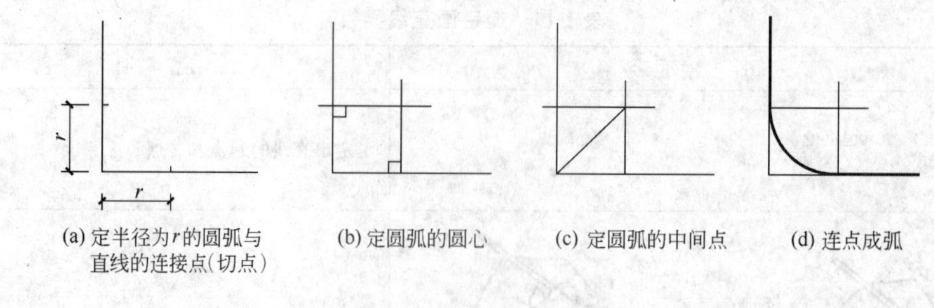

图 1-21　画 90°连接圆弧

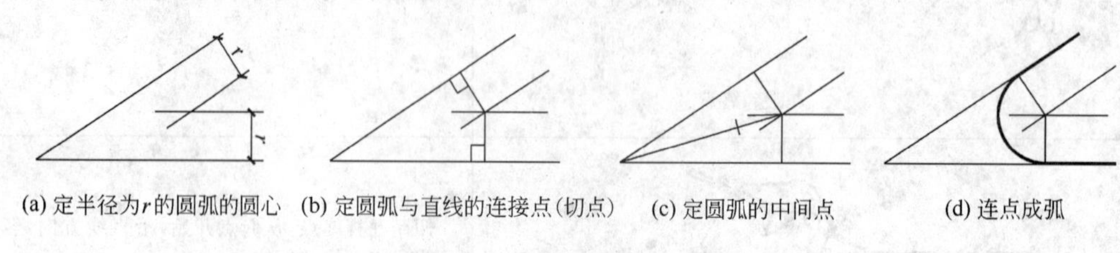

图 1-22　画任意角连接圆弧

格的大小可作为图形尺寸大小的依据，参见图 1-23。

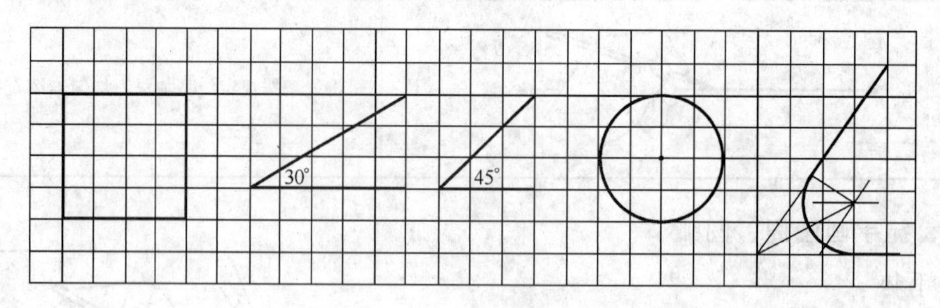

图 1-23　在坐标网格纸上画线

初学徒手画线时，最好在坐标网格纸上进行，以便控制图线的平直。但经过一段时间的练习以后，就应逐步脱离坐标网格纸，最后达到在白纸上也能画出有一定平直、均匀程度的图线。

第七节　手工仪器绘图技巧

手工仪器绘图时，必须先将图纸固定在纸板上（图 1-24)，然后才能在图纸上画线。

一、直线的画法

1. 用丁字尺画水平线

如图 1-24 所示，画水平线时，丁字尺的尺头紧靠图板的左边缘，尺头沿此边缘上下滑动至需要画线的位置，然后左手向右按牢尺头，使丁字尺紧贴图板，右手握铅笔沿丁字尺尺身的上边缘自左向右画出水平线。

必须注意，不能将丁字尺的尺头紧靠图板的其他边缘画线。

2. 用丁字尺、三角尺配合画直线

将丁字尺的尺头紧靠图板左边缘后，再配合 30°、60°和 45°三角尺，可以画出不同方向的直线。

（1）画竖直线　如图 1-25 所示，将三角尺的一直角边紧靠丁字尺尺身上边，另一直角边朝左，然后沿丁字尺边将三角尺移动至需要画线的位置，左手将丁字尺的尺身及三角尺按牢，右手握铅笔沿三角尺左侧直角边，由下而上画竖直线。

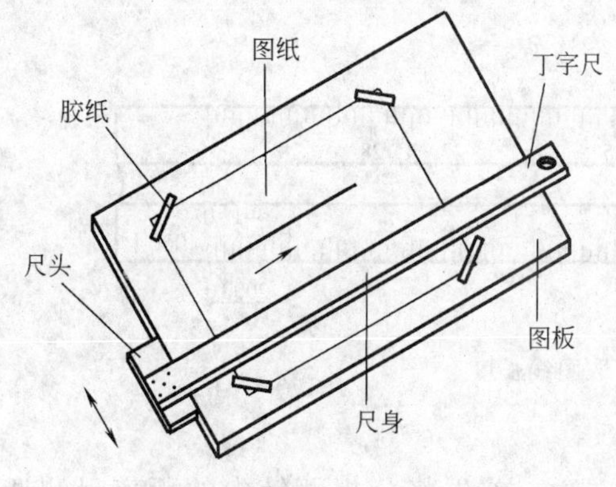

图 1-24　用丁字尺画水平线

图 1-25　丁字尺配合三角尺画竖直线

（2）画 30°、60°、45°斜线　如图 1-26 所示，将 30°、60°或 45°三角尺一直角边紧靠丁字尺尺身上边，就可沿斜边画出 30°、60°、45°线。

（3）画 15°、75°斜线　如图 1-27 示，用丁字尺和两把三角尺配合进行。

图 1-26　丁字尺、三角尺配合画 30°、60°、45°线

图 1-27　丁字尺、三角尺配合画 15°、75°线

3. 用两把三角尺作已知直线的平行线或垂直线

如图 1-28 所示，已知直线 AB 的平行线按图 1-28（a）、（b）两步画出；而 AB 的垂直线则要按图 1-28（a）、（b）、（c）三步画出。

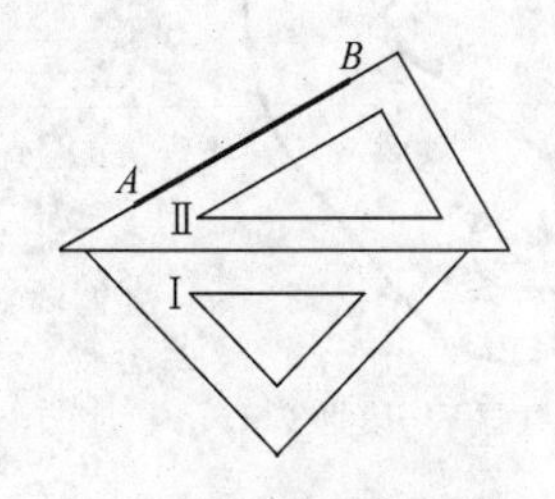

(a) 三角尺Ⅱ的一尺边对准已知直线 AB，并与三角尺Ⅰ的一尺边紧靠

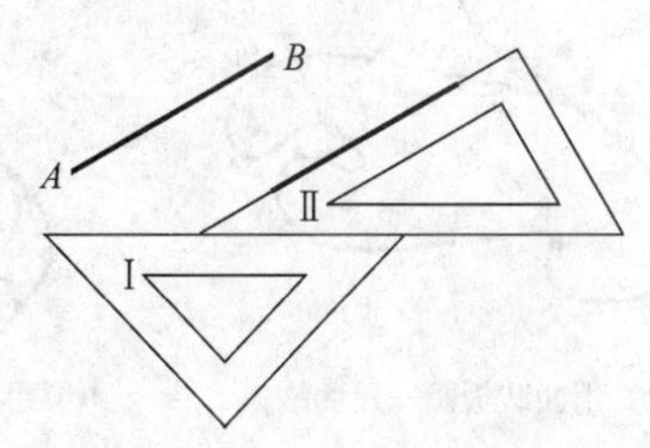

(b) 按牢三角尺Ⅰ，三角尺Ⅱ紧靠三角尺Ⅰ的尺边移动至所需位置，沿原尺边画出与 AB 平行的直线

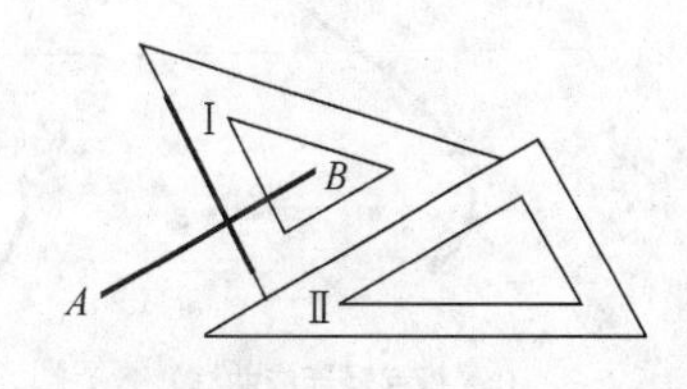

(c) 将三角尺Ⅱ按牢，将三角尺Ⅰ的直角边紧靠三角尺Ⅱ的原尺边移动至所需的位置，画出 AB 的垂直线

图 1-28　用两把三角尺作已知直线的平行线、垂直线

4. 直线段长度的度量

图线（直线段）的长度根据线段的实际长度和绘图所用的比例确定。为了避免计算，通常使用图 1-29 所示的比例尺度量。比例尺的三个尺面刻有 1∶100、1∶200、1∶300、1∶400、1∶500、1∶600 六种比例，作图时，将实际尺寸按选定的比例，在相应的尺面刻度上量取图线的长度。

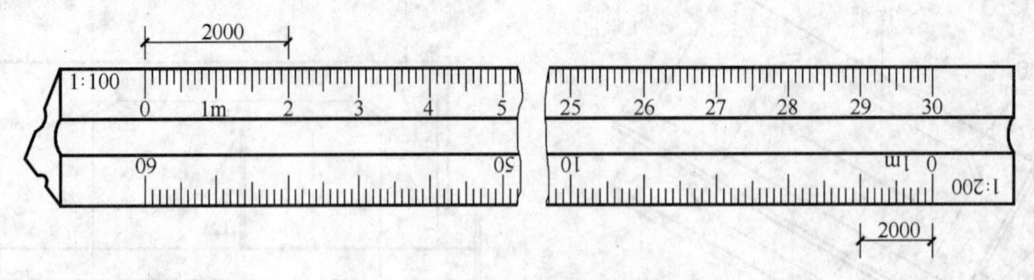

图 1-29　用比例尺量取图线长度

5. 直线段的等分以及多条等长度直线段的量取

图 1-30 示出用分规将直线段 AB 三等分的方法。首先将分规两针尖的距离目测调整到约为 AB 的三分之一，然后使分规的一针尖落在端点 A 上摆转前进将 AB 试分，若第三分点 C 落在 AB 之内（图 1-30），则将针尖间距离放大 BC 的三分之一，再进行试分，若点 C 落在 AB 之外，则要将针尖间的距离缩小 BC 的三分之一，再试分，直至点 C 与点 B 重合为止。

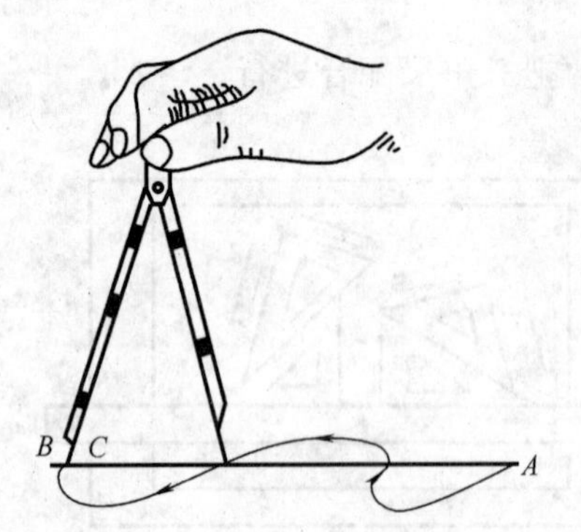

图 1-30　用分规三等分线段 AB

这种方法也可以用来等分圆周、圆弧。

当要量取多条等长度直线段时，可先用分规量出长度，再移至各直线段处。

二、曲线的画法

图 1-31 示出用曲线板绘画曲线的方法。

① 定出曲线上的若干点，并徒手用铅笔将各点轻轻连接成曲线［图 1-31（a)］。

② 选出曲线板上与曲线吻合的一段边缘，逐段依次进行画线，但前后两段连接处要有一小段重合，画出的曲线才显得光滑［图 1-31（b)、(c)］。

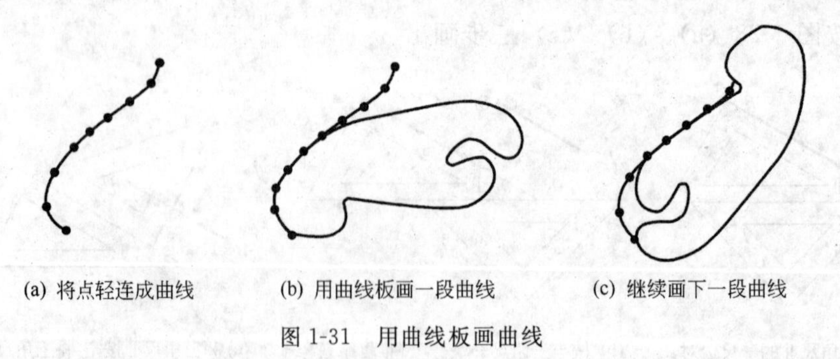

(a) 将点轻连成曲线　(b) 用曲线板画一段曲线　(c) 继续画下一段曲线

图 1-31　用曲线板画曲线

三、圆周、圆弧的画法

用圆规画圆周、圆弧的方法如图 1-32 所示。画圆周或圆弧时，先将圆规的铅心与针尖的距离调整至等于圆周或圆弧的半径，然后用左手食指协助将针尖轻插圆心，用右手转动圆规顶部手柄，按顺时针方向将圆周或圆弧一次画成。

必须注意，画圆前要调整好铅心和针尖的相互位置，使圆规靠拢时，铅心与针尖台肩平齐（图 1-33）；画圆时，圆规的两脚大致与纸面垂直（图 1-34）。

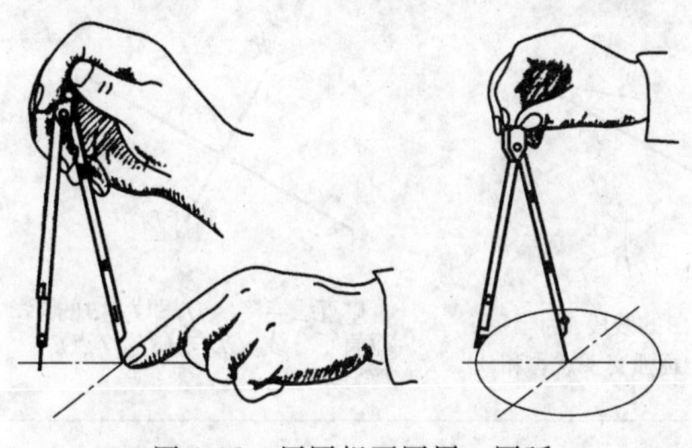

图 1-32　用圆规画圆周、圆弧

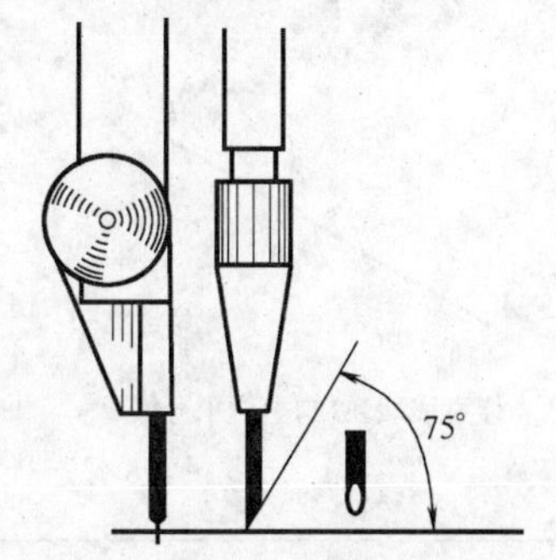

图 1-33　铅心与针尖台肩平齐

四、画墨线

1. 画直线和曲线

通常使用图 1-35 所示的直线笔（又称鸭嘴笔）画直线，以及配合曲线板画曲线。

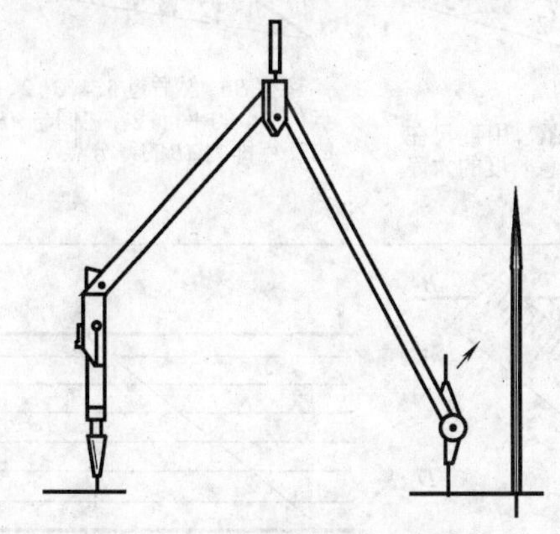

图 1-34　圆规两脚垂直纸面

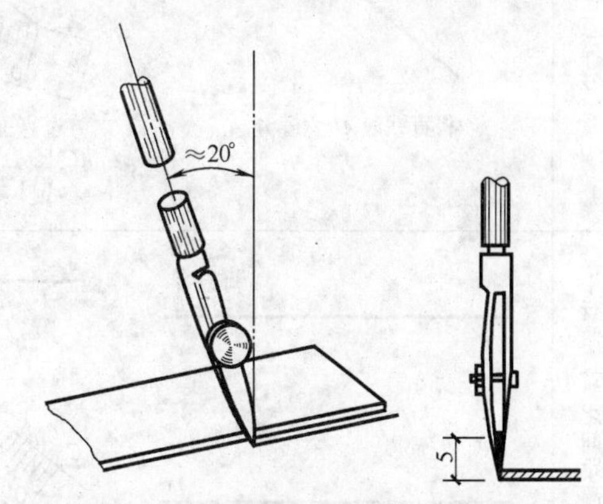

图 1-35　画线时直线笔的正确位置

画线前，通过转动笔尖上的螺母将两叶片间的距离调整到所需的线型宽度，再用注墨水器具将墨水注进两叶片之间，含墨水的高度约为 5mm。如果叶片外表面上沾有墨水，要用软布拭干。然后在同质纸面上试画，直至墨线符合规定宽度后再正式画线。

执笔画线时，螺母应朝外，手指不要抵压叶片，两叶片要同时触及纸面，笔杆不应向尺的内、外侧倾斜，而是向画线方向倾斜约 20°（图 1-35）。

图 1-36　绘图墨水笔（针管笔）

当直线笔不下墨时，要及时张开叶片，用软布拭净后再注入墨画线。

图 1-36 所示的绘图墨水笔由于可以储存墨水，绘图时不需要频繁加墨，而且具有不同的线宽规格可供选用，不必进行调整，现已逐步代替直线笔。

2. 画圆周、圆弧

只要将圆规的铅心插腿换上墨线笔头插腿，就可以进行墨线圆周、圆弧的绘画。

五、几何作图

几何作图方法见表 1-12～表 1-15。

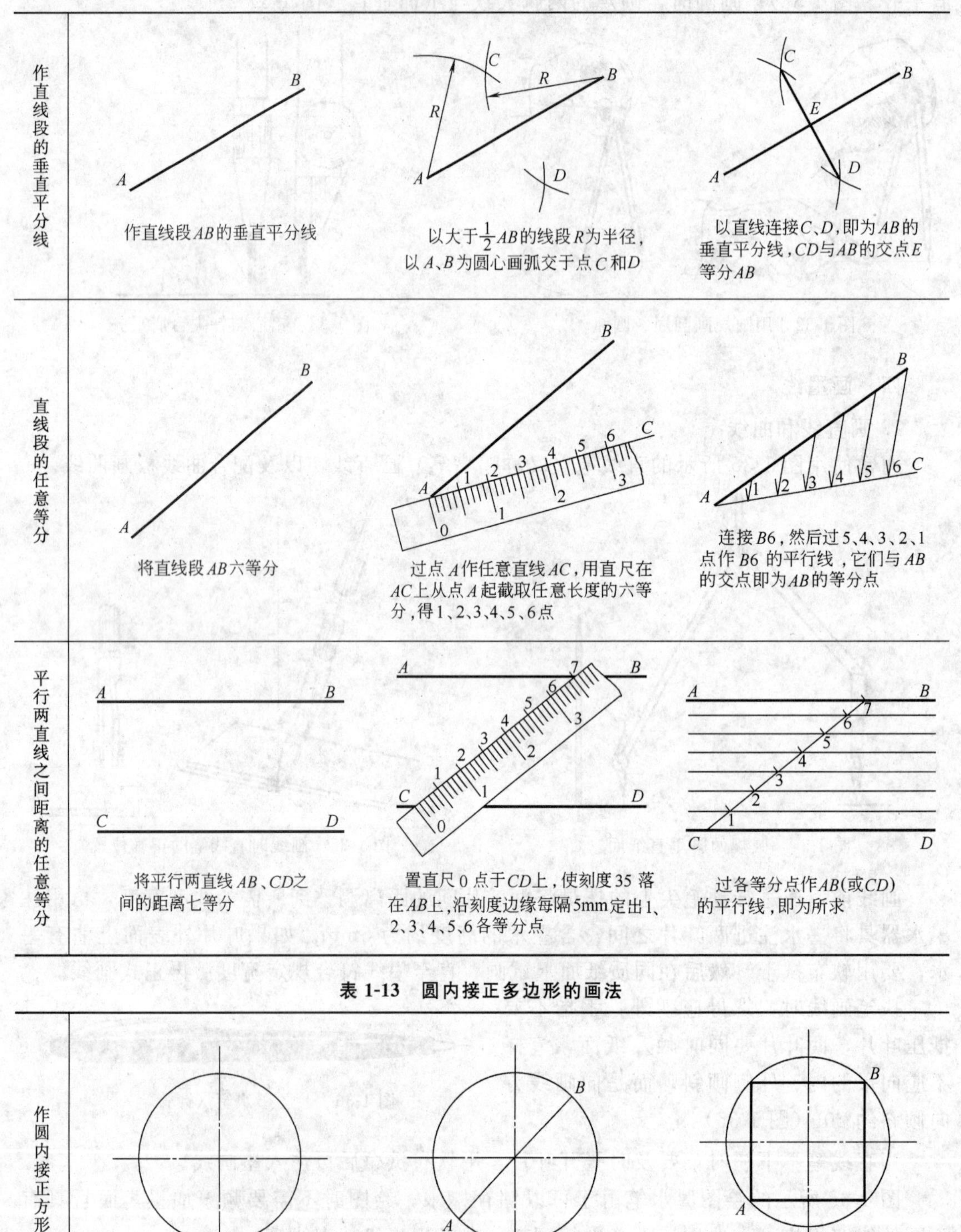

表 1-12　线段的等分

作直线段的垂直平分线	作直线段 AB 的垂直平分线	以大于 $\frac{1}{2}AB$ 的线段 R 为半径，以 A、B 为圆心画弧交于点 C 和 D	以直线连接 C、D，即为 AB 的垂直平分线，CD 与 AB 的交点 E 等分 AB
直线段的任意等分	将直线段 AB 六等分	过点 A 作任意直线 AC，用直尺在 AC 上从点 A 起截取任意长度的六等分，得 1、2、3、4、5、6 点	连接 $B6$，然后过 5、4、3、2、1 点作 $B6$ 的平行线，它们与 AB 的交点即为 AB 的等分点
平行两直线之间距离的任意等分	将平行两直线 AB、CD 之间的距离七等分	置直尺 0 点于 CD 上，使刻度 35 落在 AB 上，沿刻度边缘每隔 5mm 定出 1、2、3、4、5、6 各等分点	过各等分点作 AB（或 CD）的平行线，即为所求

表 1-13　圆内接正多边形的画法

作圆内接正方形	画出正方形的外接圆	作出 45°直径，交圆周于 A、B 两点	过 A、B 两点作水平线、竖直线，完成作图

续表

作圆内接正五边形	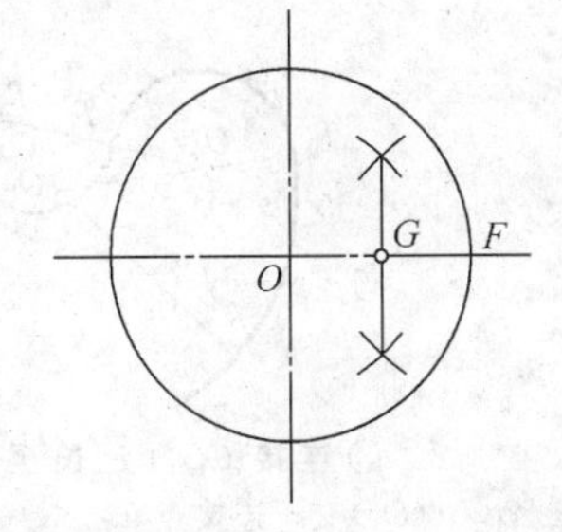 画出正五边形的外接圆。作出半径 OF 的等分点 G	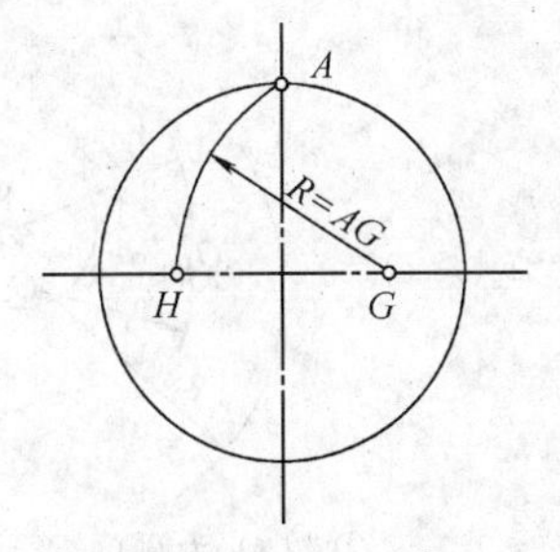 以 G 为圆心，GA 为半径作圆弧交直径于点 H	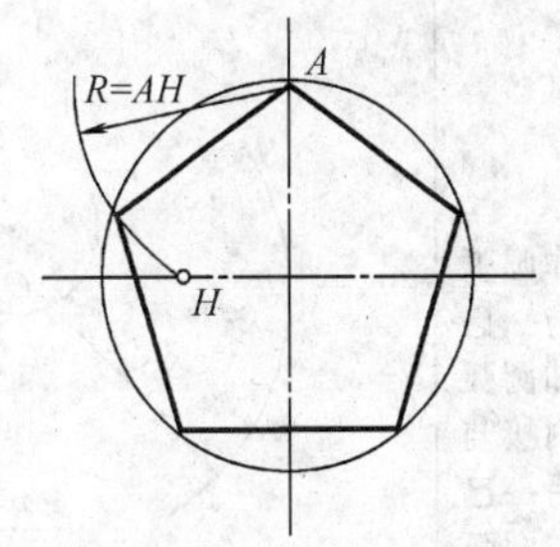 以 AH 为半径，分圆周为五等分，顺序连接各等分点，即为所求
作圆内接正六边形	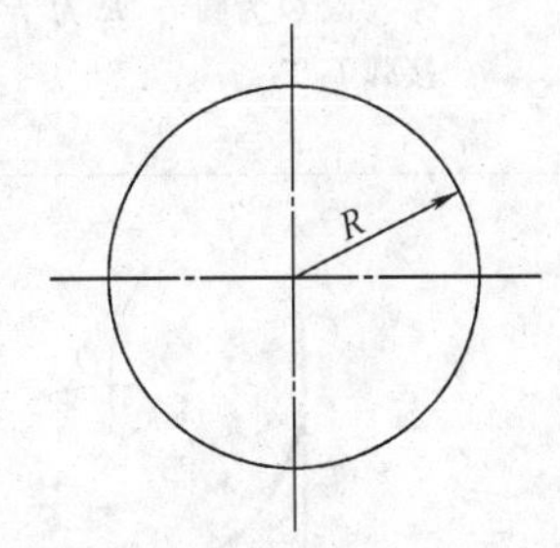 画出半径为 R 的正六边形的外接圆	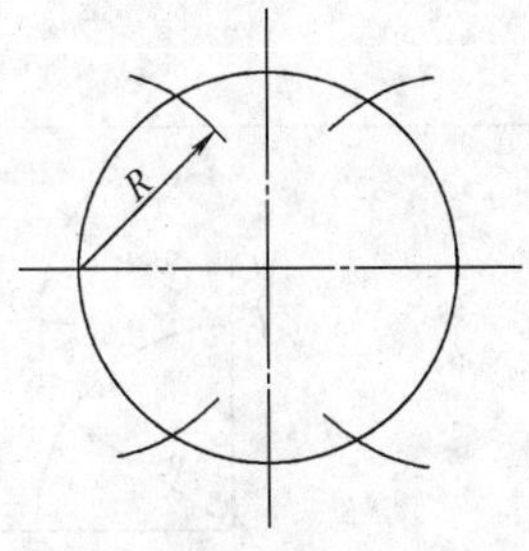 用长度 R 划分圆周为六等分	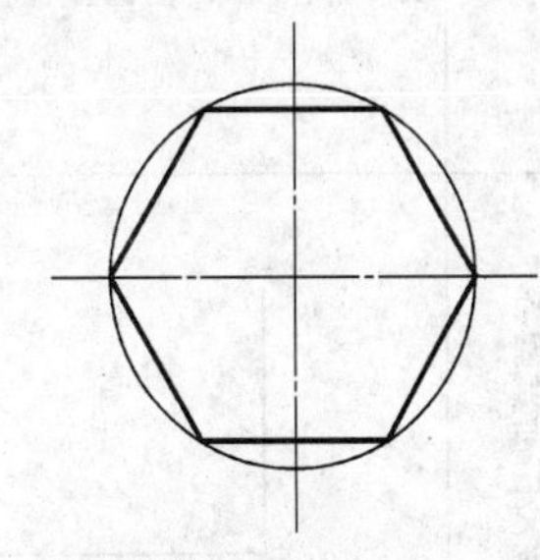 顺序将各等分点用直线段连接，即为所求

表 1-14　圆弧连接

作圆弧与两已知圆弧内接	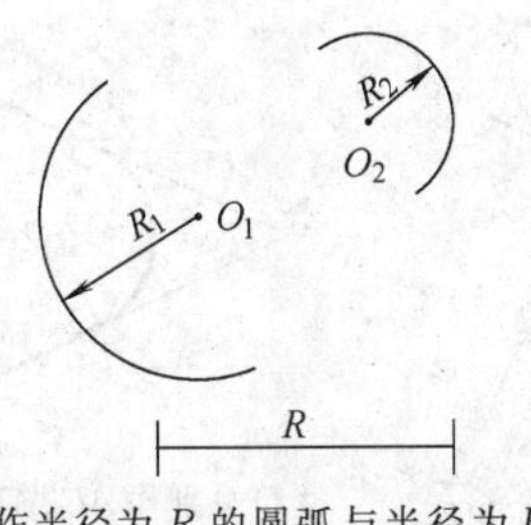 作半径为 R 的圆弧与半径为 R_1、R_2，圆心为 O_1、O_2 的两圆弧内接	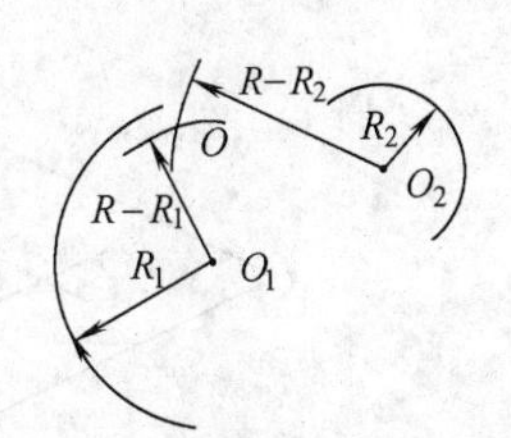 ①以 O_1 为圆心，$R-R_1$ 为半径作圆弧 ②以 O_2 为圆心，$R-R_2$ 为半径作圆弧与①的圆弧交于点 O	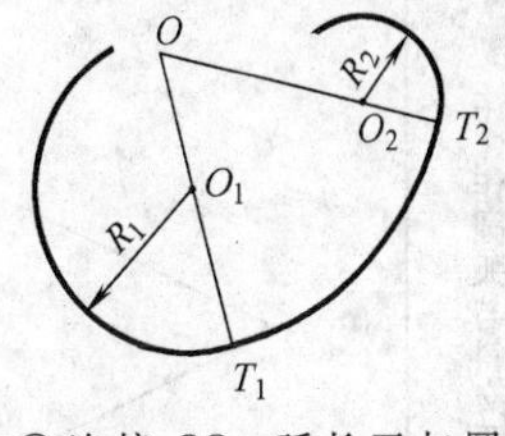 ③连接 OO_1，延长至与圆弧 (O_1) 交于连接点 T_1 ④连接 OO_2，延长至与圆弧 (O_2) 交于连接点 T_2 ⑤以 O 为圆心，R 为半径，画连接弧 $\overset{\frown}{T_1T_2}$
作圆弧与两已知圆弧外接	R 作半径为 R 的圆弧与半径为 R_1、R_2，圆心为 O_1、O_2 的两圆弧外接	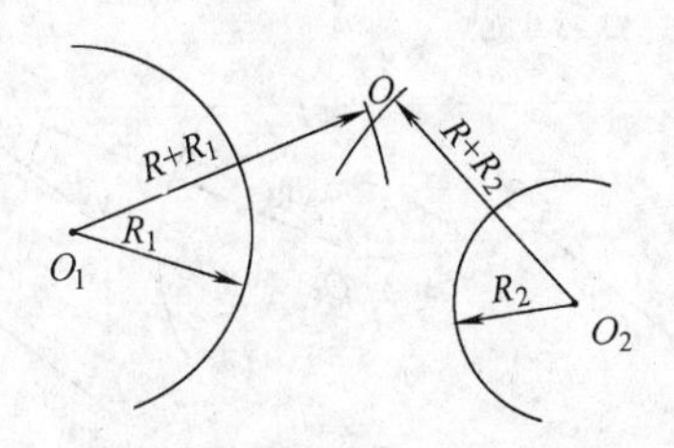 ①以 O_1 为圆心，$R+R_1$ 为半径作圆弧 ②以 O_2 为圆心，$R+R_2$ 为半径作圆弧与①的圆弧交于点 O	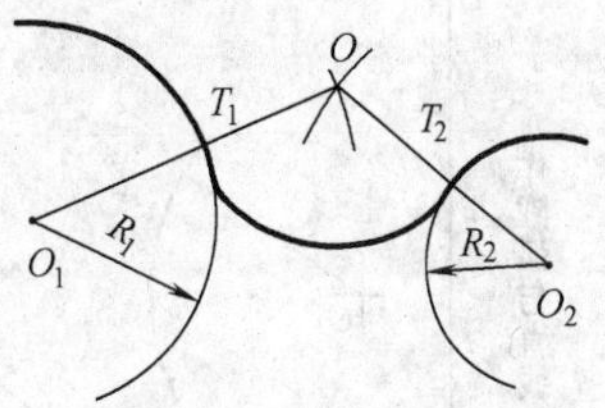 ③连接 OO_1，交圆弧 (O_1) 于连接点 T_1 ④连接 OO_2，交圆弧 (O_2) 于连接点 T_2 ⑤以 O 为圆心，R 为半径，画连接弧 $\overset{\frown}{T_1T_2}$

作圆弧与一已知圆弧内接与另一已知圆弧外接	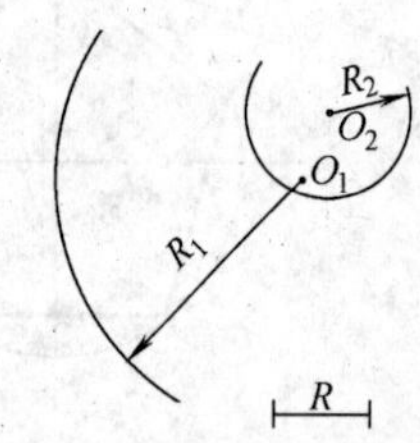 作半径为 R 的圆弧与半径为 R_1，圆心为 O_1 的圆弧内接；与半径为 R_2，圆心为 O_2 的圆弧外接	① 以 O_1 为圆心，R_1-R 为半径作圆弧 ② 以 O_2 为圆心，R_2+R 为半径作圆弧与①的圆弧交于点 O	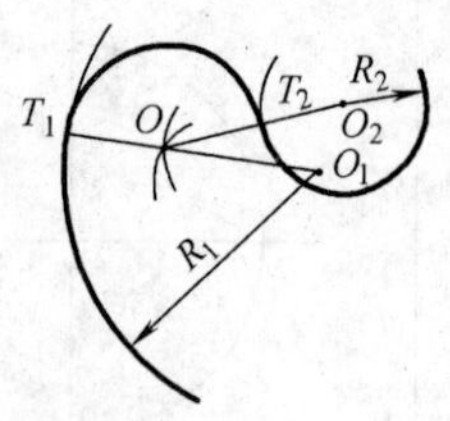 ③ 连接 OO_1，延长至与圆弧(O_1)交于连接点 T_1 ④ 连接 OO_2，交圆弧(O_2)于连接点 T_2 ⑤ 以 O 为圆心，R 为半径，画连接弧 $\overset{\frown}{T_1T_2}$
作圆弧与正交两直线连接	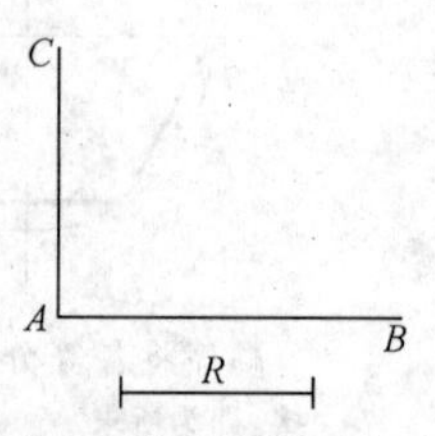 作半径为 R 的圆弧与正交两直线 AB、AC 连接	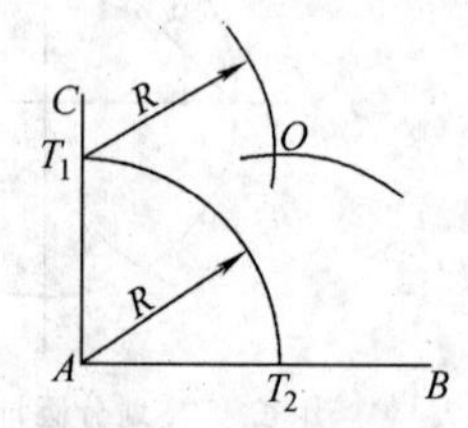 以 A 为圆心，R 为半径作圆弧交 AC、AB 于 T_1、T_2，以 T_1、T_2 为圆心，R 为半径作圆弧交于点 O	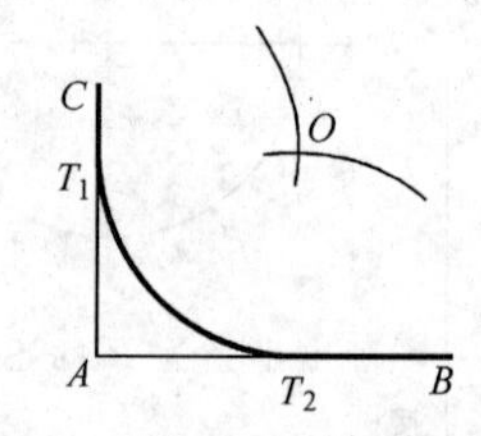 以 O 为圆心，R 为半径作圆弧 $\overset{\frown}{T_1T_2}$，即为所求，T_1、T_2 为连接点
作圆弧与斜交两直线连接	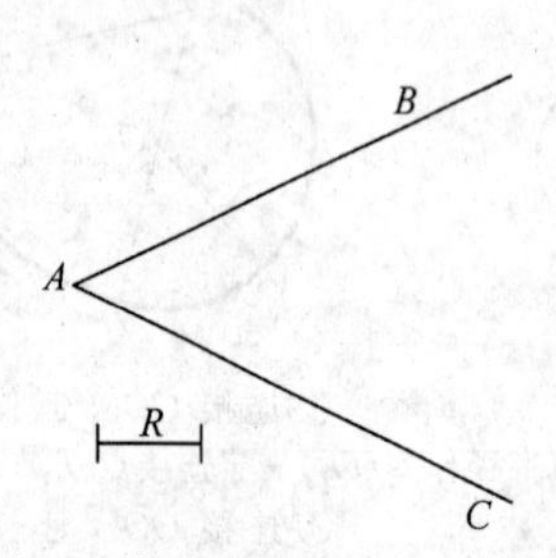 作半径为 R 的圆弧与斜交两直线 AB、AC 连接	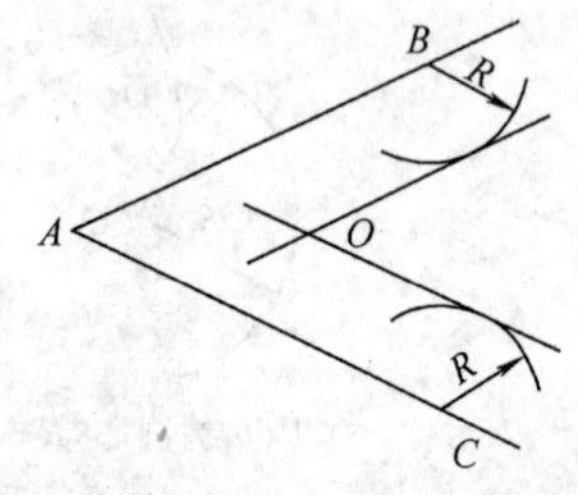 分别作出与 AB、AC 平行且相距为 R 的两直线，其交点 O 即为所求圆弧的圆心	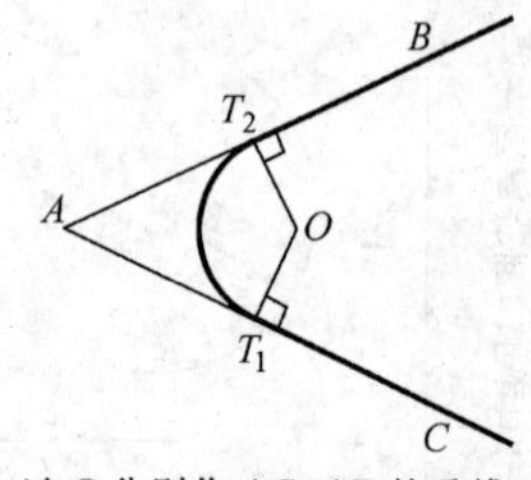 过 O 分别作 AC、AB 的垂线，垂足 T_1、T_2 即为所求连接点，以 O 为圆心，R 为半径作连接弧 $\overset{\frown}{T_1T_2}$
作圆弧与直线及圆弧连接	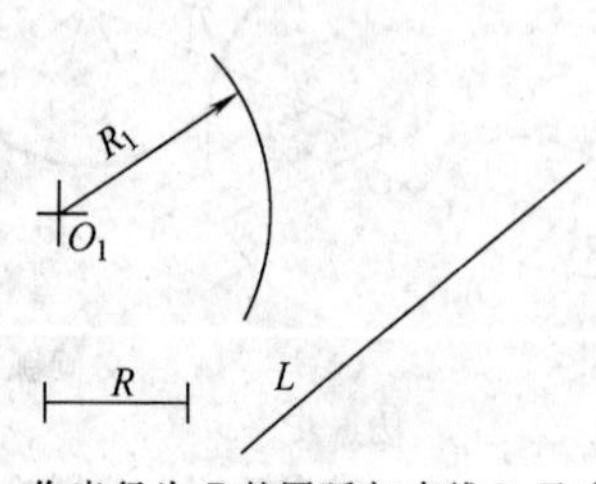 作半径为 R 的圆弧与直线 L 及半径为 R_1、圆心为 O_1 的圆弧连接	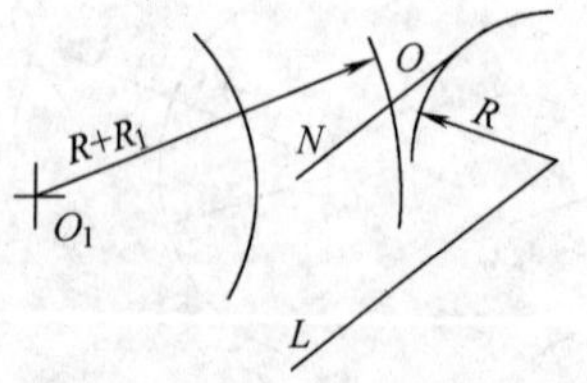 ①作与直线 L 平行且相距为 R 的直线(N) ②以 O_1 为圆心，$R+R_1$ 为半径，作圆弧交直线(N)于 O	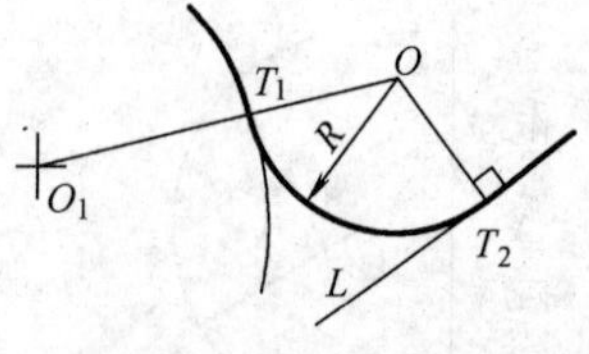 ③连接 OO_1 交已知圆弧于连接点 T_1 ④过 O 作直线垂直于 L，垂足 T_2 为另一连接点 ⑤以 O 为圆心，R 为半径，作连接弧 $\overset{\frown}{T_1T_2}$

表 1-15　椭圆的画法

已知椭圆的长短轴画椭圆	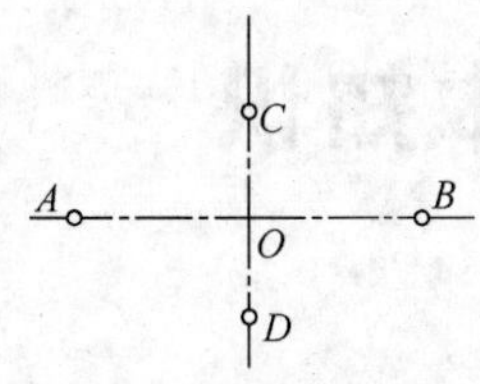 已知椭圆长轴 AB、短轴 CD	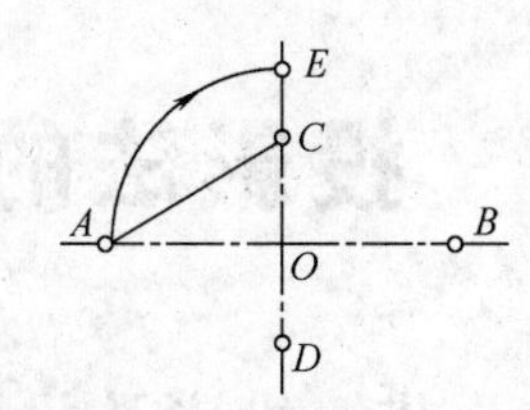 连接 AC，以 O 为圆心，OA 为半径作弧交短轴延长线于 E	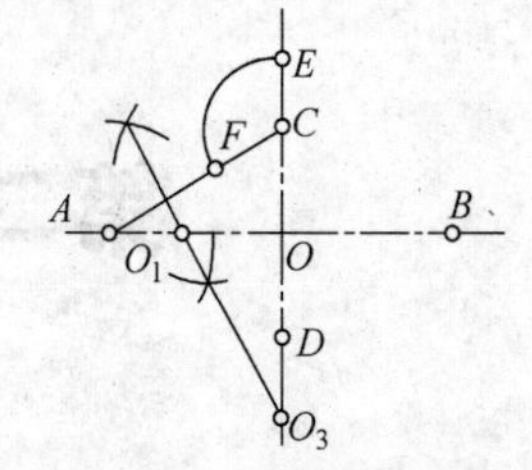 以 C 为圆心，CE 为半径画弧交 AC 于 F；作 AF 的垂直平分线交长轴于 O_1、交短轴延长线于 O_3
	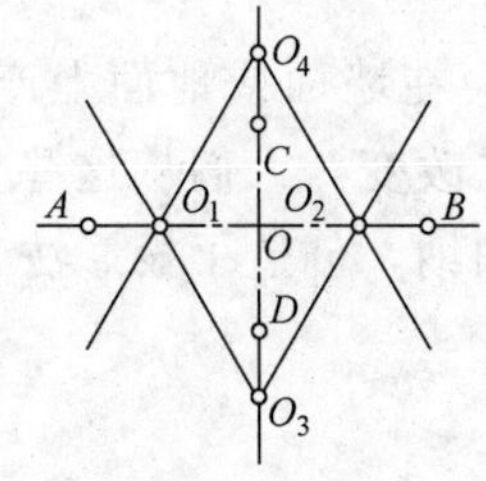 在 AB 上截取 $OO_2=OO_1$，在 CD 延长线上截取 $OO_4=OO_3$，连接 O_1O_3、O_1O_4、O_2O_4、O_2O_3 并延长	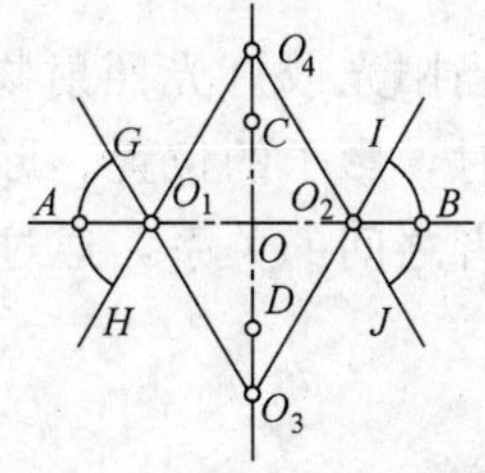 以 O_1、O_2 为圆心，O_1A 为半径画弧与 O_1O_4、O_1O_3 和 O_2O_4、O_2O_3 的延长线交于 H、G、J、I	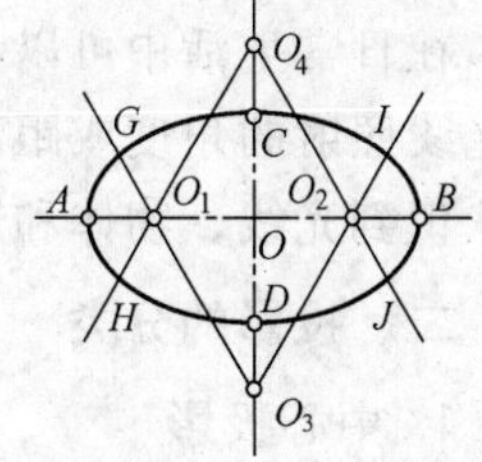 以 O_3、O_4 为圆心，O_3C 为半径画弧 $\overset{\frown}{GI}$、$\overset{\frown}{HJ}$
已知椭圆的共轭直径画椭圆	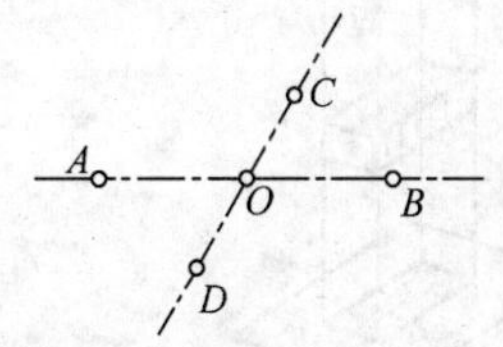 已知椭圆的共轭直径 AB、CD	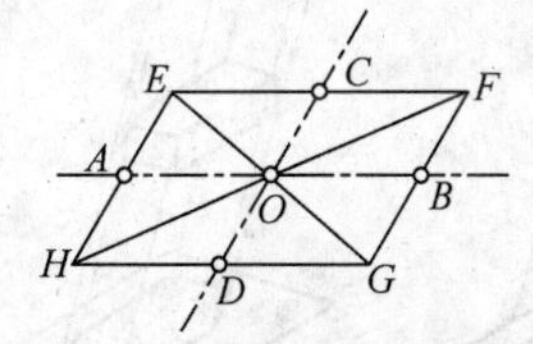 过点 C、D 作 AB 的平行线，过点 A、B 作 CD 的平行线，作出平行四边形 $EFGH$，并作对角线 EG、FH	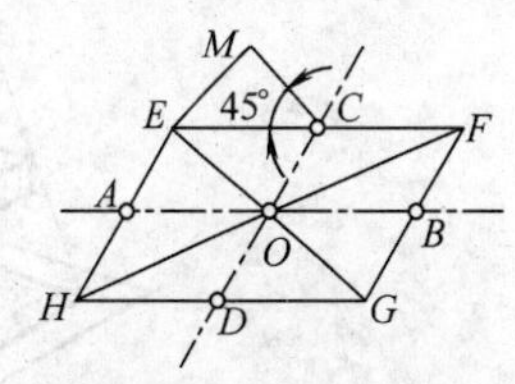 以 EC 为斜边，作一等腰直角三角形$\triangle ECM$
	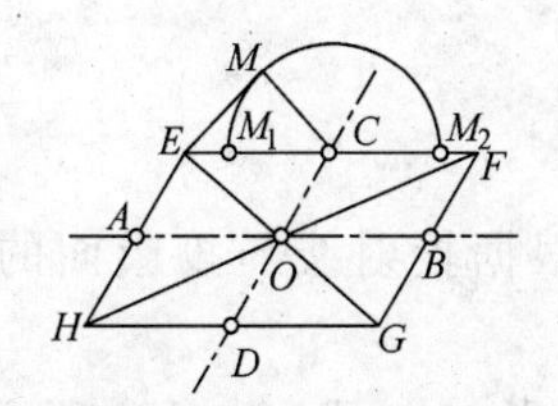 以 C 为圆心，CM 为半径画半圆交 EF 于点 M_1、M_2	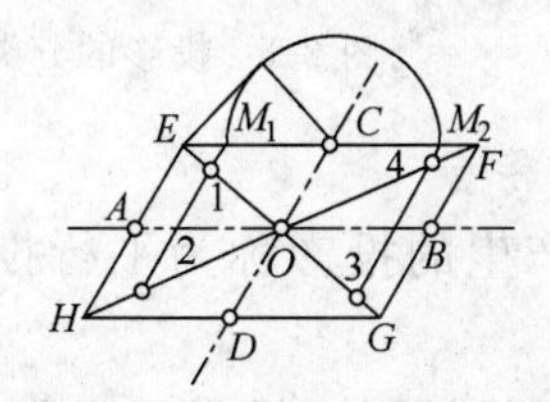 过点 M_1、M_2 作 CD 的平行线分别交 EG、FH 于 1、2、3、4 点	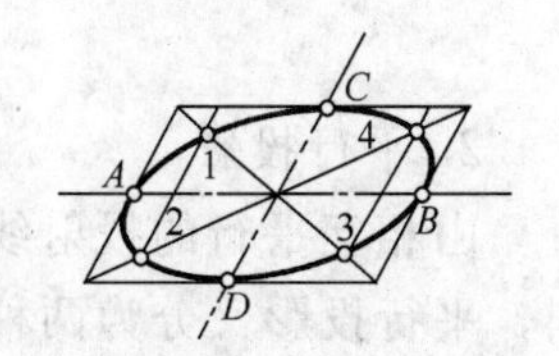 将八个点 A、1、C、4、B、3、D、2 依次光滑连接

思 考 题

1. 学习工程制图为什么必须严格执行国家制图标准的有关规定？
2. 图纸幅面有哪几种规格？它们相互之间有什么关系？
3. 图线有哪几种？说明它们的用途和画法。
4. 什么是比例？怎样使用比例尺？
5. 怎样任意等分直线段？
6. 等分圆周多边形有哪几种方法？
7. 椭圆的画法有几种？

第二章　投影法的基本知识

第一节　投影及投影分类

一、投影的概念

在日常生活中可以看到，当阳光或灯光照射物体时，会在墙面或地面上产生影子。当光线照射的角度或距离改变时，影子的位置、形状也随之改变。人们从这些自然现象中认识到光线、物体和影子三者之间的关系，通过总结、归纳，创造了投影法。

二、投影的分类

1. 中心投影

由一点放射的投射线所产生的投影称为中心投影，如图 2-1（a）所示。

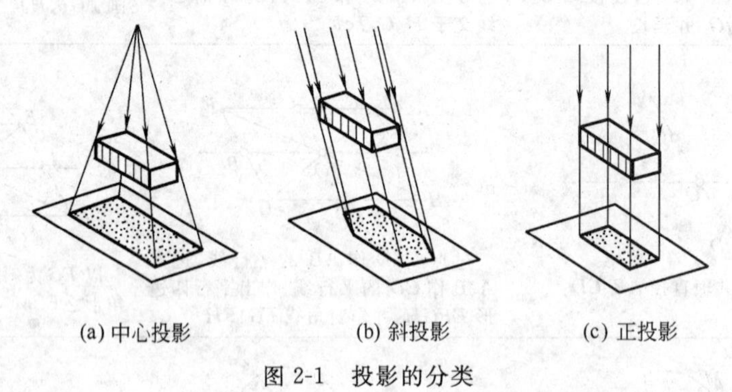

(a) 中心投影　　(b) 斜投影　　(c) 正投影

图 2-1　投影的分类

2. 平行投影

由相互平行的投射线所产生的投影称为平行投影，根据投射线与投影面的角度不同，平行投影又分为两种。

（1）斜投影　当平行投射线倾斜于投影面时称为斜投影，如图 2-1（b）所示。

（2）正投影　当平行投射线垂直于投射面时称为正投影，如图 2-1（c）所示。

第二节　工程中常用的几种图示法

根据上述投影方法来绘制的工程图样，有以下四种常见的图示形式。

一、透视图

图 2-2 所示为应用中心投影法来绘制的透视图。该图与照相原理一致，接近人的视觉，故图形逼真，直观性强，一般用于建筑设计方案比较及工艺美术和宣传广告画等。

二、轴测图

图 2-3 所示应用平行投影法来绘制的轴测图。图形也富有立体感，但不如透视图自

然直观。所以在工程图中一般作为辅助性图样。

三、正投影图

正投影图是应用相互垂直的多个投影面和正投影法来绘制的，是一种多面投影，如图 2-4 所示。

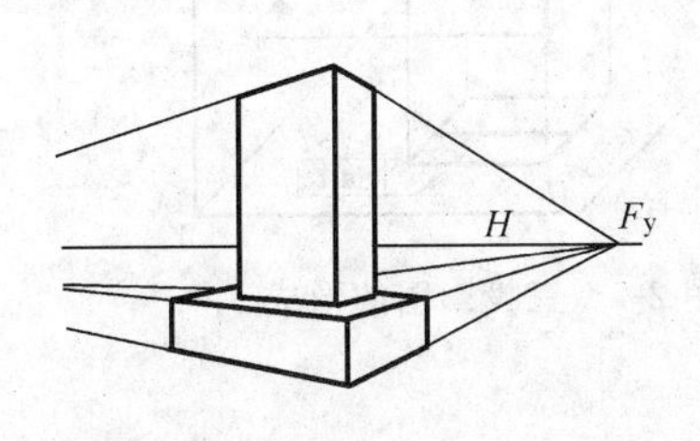

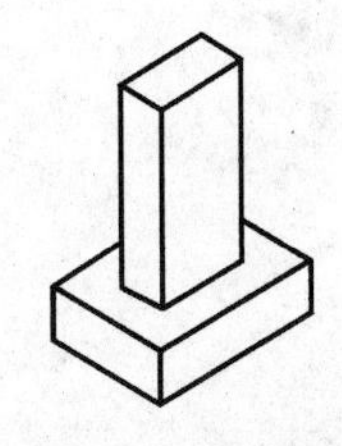

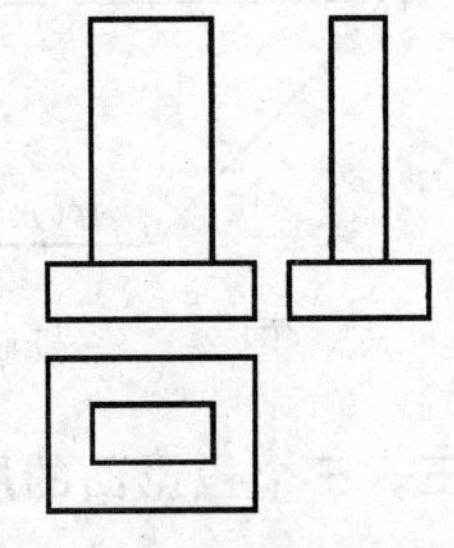

图 2-2　组合体的透视图　　图 2-3　组合体的轴测图　　图 2-4　组合体的正投影图

正投影图的特点是作图比较简便，各投影图联合起来能表示形体的真实形状和尺寸，以便于施工，但缺乏立体感。

四、标高投影图

标高投影图是应用正投影法来绘制的一种带有数字标高的单面投影图。在地形测量和土建工程中，应用地面上距离某水平基准投影面相等高度的线来表示地面的高低起伏，这种线称为等高线，如图 2-5 所示。

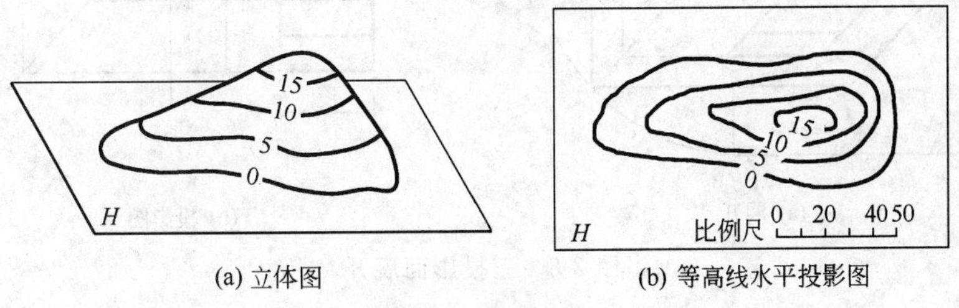

(a) 立体图　　(b) 等高线水平投影图

图 2-5　标高投影

第三节　三面正投影图

一、三投影面体系的建立

设空间有三个相互垂直的投影面（图 2-6）：水平投影面，用 H 表示；正立投影面，用 V 表示；侧立投影面，用 W 表示。三个投影面的交线 OX、OY、OZ 称为投影轴，交点 O 称为原点。

二、三面正投影图的形成

将物体放置在 H、V、W 三个投影面中间，按箭头所指方向分别向三个投影面作正投影（图 2-7）。

由上向下在 H 面上得到的投影称为水平投影图，简称平面图。

由前向后在 V 面上得到的投影称为正立投影图，简称正面图。

由左向右在 W 面上得到的投影称为侧立投影图，简称侧面图。

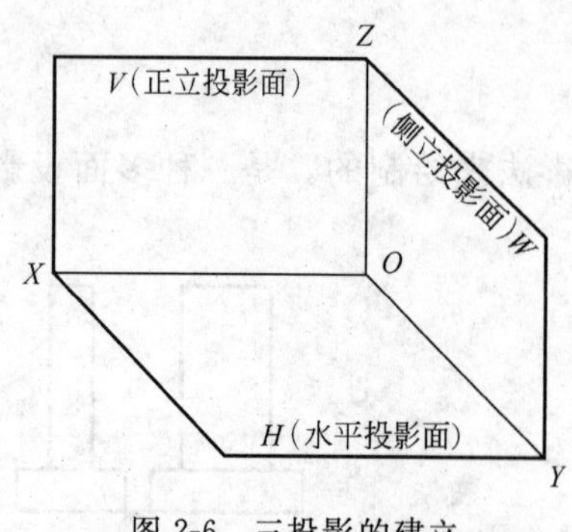

图 2-6　三投影的建立

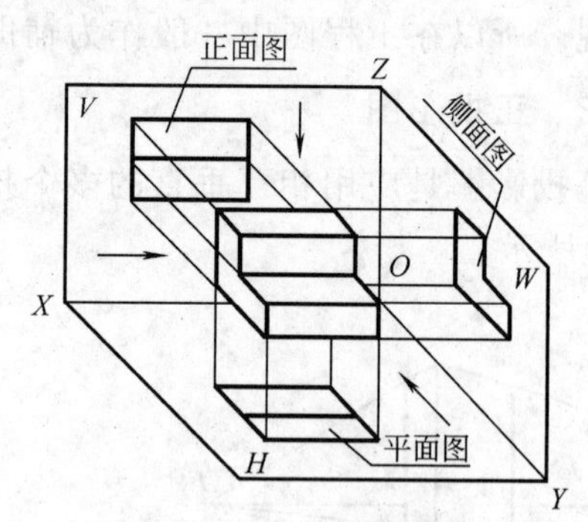

图 2-7　三投影图的形成

三、三个投影面的展开

为了把空间三个投影面上得到的投影图画在一个平面上，需要将三个相互垂直的投影面进行展开，如图 2-8（a）、（b）所示。

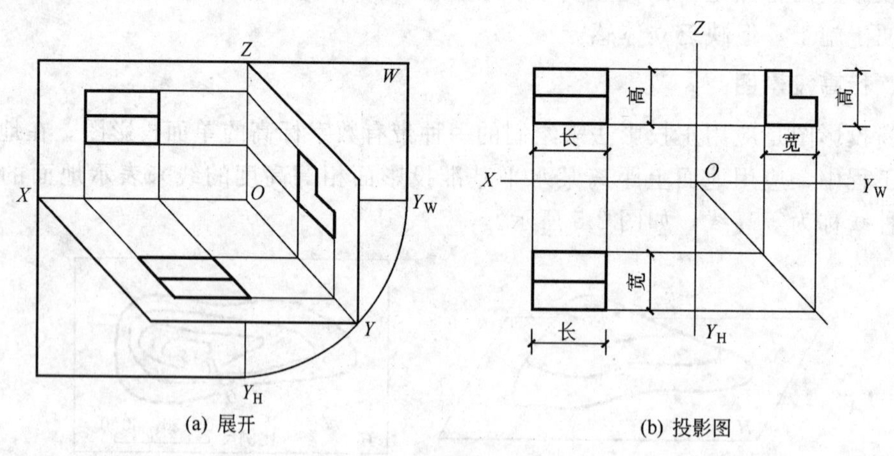

(a) 展开　　(b) 投影图

图 2-8　三投影面展开

三个投影面展开后，原三面相交的交线 OX、OY、OZ 成为两条垂直相交的直线，原 OY 轴则分为两条，在 H 面上用 OY_H，在 W 面上的用 OY_W 表示。

从展开后的三面投影图的位置来看：左下方为水平投影图；左上方为正立投影图；右上方为侧立投影图。

四、三面正投影图的投影规律

任何一个空间物体都有长、宽、高三个方向的尺度；以及上、下、左、右、前、后六个方位。每一个投影能反映长、宽、高三个方向尺度中的两个及六个方位中的四个。

1. 投影图中三等关系

如图 2-8 所示，正立投影图反映物体的长、高尺寸；水平投影图反映物体的长宽尺寸；侧立投影图反映物体的宽、高尺寸，因此可以归纳为：正立投影图与水平投影图——长对正；正立投影图与侧立投影图——高平齐；水平投影图与侧立投影图——宽相等。

“长对正、高平齐、宽相等”的三等关系反映了三面正投影图之间的投影规律，是画图、尺寸标注、识图应遵循的准则。

2. 方位对应关系

在三面投影图中可知，正立投影图反映物体的左右、上下；水平投影图反映物体的左右、前后；侧立投影图反映物体的前后、上下，如图 2-9 所示。

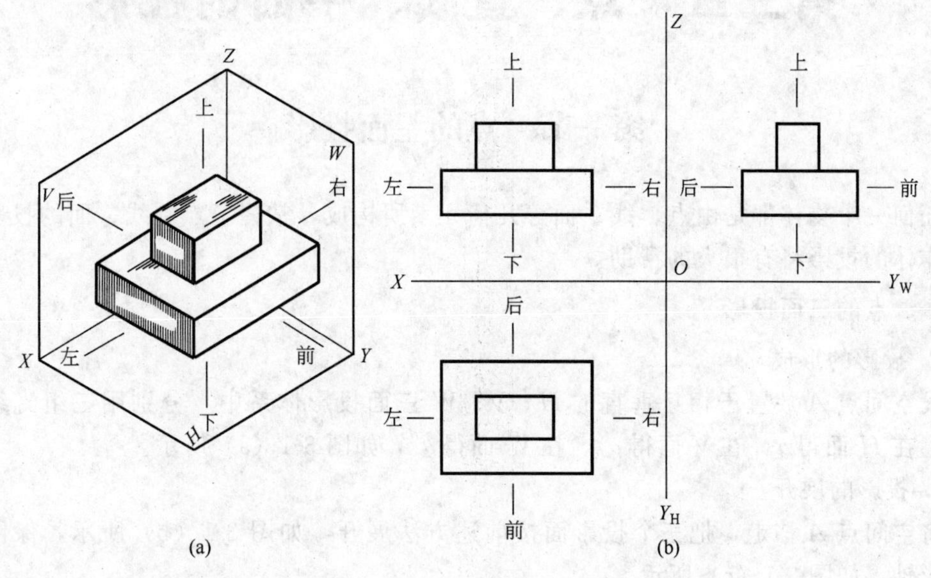

图 2-9　方位的对应关系

熟练地掌握投影图之间的三等关系及方位判别，对画图、识图将会有极大的帮助。

思 考 题

1. 投影分为几类？各有何特性？
2. 正投影的特性及优缺点各有哪些？
3. 解释投影面、投影轴及投影图的名称。
4. 三面投影图展开后有哪“三等”关系？

第三章　点、直线、平面的投影

第一节　点的三面投影

任何一个物体都是由点、线、面等几何元素所构成，掌握了点、线、面的投影，对后续作体的投影将有很大的帮助。

一、点的三面投影

1. 投影的形成

设空间点 A 放置于相互垂直的 H、V、W 三面投影体系中，分别用三组光线进行投影。在 H 面得 a，在 V 面得 a'，在 W 面得 a''，如图 3-1（a）所示。

2. 投影的展开

将空间点 A 移走，把三个投影面按前述方法展开，如图 3-1（b）所示，保留边框及投影轴，如图 3-1（c）所示。

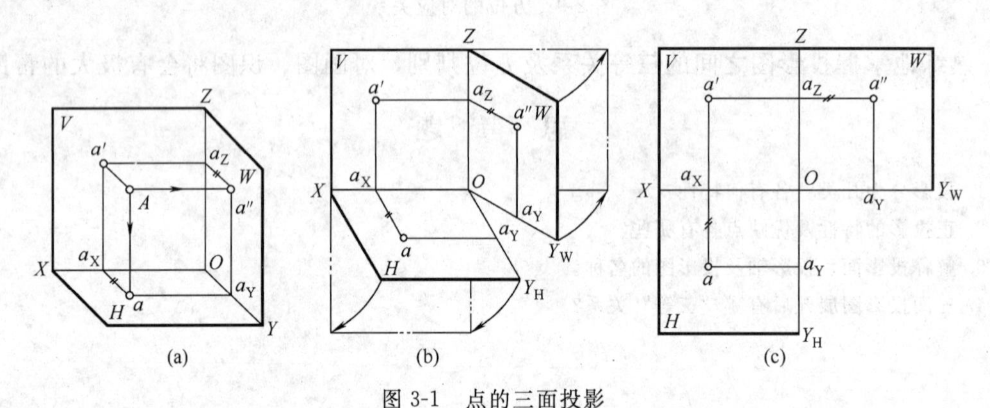

图 3-1　点的三面投影

3. 点的标注

在点的投影中规定：凡是空间点用大写字母表示，如 A、B、C 等。若空间点为 A，经过投影以后，在 H 面为 a，在 V 面为 a'，在 W 面为 a''。

4. 点的投影规律

① 两点的连线垂直于投影轴，即 $aa' \perp OX$ 轴，$a'a'' \perp OZ$ 轴，aa''分别垂直于 OY_H、OY_W 轴 。

② 点到投影轴的距离分别等于空间点到相应投影面的距离，即

$$a'a_X = Aa = \text{空间点 } A \text{ 至 } H \text{ 面的距离}$$
$$aa_X = Aa' = \text{空间点 } A \text{ 至 } V \text{ 面的距离}$$
$$a'a_Z = Aa'' = \text{空间点 } A \text{ 至 } W \text{ 面的距离}$$

【例 3-1】　已知点 A 的两面投影 a'、a，求点 A 的侧面投影 a''。

作图步骤及方法如图 3-2（a）、（b）、（c）所示。

二、点的相对位置

空间两点的相对位置可利用在投影图中各同面投影来判断。

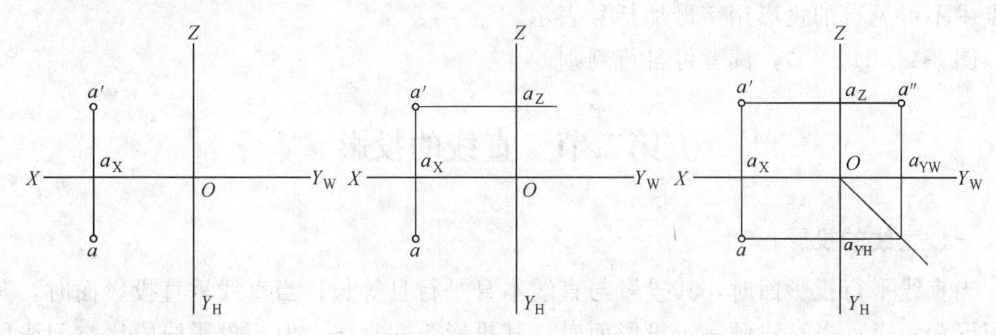

(a) 已知点 A 的两投影 a、a'　(b) 过 a' 作 OZ 轴的垂直线 $a'a_Z$　(c) 在 $a'a_Z$ 的延长线上截取 $a''a_Z=aa_X$，a'' 即为所求

图 3-2　已知点的两投影作第三投影

在三面投影中，规定：OX 轴向左，OY 轴向前，OZ 轴向上为其正方向。X 轴可判断左右位置；Y 轴可判断前后位置；Z 轴可判断上下位置。只要将两点同面投影加以比较，就可判断两点的左右、前后、上下位置关系。

【例 3-2】 判断 AB 两点的相对位置。

如图 3-3 所示，从 V 面、H 面投影看出，空间点 A 在点 B 的左方；从 H 面、W 面可看出点 A 在点 B 的后方；从 V 面、W 面可看出点 A 在点 B 的上方。最后可归纳为：空间点 A 在点 B 的左、后、上方；点 B 在点 A 的右、前、下方。

图 3-3　根据两点投影判断其相对位置

三、重影点及可见性

当空间两点位于同一条投射线上，则该两点在相应投影面上重叠，重叠的两点称为重影点。

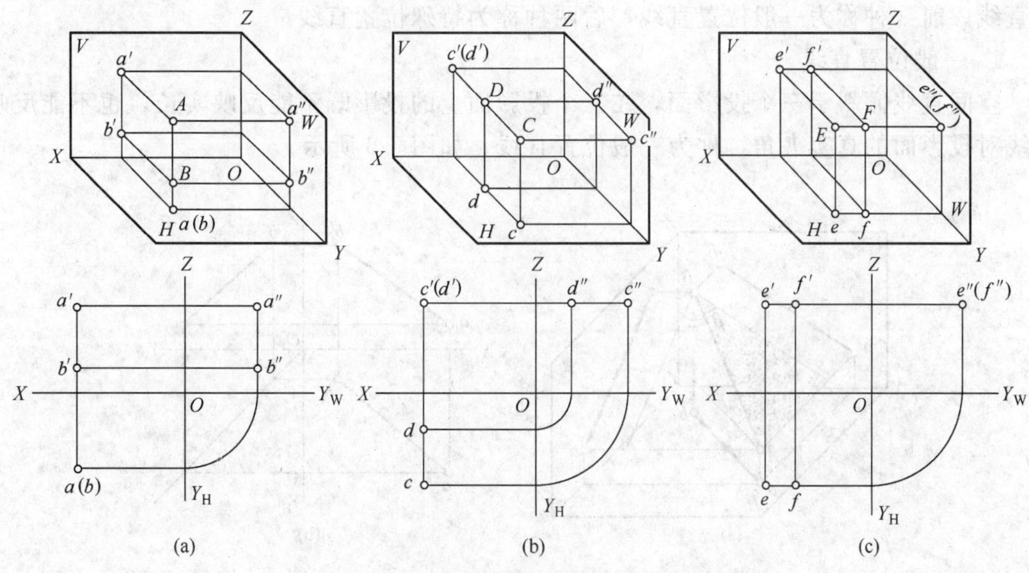

图 3-4　重影点的投影

如图 3-4（a）所示，当 A、B 两点在 H 面同一条投射线上，点 A 在点 B 的上方，它们在 H 面投影重合为一点，点 A 为可见点，点 B 为不可见点。在投影图中规定：重影点中不可见点的投影用字母加括号表示。

图 3-4（b）、（c），读者可自行判别。

第二节　直线的投影

一、直线的投影

当直线平行投影面时，其投影与直线本身平行且等长；当直线垂直投影面时，其投影积聚为一点；当直线倾斜于投影面时，其投影为一直线，但其投影线段比空间线段缩短。如图 3-5 所示。

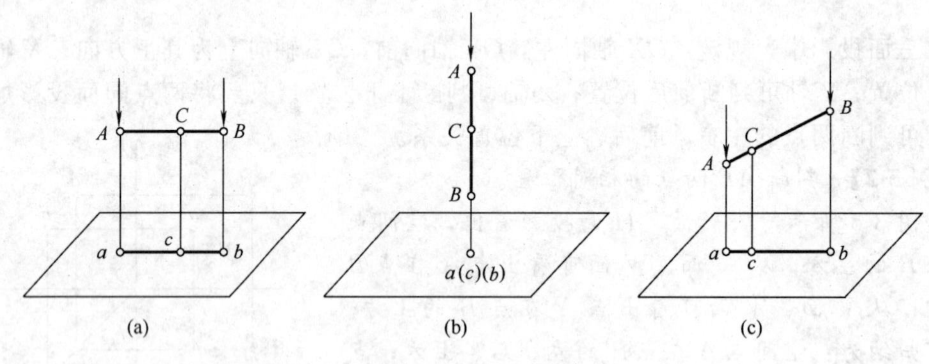

图 3-5　直线的投影

二、直线对投影面的相对位置

根据直线对投影面的相对位置不同，可分为三种情况。与三投影面都倾斜的直线，称为一般位置直线。与任一投影面平行或垂直的直线，分别称为投影面平行线和投影面垂直线。前一种称为一般位置直线，后两种称为特殊位置直线。

1. 一般位置直线

空间直线倾斜于三个投影面，在三个投影面上的投影既不能反映实长，也不能反映直线对投影面的真实夹角，称为一般位置直线，如图 3-6 所示。

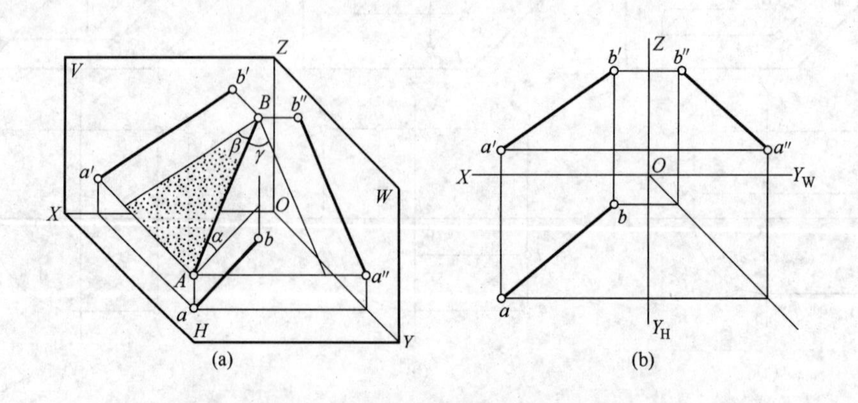

图 3-6　直线的三个倾角及一般位置直线的投影特征

2. 投影面平行线

空间直线平行一个投影面，倾斜于其他两个投影面，称为投影面平行线。投影面平行线可分为三种，见表 3-1：水平线，直线平行于 H 面，倾斜于 V 面、W 面；正平线，直线平行于 V 面，倾斜于 H 面、W 面；侧平线，直线平行于 W 面，倾斜于 V 面、H 面。

下面以水平线为例，说明其投影特性（表 3-1）。

① 直线 CD 平行于 H 面，在 H 面投影 cd 反映实长，以及对 V 面夹角 β，对 W 面夹角 γ。

② 直线 CD 倾斜于 V 面、W 面，在 V 面投影 $c'd'$、在 W 面投影 $c''d''$ 为水平方向线，其投影长度缩短。

表 3-1　投影面平行线

名称	水平线 （平行于 H 面，倾斜于 V 面、W 面）	正平线 （平行于 V 面，倾斜于 H 面、W 面）	侧平线 （平行于 W 面，倾斜于 V 面、H 面）
直观图			
投影图			
投影特性	在所平行的投影面上的投影反映实长，在另外两个投影面上的投影分别平行于相应的投影轴，但其投影长度缩短		
判别	一斜两直线，定是平行线；斜线在哪面，平行哪个面（投影面）		

表 3-2　投影面垂直线

名称	铅垂线 （垂直于 H 面，平行于 V 面、W 面）	正垂线 （垂直于 V 面，平行于 H 面、W 面）	侧垂线 （垂直于 W 面，平行于 V 面、H 面）
直观图			

续表

名称	铅垂线 （垂直于 H 面，平行于 V 面、W 面）	正垂线 （垂直于 V 面，平行于 H 面、W 面）	侧垂线 （垂直于 W 面，平行于 V 面、H 面）
投影图	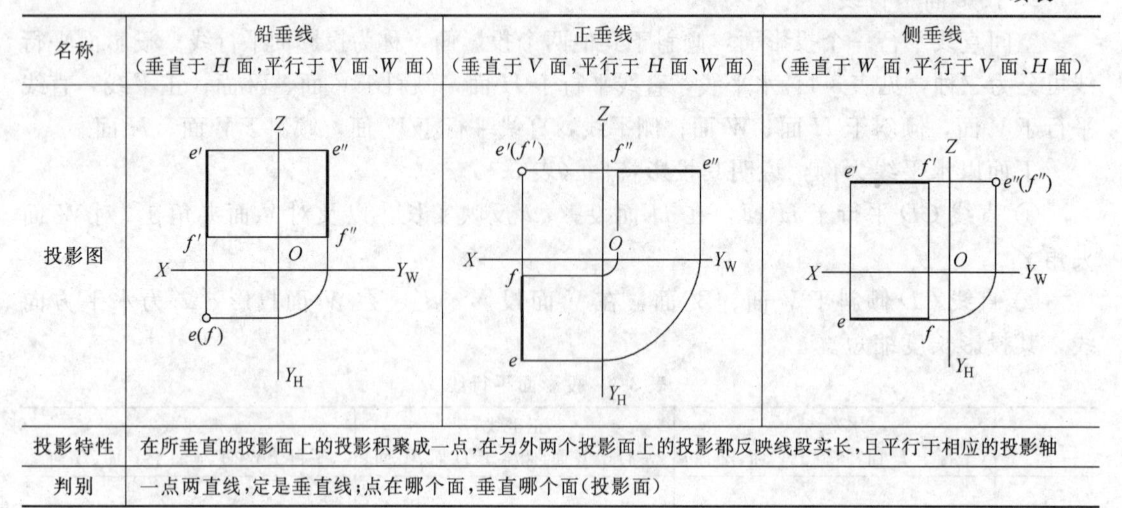		
投影特性	在所垂直的投影面上的投影积聚成一点，在另外两个投影面上的投影都反映线段实长，且平行于相应的投影轴		
判别	一点两直线，定是垂直线；点在哪个面，垂直哪个面（投影面）		

正平线、侧平线读者可自行阅读。

3．投影面垂直线

空间直线垂直一个投影面，平行其他两个投影面，称为投影面垂直线。投影面垂直线分为三种，见表 3-2：铅垂线，直线垂直于 H 面，平行于 V 面、W 面；正垂线，直线垂直于 V 面，平行于 H 面、W 面；侧垂线，直线垂直于 W 面，平行于 V 面、H 面。

下面以铅垂线为例，说明其投影特性（表 3-2）。

① 直线 EF 垂直于 H 面，在 H 面投影 ef 积聚为一点。

② 直线平行 V 面，W 面，$e'f'$，$e''f''$为铅垂线方向线且反映实长。

正垂线、侧垂线读者可自行阅读。

第三节　平面的投影

一、平面的投影

当平面平行于投影面时，投影仍为一平面，其形状、大小与平面一致；当平面垂直于投影面时，投影积聚为一直线；当平面倾斜于投影面时，投影为类似平面形，但不反映实形。如图 3-7 所示。

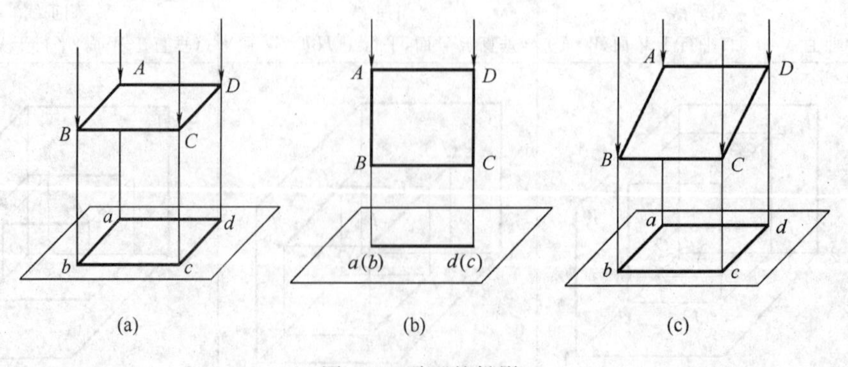

图 3-7　平面的投影

二、平面与投影面的相对位置

根据平面对投影面的相对位置不同，可分为三种情况。与三个投影面都倾斜的平面，称为一般位置平面。与任一投影面平行或垂直的平面，分别称为投影面平行面和投影面垂直面。前一种称为一般位置平面，后一种称为特殊位置平面。

1. 一般位置平面

空间平面对三个投影面都倾斜，在三个投影面的投影均为类似平面形，既不反映实形，也不能反映平面对投影面的真实夹角。如图 3-8 所示。

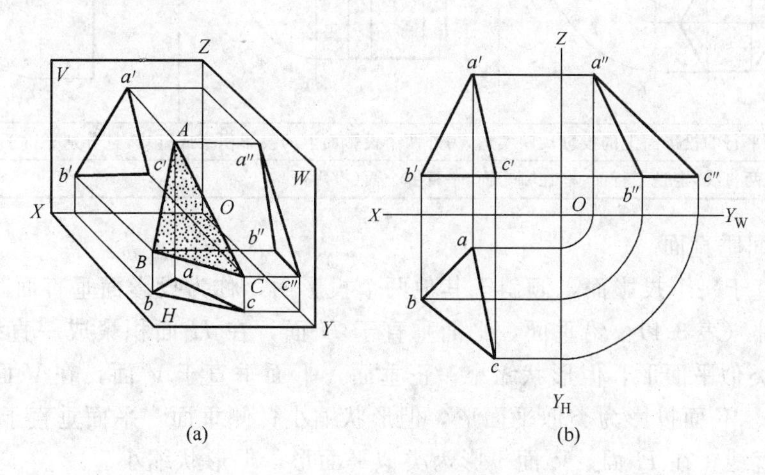

图 3-8　一般位置平面

2. 投影面平行面

平面平行于一个投影面，垂直于其他两个投影面，称为投影面平行面。投影面平行面可分为三种（表 3-3）：水平面，平面平行于 *H* 面，垂直于 *V* 面、*W* 面；正平面，平面平行于 *V* 面，垂直于 *H* 面、*W* 面；侧平面，平面平行于 *W* 面，垂直于 *V* 面、*H* 面。

下面以水平面为例，说明其投影特性（表 3-3）。

平面平行于 *H* 面，在 *H* 面投影反映实形；垂直于 *V* 面、*W* 面，投影为一水平方向线，平行于 *OX* 轴、OY_W 轴。

正平面、侧平面投影特性读者可自行阅读。

表 3-3　投影面平行面

名称	水平面 （平行于 *H* 面，垂直于 *V* 面、*W* 面）	正平面 （平行于 *V* 面，垂直于 *H* 面、*W* 面）	侧平面 （平行于 *W* 面，垂直于 *V* 面、*H* 面）
直观图	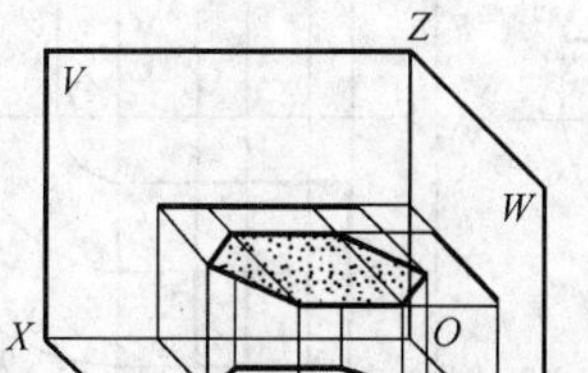 V Z W X O H Y	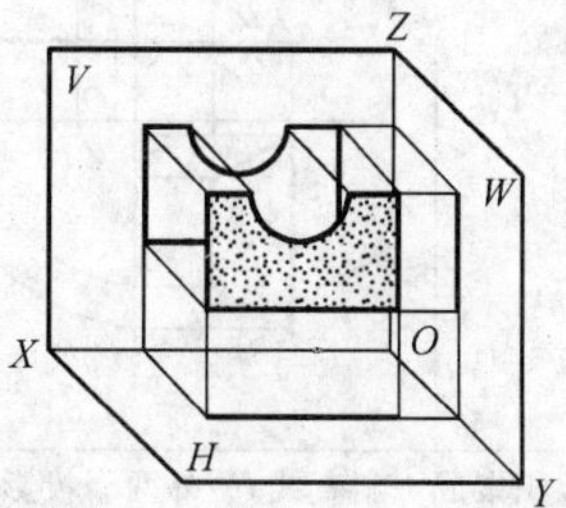 V Z W X O H Y	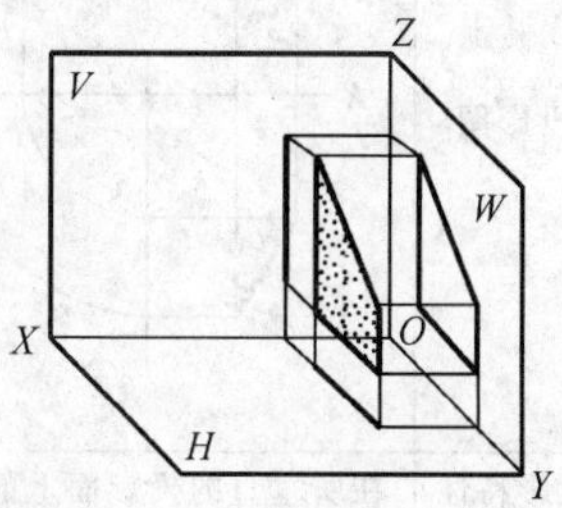 V Z W X O H Y

续表

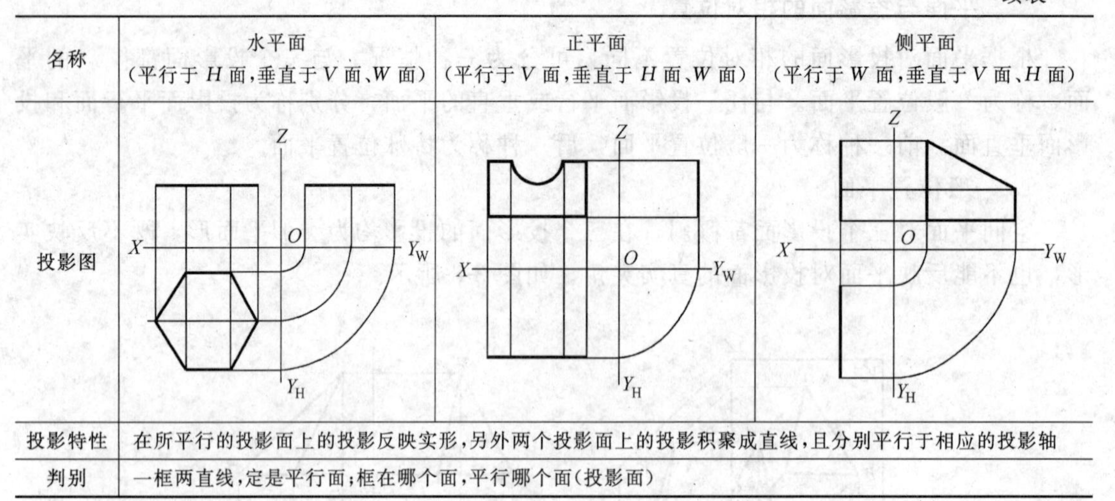

名称	水平面 （平行于 H 面，垂直于 V 面、W 面）	正平面 （平行于 V 面，垂直于 H 面、W 面）	侧平面 （平行于 W 面，垂直于 V 面、H 面）
投影图			
投影特性	在所平行的投影面上的投影反映实形，另外两个投影面上的投影积聚成直线，且分别平行于相应的投影轴		
判别	一框两直线，定是平行面；框在哪个面，平行哪个面（投影面）		

3. 投影面垂直面

平面垂直于一个投影面，倾斜于其他两个投影面，称为投影面垂直面。投影面垂直面可分为三种（表 3-4）：铅垂面，平面垂直于 H 面，在 H 面积聚成一直线，在 V 面、W 面投影为类似平面形，但形状缩小；正垂面，平面垂直于 V 面，在 V 面积聚成一直线，在 H 面、W 面投影为类似平面形，但形状缩小；侧垂面，平面垂直于 W 面，在 W 面积聚成一直线，在 H 面、V 面投影为类似平面形，但形状缩小。

下面以铅垂直面为例，说明其投影特性（表 3-4）。

表 3-4　投影面垂直面

名称	铅垂面 （垂直于 H 面，倾斜于 V 面、W 面）	正垂面 （垂直于 V 面，倾斜于 H 面、W 面）	侧垂面 （垂直于 W 面，倾斜于 V 面、H 面）
直观图			
投影图			
投影特性	在所垂直的投影面上的投影积聚成一斜直线，另外两个投影面上的投影为与该平面类似的封闭线框		
判别	两框一斜线，定是垂直面；斜线在哪面，垂直哪个面（投影面）		

平面垂直于 H 面，在 H 面积聚为直线，与水平线的夹角反映了平面对 V 面夹角 β；与垂直线的夹角反映了平面对 W 面夹角 γ。

正垂面、侧垂面读者可自行阅读。

思 考 题

1. 试述投影面、投影轴的名称。
2. 试述点的三面投影规律。
3. 如何判断两点的相对位置？
4. 试述各种位置直线、平面的投影特性，用图示和文字表述。

第四章　基本体的投影

根据体的表面组成情况，基本体可分为平面体和曲面体两种，后续所讲述的组合体一般均由平面体和曲面体所组成。因此，要掌握组合体的投影必须先读懂基本体的投影。

第一节　平面体的投影

表面由若干平面围成的基本体，称为平面体。作平面体的投影，就是作出组成平面体的各面的投影。

平面体有棱柱、棱锥、棱台等。

一、棱柱的投影

1. 形成

如图 4-1 所示的三棱柱体，由上底面，下底面及三个侧面所组成。

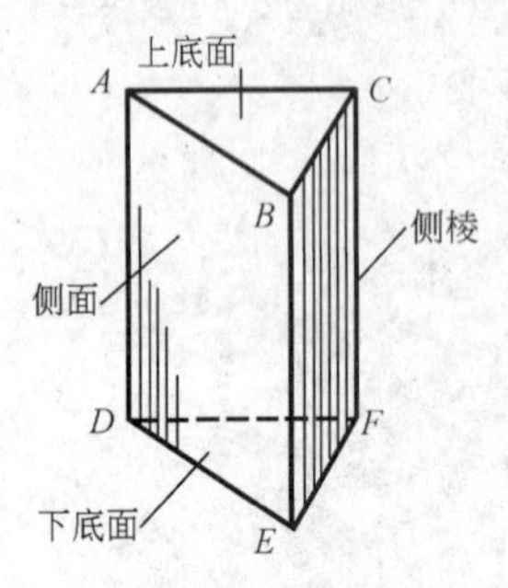

图 4-1　三棱柱

2. 投影

如图 4-2（a）所示，设该三棱柱放置在相互垂直的 H、V、W 三个投影面之间，用三组光线进行投影，在 H、V、W 三面上得到三个投影图。经展开，去掉边框及投影轴，即为该三棱柱的三面投影图，如图 4-2（b）所示。

3. 投影分析

结合前章所述的平面投影特性，可知该三棱柱底面 CBB_1C_1 平行于 H 面，在 H 面反映实形，在 V 面、W 面积聚为两条水平方向线；三棱柱两侧面 ABC、$A_1B_1C_1$ 平行于 W

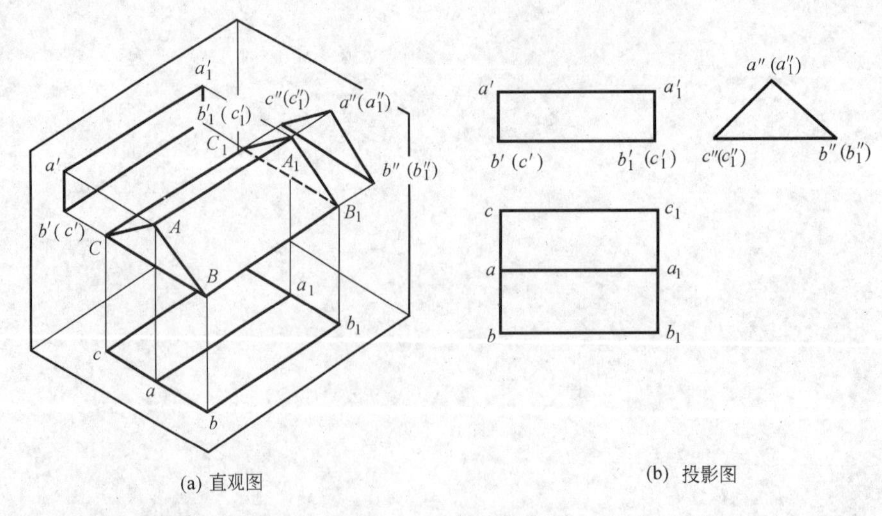

(a) 直观图　　(b) 投影图

图 4-2　正三棱柱的投影

面，在W面上反映实形，在 H 面、V 面上积聚为铅垂方向线，三棱柱前后两面 BAA_1B_1，CAA_1C_1 垂直于 W 面，在 W 面上积聚为两条斜线，倾斜于 H 面、V 面，在 H 面、V 面上投影为一平面形，但形状缩小。

二、棱锥的投影

由一个多边形平面与多个有公共顶点的三角形平面所围成的几何体称为棱锥。

根据不同形状的底面，棱锥有三棱锥、四棱锥和五棱锥等。

1. 形成

如图 4-3 所示，该三棱锥由一个底面及三个三角形平面所组成。

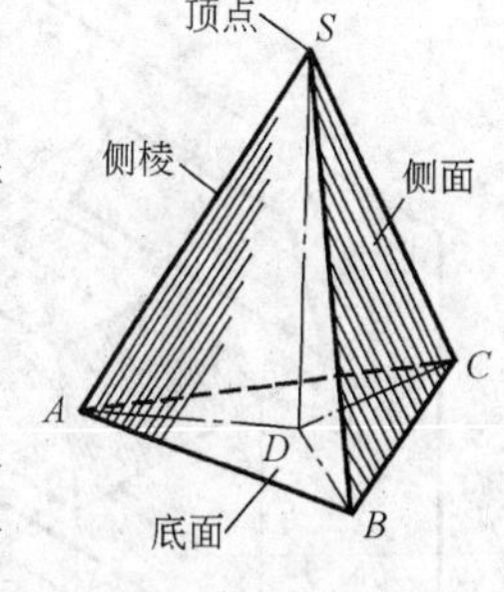

图 4-3　三棱锥

2. 投影

如图 4-4（a）所示，五棱锥放置在相互垂直的 H、V、W 三个面投影面之间，经投影、展开，去掉边框及投影轴，得到三个投影图，如图 4-4（b）所示。

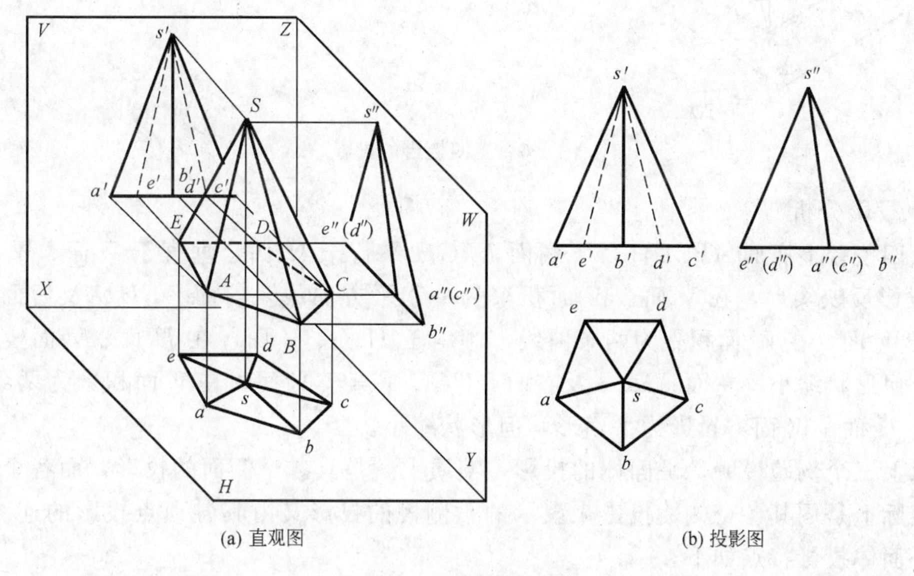

(a) 直观图　　(b) 投影图

图 4-4　正五棱锥的投影

3. 投影分析

该五棱锥底面 $ABCDE$ 平行于 H 面，垂直于 V 面、W 面，在 H 面反映实形，在 V 面、W 面积聚为一水平方向线，SED 垂直于 W 面，在 W 面积聚为一斜线，倾斜于 H 面、V 面，在 H 面、V 面投影为三角形，但形状缩小，其余四个面，即 SAB、SBC、SCD、SAE 为一般位置平面，在 H、V、W 三面上的投影均为三角形，但形状缩小。

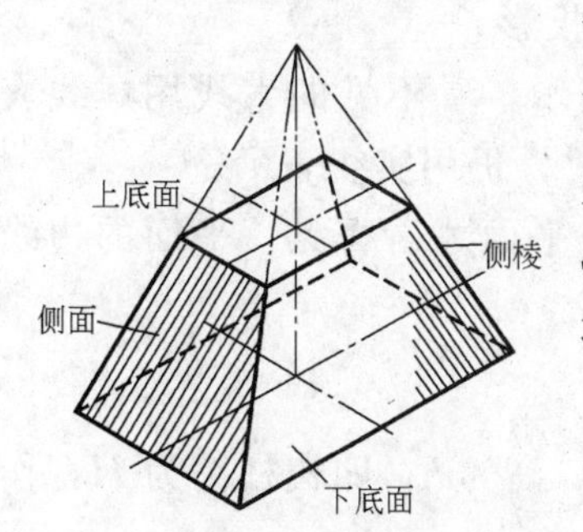

图 4-5　四棱台

三、棱台的投影

1. 形成

如图 4-5 所示，该四棱台由上底面和下底面及前、后、左、右四个斜面所组成。实际上是一四棱锥被一平行棱锥底面的截平面所切割而成。

2. 投影

如图 4-6（a）所示，设该四棱台放置于 H、V、W 三个投影面之间，经投影、展开，去掉边框及投影轴，即为该四棱台的三面投影图，如图 4-6（b）所示。

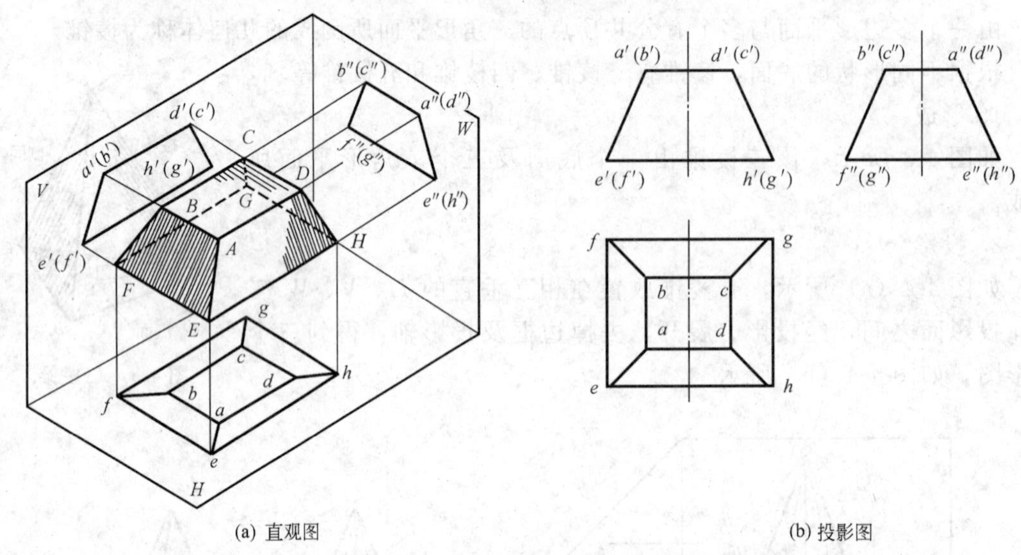

(a) 直观图　　　(b) 投影图

图 4-6　正四棱台的投影

3. 投影分析

该四棱台上底面 $ABCD$，及下底面 $EFGH$ 平行于 H 面，垂直于 V 面、W 面，在 H 面投影反映实形，在 V 面、W 面积聚为一水平方向线，前面 $AEHD$ 及后面 $BFGC$ 垂直于 W 面，在 W 面积聚为两条斜线，倾斜于 H 面、V 面，在 H 面、V 面投影为平面形，但形状缩小。左面 $AEFB$ 及右面 $DHGC$ 垂直于 V 面，在 V 面积聚为两条斜线，倾斜于 H 面、W 面，投影为平面形，但形状缩小。

以上三个例题说明，平面体的投影，实质上就是其各个侧面的投影，而各个侧面的投影实际上是用其各个侧棱投影来表示的，侧棱的投影又由其各顶点投影的连线而成。因此平面体投影特点如下。

① 平面体的投影，实质上就是点、直线和平面投影的集合。

② 投影图中的线条，可能是直线的投影，也可能是平面的积聚投影。

③ 投影图中线段的交点，可能是点的投影，也可能是直线的积聚投影。

④ 投影图中任何一封闭的线框都表示立体上某平面的投影。

⑤ 当向某投影面作投影时，凡看得见的直线用实线表示，看不见的直线用虚线表示。当两条直线的投影重合，一条看得见而另一条看不见时，仍用实线表示。

⑥ 在一般情况下，当平面的所有边线都看得见时，该平面才看得见。平面的边线只要有一条是看不见的，则该平面是不可见的。

四、平面体投影图的画法

已知四棱柱的底面为等腰梯形，梯形两底边长为 a、b，高为 h，四棱柱高为 H，作四棱柱投影图的方法如图 4-7 所示。

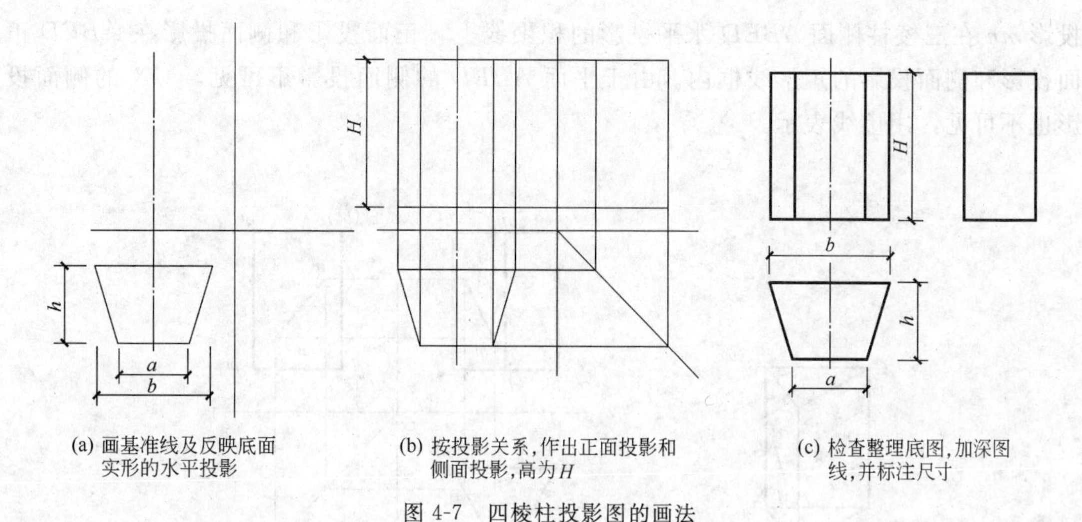

(a) 画基准线及反映底面实形的水平投影　(b) 按投影关系，作出正面投影和侧面投影，高为 H　(c) 检查整理底图，加深图线，并标注尺寸

图 4-7　四棱柱投影图的画法

(a) 直观图　(b) 投影图

图 4-8　五棱柱表面上点的投影

五、平面体表面上的点和直线

1. 棱柱体表面上的点和直线

如图 4-8 所示，在五棱柱（双坡屋面建筑）上有 M 和 N 两点，其中点 M 在平面 $ABCD$ 上，点 N 在平面 $EFGH$ 上。平面 $ABCD$ 是正平面，它在正立面上的投影反映实形，为一矩形线框，在水平面和侧面上的投影是积聚在水平投影和侧面投影的最前端的直线。因此，点 M 的水平投影和侧面投影都在这两条积聚线上，而正面投影在 $ABCD$ 正面投影的矩形线框内。平面 $EFGH$ 为侧垂面，其侧面投影积聚成直线，水平投影和正面投影均为一矩形，因此点 N 的侧面投影应在 $EFGH$ 侧面投影的积聚线上，水平投影和正面投影分别在矩形线框内。由于 $EFGH$ 的正面投影不可见，所以点 N 的正面投影为不可见，加括号。

以上两点所在的平面都具有积聚性，所以在已知点的一面投影，求其余两面投影时，可利用平面的积聚性求得。

如图 4-9 所示，在三棱柱侧面 $ABED$ 上有直线 MN。该侧面 $ABED$ 为铅垂面，其水平投影积聚为一直线，正面投影和侧面投影分别为一矩形。因此，直线 MN 的水平

投影 mn 在三棱柱侧面 $ABED$ 水平投影的积聚线上，正面投影和侧面投影在 $ABED$ 正面投影和侧面投影的矩形线框内。由于平面 $ABED$ 的侧面投影不可见，MN 的侧面投影也不可见，用虚线表示。

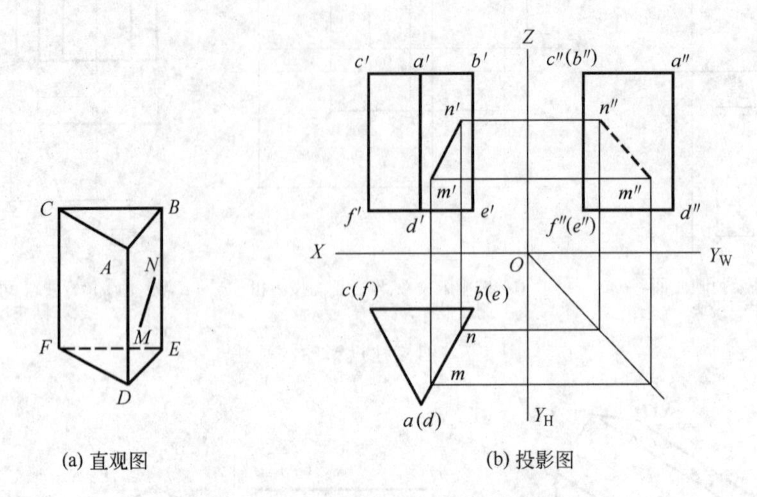

(a) 直观图　　(b) 投影图

图 4-9　三棱柱表面上直线的投影

已知 MN 的一个投影，求其余两个投影时，可先按棱柱表面上的点作出 M、N 的其余两投影，再用相应的图线连接起来即可。

2. 棱锥体表面上的点和线

图 4-10（a）所示，在三棱锥侧面 SAC 上有一点 K，侧面 SAC 为一般位置的平面，其三面投影为三个三角形。由于点 K 在侧面 SAC 上，因此点 K 的三面投影必定在侧面 SAC 的三个投影上。作图时，为了方便，过点 K 作一直线 SE，则点 K 为直线 SE 上的点。点 K 的三面投影应在直线 SE 的三面投影上，如图 4-10（b）所示。这种方法称为辅助线法。当已知点 K 的一个投影，求作另两个投影时，可先作出辅助线的三个投影，再作点 K 的另两个投影。

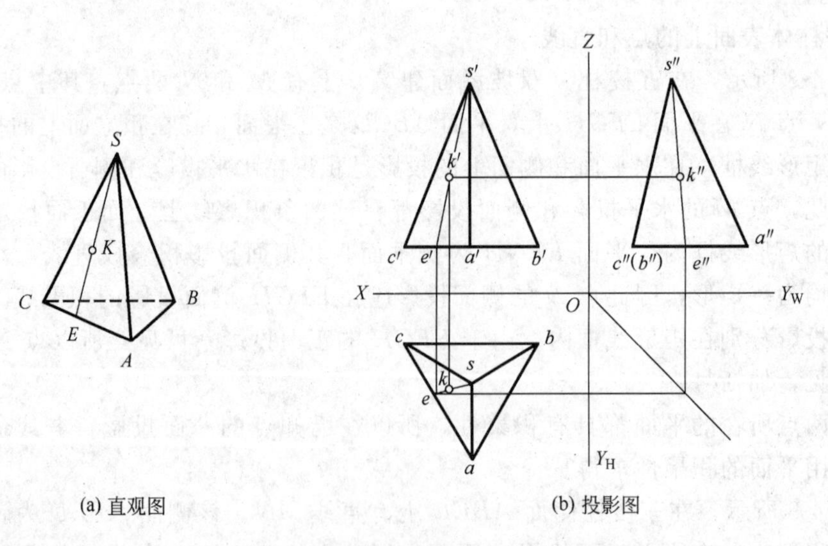

(a) 直观图　　(b) 投影图

图 4-10　三棱锥表面上点的投影

如图 4-11 所示，在四棱锥侧面 SAB 上有一直线 MN。四棱锥侧面 SAB 为一般位置的平面，其三面投影为三个三角形。直线 MN 的投影在平面 SAB 的同面投影内。由于点 M 在侧棱 SA 上，点 M 可按直线上求点的方法求得。点 N 的投影按一般位置平面上求点的投影方法求得（辅助线法）。然后将 M、N 两点的同面投影连接起来即可。由于 SAB 的侧面投影不可见，直线 MN 的侧面投影 $m''n''$ 仍为不可见，用虚线表示。

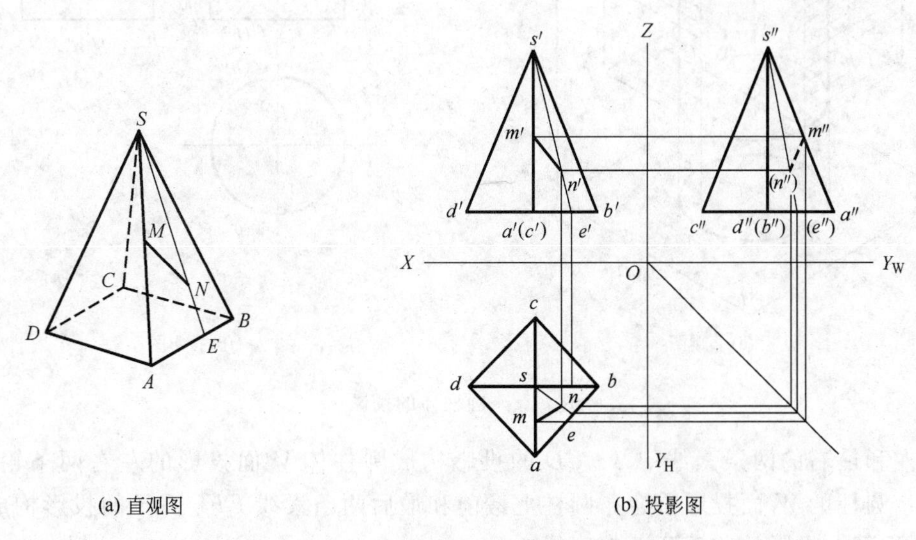

图 4-11 四棱锥表面上直线的投影

第二节 曲面体的投影

表面由曲面或平面和曲面围成的基本体称为曲面体。曲面体有圆柱、圆锥、圆台和球体等。

一、圆柱体的投影

1. 形成

如图 4-12 所示，直线 AA_1 绕着与它平行的直线 OO_1 旋转，所得的轨迹是一圆柱面。直线 OO_1 称为导线，AA_1 称为母线，母线 AA_1 在旋转过程中任一位置留下的轨迹称为素线，因此，圆柱面也可以称为无数条与轴平行且等距的素线的集合，顶面和底面之间的距离为圆柱体的高。

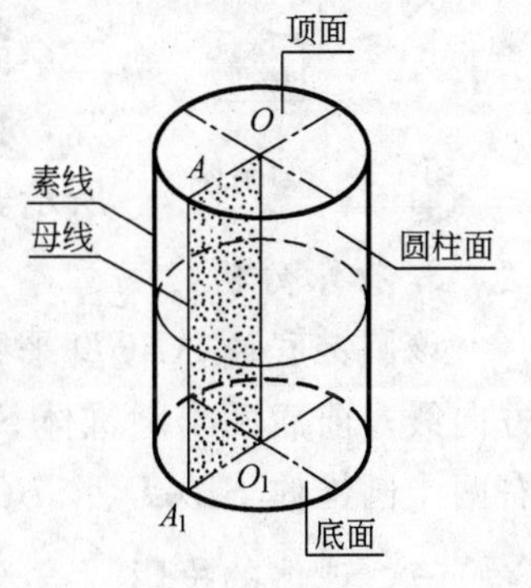

图 4-12 圆柱体

2. 投影

如图 4-13（a）所示，设该圆柱放置在三个相互垂直的投影面 V、H、W 中间，从前向后、从上向下、从左向右进行投影，经过展开，再去掉边框及投影轴，所得到的三面投影图，如图 4-13（b）所示。

3. 投影分析

该圆柱顶面 $AECG$，底面 $BFDH$ 平行于 H 面，在 H 面的投影上下重叠为一个圆，反映实形，在 V 面、W 面投影为一水平方向线，前后两个半圆柱的 V 面投影重合，圆

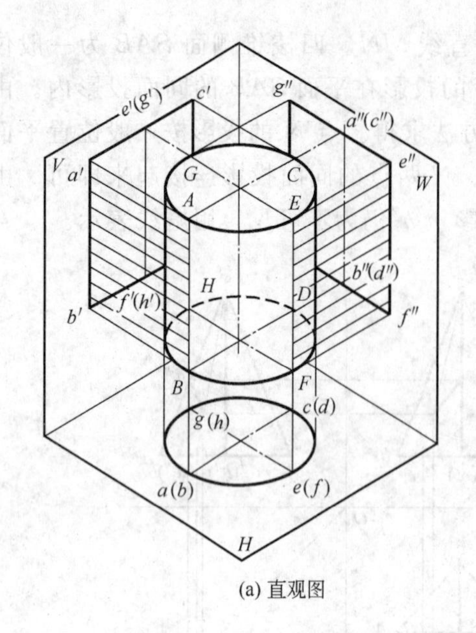

(a) 直观图

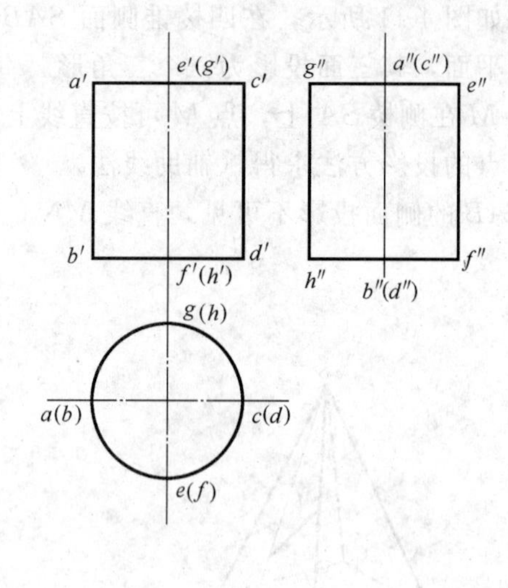

(b) 投影图

图 4-13　圆柱体的投影

柱上最左和最右的两条素线 AB、CD 的投影构成圆柱体 V 面投影的左右两条轮廓线；左右两半圆柱的 W 面投影重合，圆柱上最前和最后两条素线 EF、GH 的投影构成了圆柱体在 W 面上投影的前后两条轮廓线。

二、圆锥体的投影

1. 形成

如图 4-14 所示，直线 SA 绕与它相交的另一直线 SO 旋转，所得轨迹是圆锥面，SO 称为导线，SA 称为母线，母线 SA 在圆锥面上任一位置的轨迹称为圆锥面的素线。圆锥面也可视为无数条相交于一点并与导线 SO 保持一定角度的素线的集合。从顶点 S 到底圆的距离为圆锥体的高。

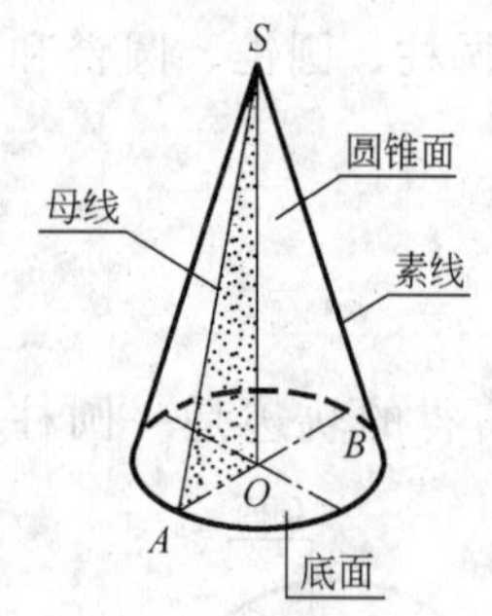

图 4-14　圆锥体

2. 投影

如图 4-15 (a) 所示，设该圆锥放置在相互垂直的 V、H、W 三个面中间，从前向后、从上向下、从左至右进行投影，经过展开，去掉边框及投影轴，得到圆锥三个投影图，如图 4-15 (b) 所示。

3. 投影分析

该圆锥底面 $ABCD$ 平行于 H 面，在 H 面反映实形，在 V 面、W 面积聚为一水平方向线；前后两半圆锥体 $SABC$、$SADC$ 在 V 面的投影重合，投影为一等腰三角形；左右两半圆锥体 $SBAD$、$SBCD$ 在 W 面投影重合，投影也为一等腰三角形。

三、球体的投影

如图 4-16 (a) 所示，圆绕着其直径旋转，所得轨迹为球面，该直径为导线，该圆为母线，母线在球面上任一位置时的轨迹称为球面的素线，球面所围成的立体称为球体。

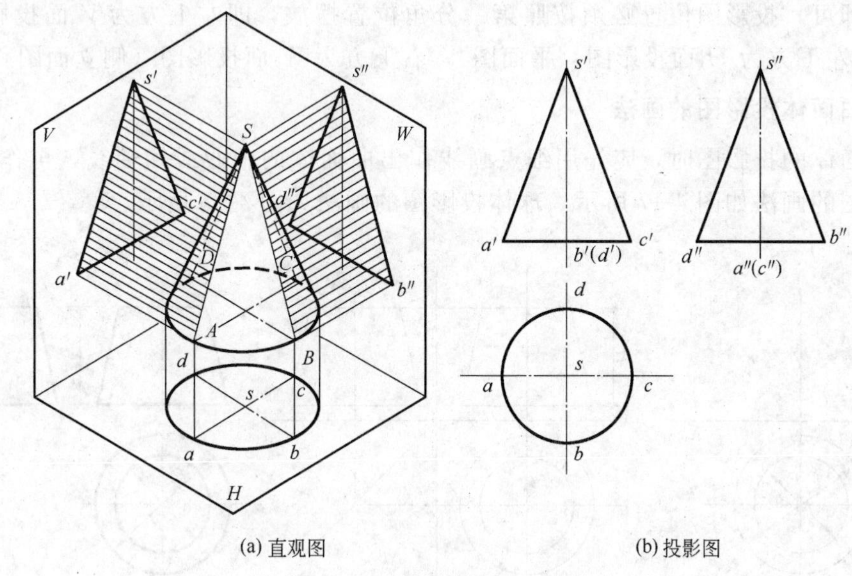

(a) 直观图　　(b) 投影图

图 4-15　圆锥体的投影

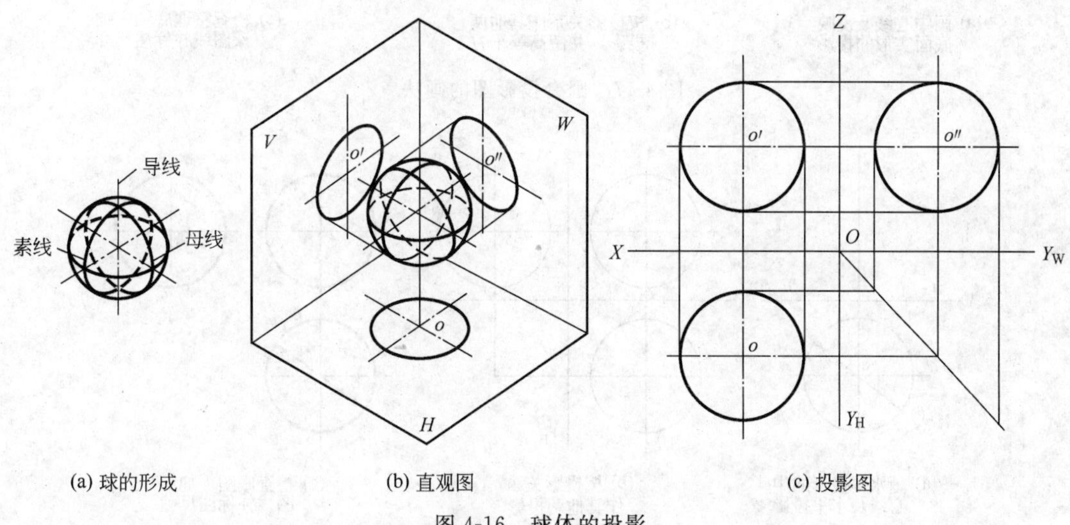

(a) 球的形成　　(b) 直观图　　(c) 投影图

图 4-16　球体的投影

球体的投影为三个直径相等的圆。其水平投影是看得见的上半个球面和看不见的下半个球面投影的重合。该水平投影的圆也是球面上平行于水平面的最大圆的投影。该圆的正面投影和侧面投影分别为平行于 OX 轴和 OY 轴的直线，长为球体的直径，构成球体正面投影和侧面投影的中心线，用细点画线表示。球体的正面投影是看得见的前半个球面和看不见的后半个球面投影的重合。该正面投影的圆也是球面上平行于正立面最大圆的投影，与其对应的水平投影和侧面投影分别与圆的水平中心线和铅垂中心线重合，仍然用细点画线表示。球体的侧面投影是看得见的左半个球面和看不见的右半个球面投影的重合。该侧面投影的圆也是球面上平行于侧立面最大圆周的投影，与其对应的水平投影和正面投影分别与圆的铅垂中心线重合，仍然用细点画线表示。

本章所讲的基本体的投影是以光线来代替投影线的，在实际作图中可用视线来代替投影线，基本体位置一旦确定下来，可以从前向后、从上向下、从左向右，将看到的投影画出来即可，投影图位置必须按照第一分角位置摆放，即左上方为 V 面投影图（正立面图），左下方为 H 面投影图（平面图），右上方为 W 面投影图（侧立面图）。

四、曲面体投影图的画法

作曲面体的投影图时，应先用细点画线作出曲面体的中心线和轴线，再作其投影。圆台投影图的画法如图 4-17 所示，球体投影图的画法如图 4-18 所示。

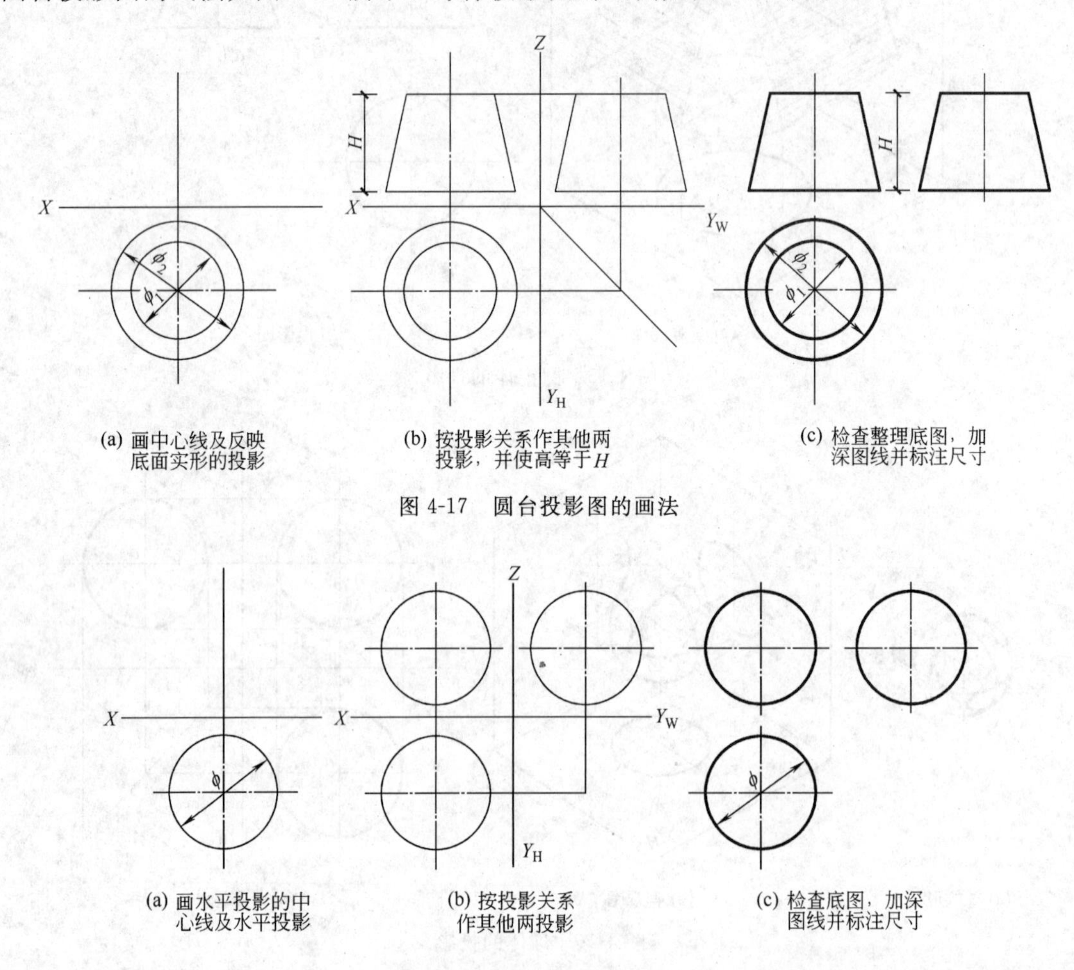

图 4-17　圆台投影图的画法

图 4-18　球体投影图的画法

五、曲面体表面上的点和线

曲面体表面上的点和平面体表面上的点相似。为了作图方便，在求曲面体表面上的点时，可以把点分为两类：特殊位置的点，如圆柱的最前、最后、最左、最右、底边以及球体上平行于三个投影面的最大圆周上等位置的点，这样的点可直接利用直线上点的方法求得；其他位置的点可利用曲面体投影的积聚性、辅助素线和辅助圆等方法求得。

1. 圆柱体表面上的点和线

如图 4-19 所示，在圆柱体表面上有 A、B 两点，点 A 在圆柱体的右前方，该点的水平投影 a 在圆柱面水平投影积聚圆周上，正面投影 a' 在圆柱正面投影矩形的右半边，为可见。侧面投影 a'' 在圆柱侧面投影的前半边右侧，为不可见。点 B 在圆柱的最左边素线上，因此点 B 的三面投影在该素线三面投影上，即水平投影 b 在圆柱水平投影圆周

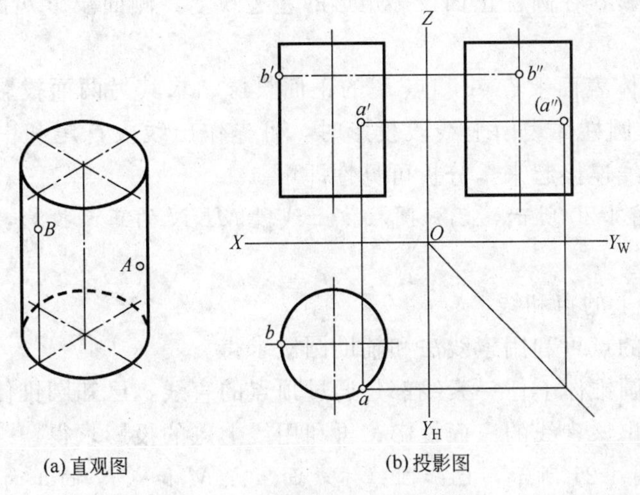

(a) 直观图

(b) 投影图

图 4-19　圆柱体表面上点的投影

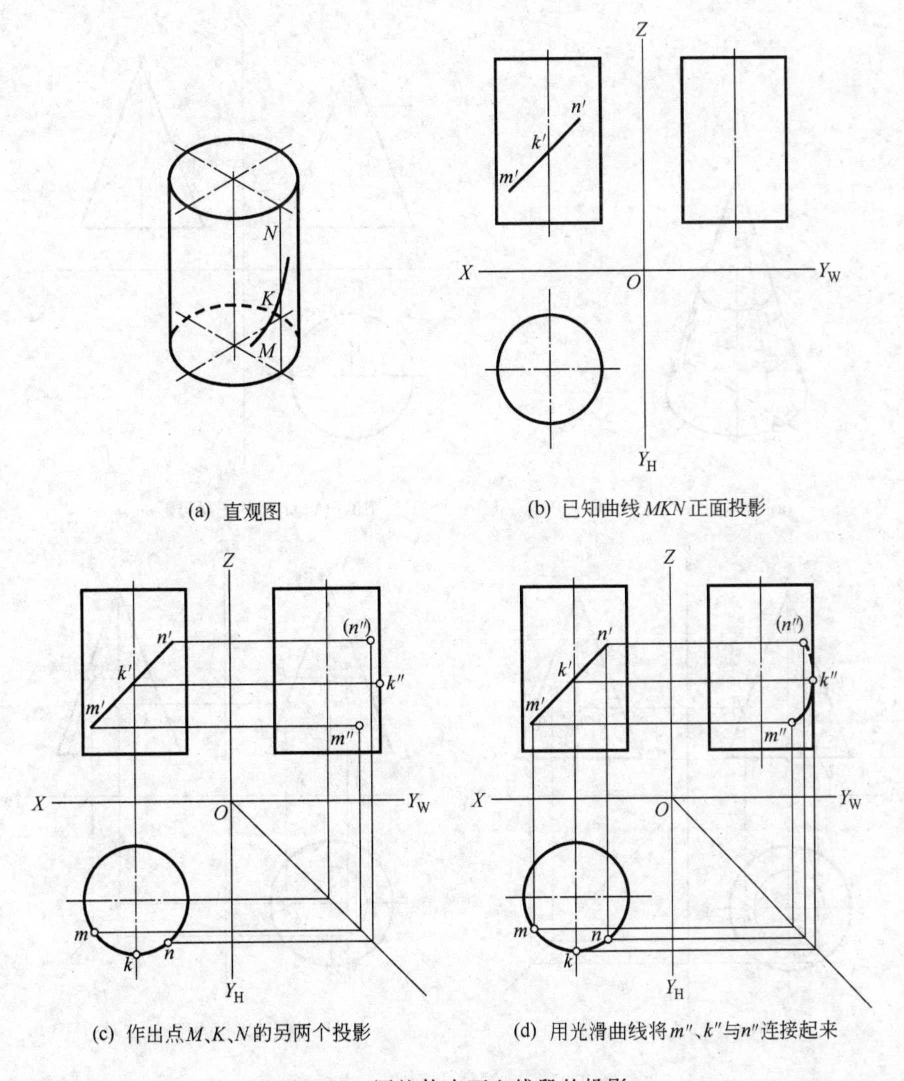

(a) 直观图

(b) 已知曲线 MKN 正面投影

(c) 作出点 M、K、N 的另两个投影

(d) 用光滑曲线将 m''、k'' 与 n'' 连接起来

图 4-20　圆柱体表面上线段的投影

的最左边，正面投影 b' 在圆柱正面投影矩形的左边线上，侧面投影 b'' 在圆柱侧面投影的中心线上。

如果已知圆柱体表面上点 A 和点 B 的正面投影，求其另两面投影的作图方法如图 4-19（b）所示。作圆柱体表面上线段投影时，可先作出线段首尾和中间若干点的三面投影，再用光滑曲线连接起来，分析可见性即可。

【例 4-1】 如图 4-20 所示，已知圆柱体上线段 MKN 的正面投影，求作 MKN 的其他投影。

2. 圆锥体表面上的点和线

圆锥体表面上的点可利用素线法和辅助圆法求得。

（1）素线法　圆锥体上任一素线都是通过顶点的直线，已知圆锥体上一点时，可过该点作素线，先作出该素线的三面投影，再利用线上点的投影求得。

【例 4-2】 如图 4-21 所示，已知圆锥体表面上点 M 和点 N 的正面投影 m' 和 n'，作出 M、N 两点的其他投影。

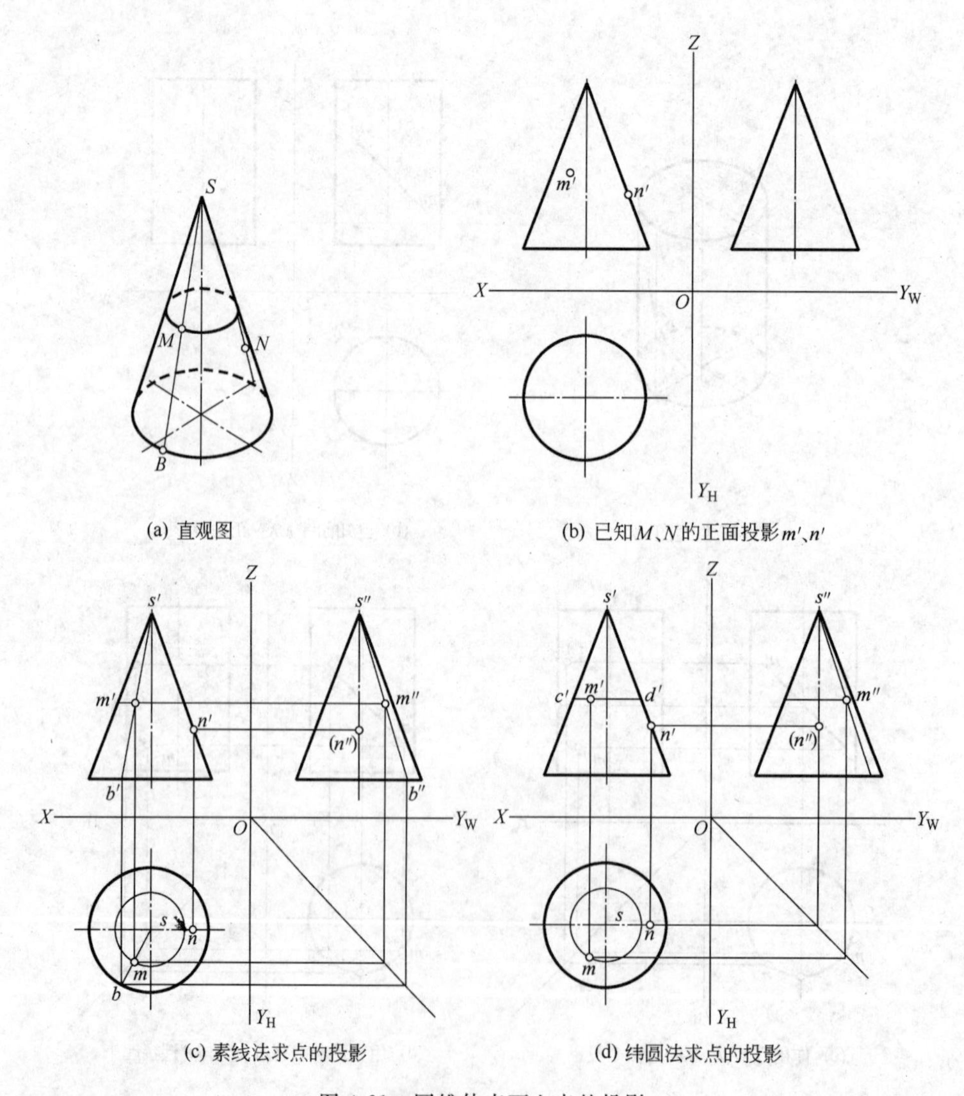

图 4-21　圆锥体表面上点的投影

点 N 在圆锥的最右素线上，其另外两个投影应在该素线的同面投影上。点 M 在一般位置上，另两个投影用素线法求得。过点 M 作素线 SB 的正面投影 $s'b'$，并作出 SB 的另两个投影 sb 和 $s''b''$。过 m' 分别作 OX 轴和 OZ 轴的垂线交 sb 和 $s''b''$ 于 m 和 m''，m、m' 和 m'' 即为点 M 的三面投影，这种方法称为素线法。如图 4-21（c）所示。

（2）辅助圆法（纬圆法） 如图 4-21（d）所示，圆锥体母线上任一点的运动轨迹是垂直于圆锥轴线的圆，该圆平行于水平投影面，其水平投影为与圆锥水平投影同心的圆，正面投影是平行于 OX 轴的线。当已知点 M 的正面投影，求其他两个投影时，可过 m' 作平行于 OX 轴的线与圆锥左、右轮廓线交于 c'、d'，$c'd'$ 即为辅助圆的正面投影。以 $c'd'$ 为直径，以 s 为圆心在圆锥的水平投影中作圆，即为辅助圆的水平投影。过 m' 作 OX 轴的垂线交辅助圆水平投影于 m，再利用点的投影规律作出点 M 的侧面投影 m''。

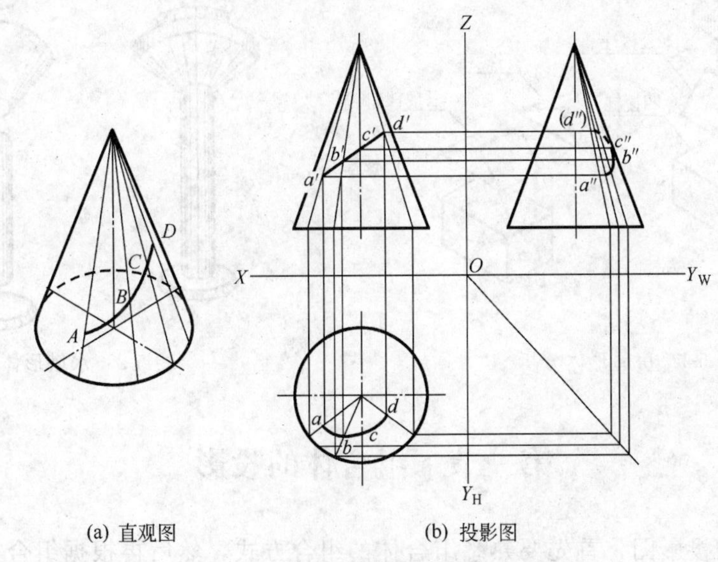

(a) 直观图　　(b) 投影图

图 4-22　圆锥体表面上线段的投影

求圆锥体表面上线段的投影与圆柱表面上线段的方法相同。如图 4-22 所示，在圆锥体上有 $ABCD$ 线段，当已知 $ABCD$ 的正面投影，求作另两个投影时，可先求出 A、B、C、D 四点的另两个投影，再用光滑曲线连接起来即可。

思考题

1. 什么是基本体？一般分为几类？
2. 棱柱、棱锥、圆柱、圆锥、球的投影有哪些特性？
3. 三面投影图的位置如何放置？可利用哪三等关系来画？
4. 在形体表面上求点、线一般有哪两种方法？

第五章　组合体的投影

组合体是指该物体由两个以上的基本形体组合而成。图 5-1 所示的两坡顶房屋，由棱柱、棱锥组成；图 5-2 所示的水塔由圆柱、圆台、圆锥组成。将上述分析的物体统称为组合体。

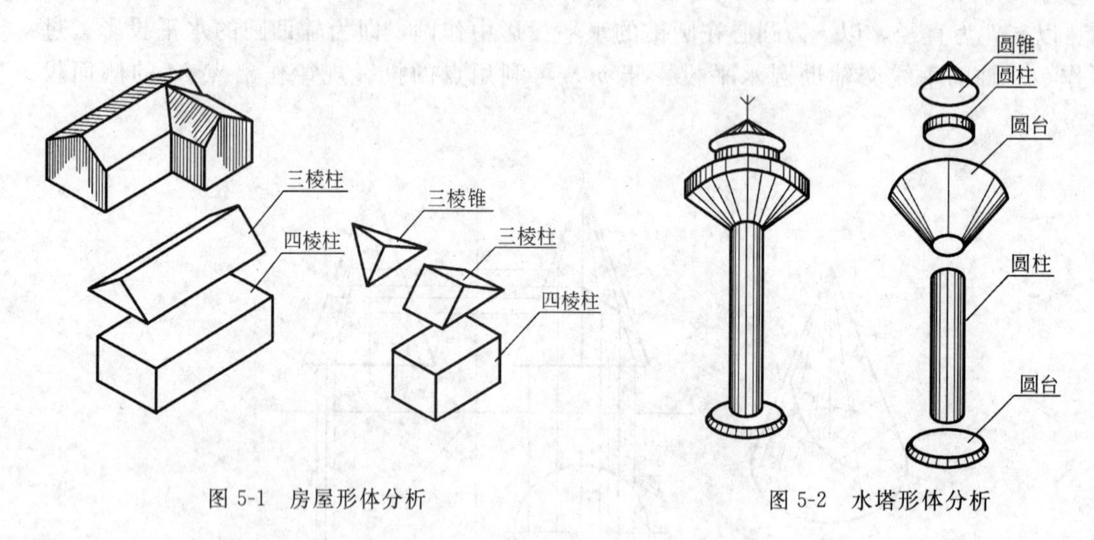

图 5-1　房屋形体分析

图 5-2　水塔形体分析

第一节　组合体的投影

作组合体的投影图，首先要熟悉组合体的组合方式，然后再根据组合方式来作出投影图。

一、组合体的组合方式

1. 叠加式

如图 5-3（a）所示，该组合体由两个长方体叠加而成。

2. 切割式

如图 5-3（b）所示，该形体是由大的四棱柱体，再经过切割掉一个小四棱柱体而形成的切割体。

3. 混合式

如图 5-3（c）所示，该组合体既有叠加又有切割。

二、组合体投影图的画法

作组合体的投影，首先必须对组合体进行形体分析，了解组合体的组合方式，各基本形体之间的相对位置，逐步作出组合体的投影图。

下面以窨井及一切割体构件为例讲解组合体投影图的作法。

【例 5-1】　如图 5-4 所示，已知窨井的立体图，作出它的三面投影图。

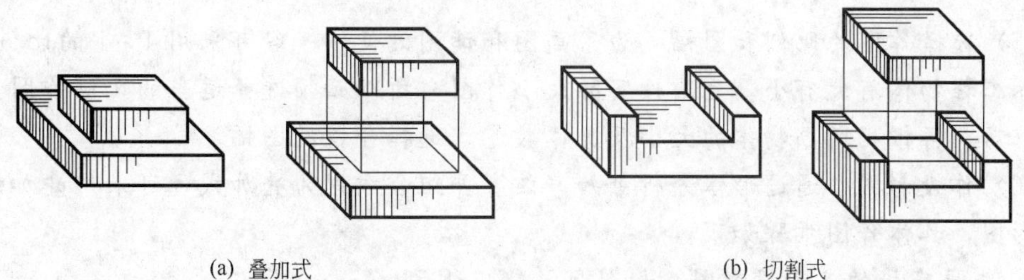

(a) 叠加式　　(b) 切割式

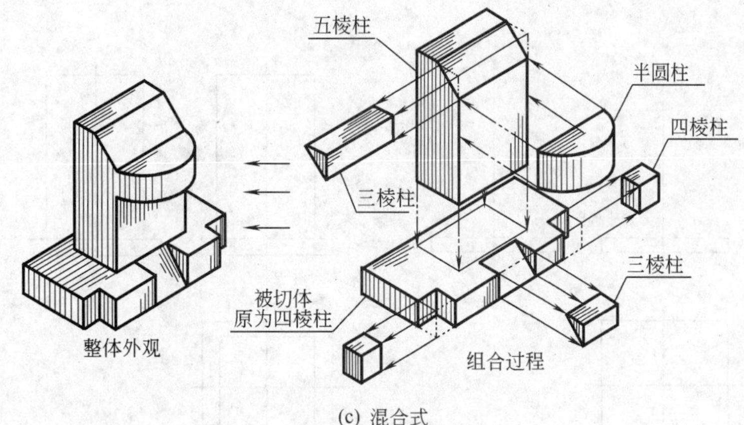

(c) 混合式

图 5-3　组合体的组合方式

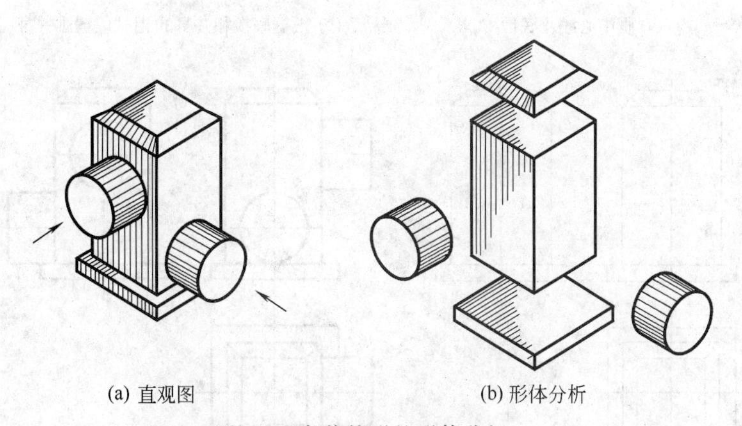

(a) 直观图　　(b) 形体分析

图 5-4　窨井外形的形体分析

（1）形体分析　将一个组合体分解为若干个基本体，这种方法称为形体分析法。通过窨井的形体分析可知，该窨井由两个四棱柱、一个四棱台、两个圆柱组合而成。

（2）确定组合体的放置位置　组合体的摆放位置必须符合物体的正常工作位置及平稳原则。图示窨井摆放位置即为正常的工作位置。

（3）选择正立面图　主要考虑以下两点：将反映该组合体主要特征的一面作为正立面图；尽量少出现虚线或不出现虚线。

该窨井的正立面图选择如图示箭头所指。该两个方向均反映了窨井的主要特征。

（4）确定投影图的数量　用几个投影图才能完整地表达某个物体的形状，一般要根据该物体的复杂程度来确定。大部分物体有三个投影图即可，较为复杂的物体需三个以上投影图，较为简单的物体只需一个或两个投影图。该窨井需要三个投影图才能表达完整。

(5) 选择作图的比例和图幅　为了画图和读图方便，一般可采用1∶1的比例作图，但实际工程物体有大有小，无法按实际大小作图，所以必须选择适当的比例作图。比例确定以后，再根据所画物体的大小及具体数量，选择合适的图幅。

(6) 作投影图　通过形体分析可知，该窨井组合方式为叠加式，可采用叠加的方法作投影图，具体作图步骤如下。

① 先画底板的三面投影图，如图5-5 (a) 所示。

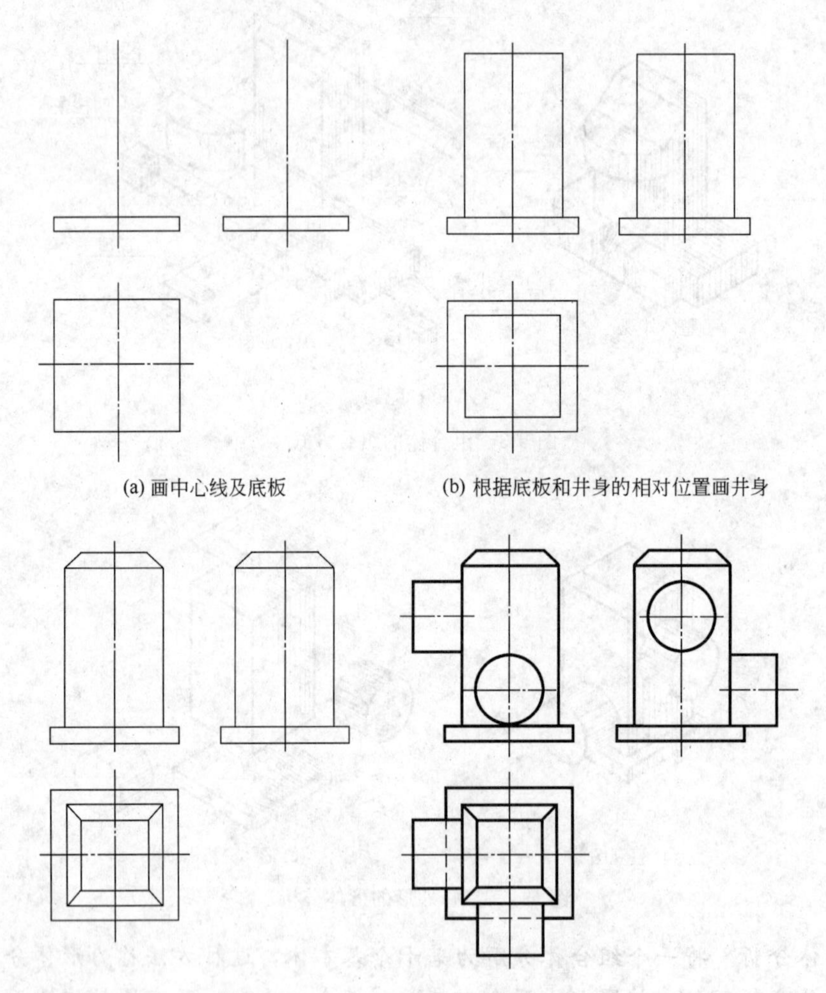

(a) 画中心线及底板　(b) 根据底板和井身的相对位置画井身

(c) 在井身上加画盖板　(d) 画两个圆管，整理底图，按规定线型描深图线

图5-5　窨井外形投影图的画法

② 根据底板与井身的相对位置画出井身的三面投影图，如图5-5 (b) 所示。

③ 画盖板的三面投影图，如图5-5 (c) 所示。

④ 画两个圆管的三面投影图，该两圆管应先画反映圆实形的正面投影和侧面投影。

⑤ 检查有无错误和遗漏，最后加深、加粗图线，完成作图，如图5-5 (d) 所示。

如果初学者经过一段时间的训练，作图已经比较熟练，也可以一次性将某一投影图全部画完，再结合三等关系作出其余投影图，但也有部分特殊形体需要互相穿插才能完成。若形体为曲面体，一般要先画该曲面体在某一面反映实形的投影图。

【例 5-2】 如图 5-6（a）所示，已知一切割体构件，作出它的三面投影图。

(1) 形体分析　通过形体分析可知，该构件是由长方体切去左右两角，再切去中间的长方体，最后切去前方的小长方体而得到的。

(2) 确定摆放位置　该构件图的位置符合正常的工作位置及平稳原则。

(3) 选择正立面图　如图示箭头所指，因为该方向反映了形体的主要特征。

(4) 确定投影图的数量　该构件由三个投影图即可完整地表达清楚。

(5) 作投影图　通过形体分析可知，该构件为切割体，可采用切割法作图，具体作图步骤如下。

① 先画长方体的三面投影图，再切去左右两个三棱柱，如图 5-6（b）所示。

② 再画切割掉的中间长方体的三面投影图，如图 5-6（c）所示。

③ 最后画切割掉的中间缺口前下方长方体的三面投影图，如图 5-6（d）所示。

④ 检查图中有无错误，加深、加粗图线，完成全图，如图 5-6（d）所示。

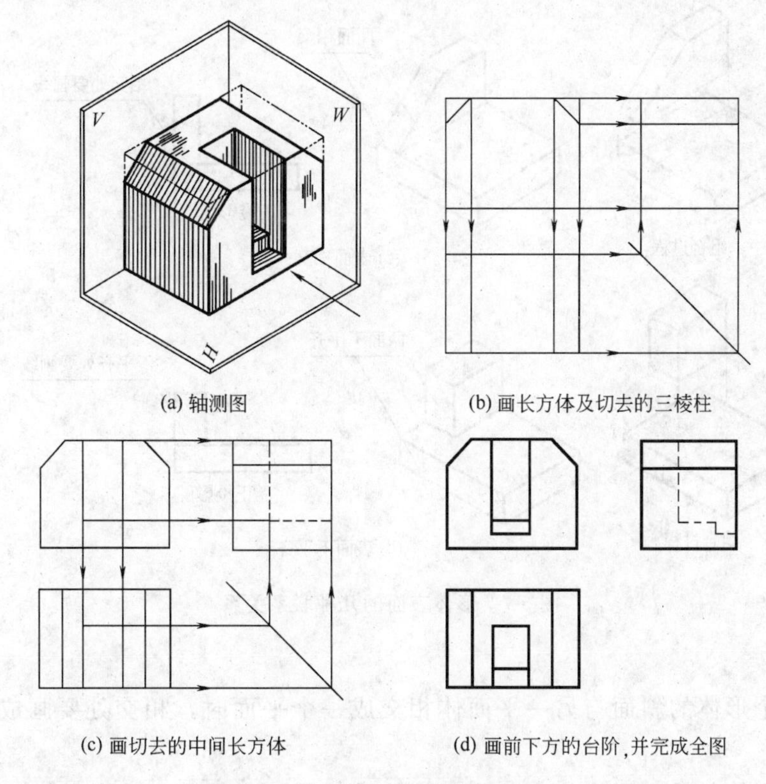

(a) 轴测图　(b) 画长方体及切去的三棱柱

(c) 画切去的中间长方体　(d) 画前下方的台阶，并完成全图

图 5-6　切割法画组合体的投影图

三、交线与不可见线

对组合体进行形体分析能化繁为简，帮助初学者读图、画图，但实际工程中物体是一个整体，因此，在作图时必须注意其交线与不可见线。一般有以下几种情况应引起注意。

① 当两个形体相接成一个平面时，相交处不应画线，如图 5-7（a）所示。

② 当一个形体的曲面与另一平面体相切成一个平面时，相切处不用画线，如图 5-7

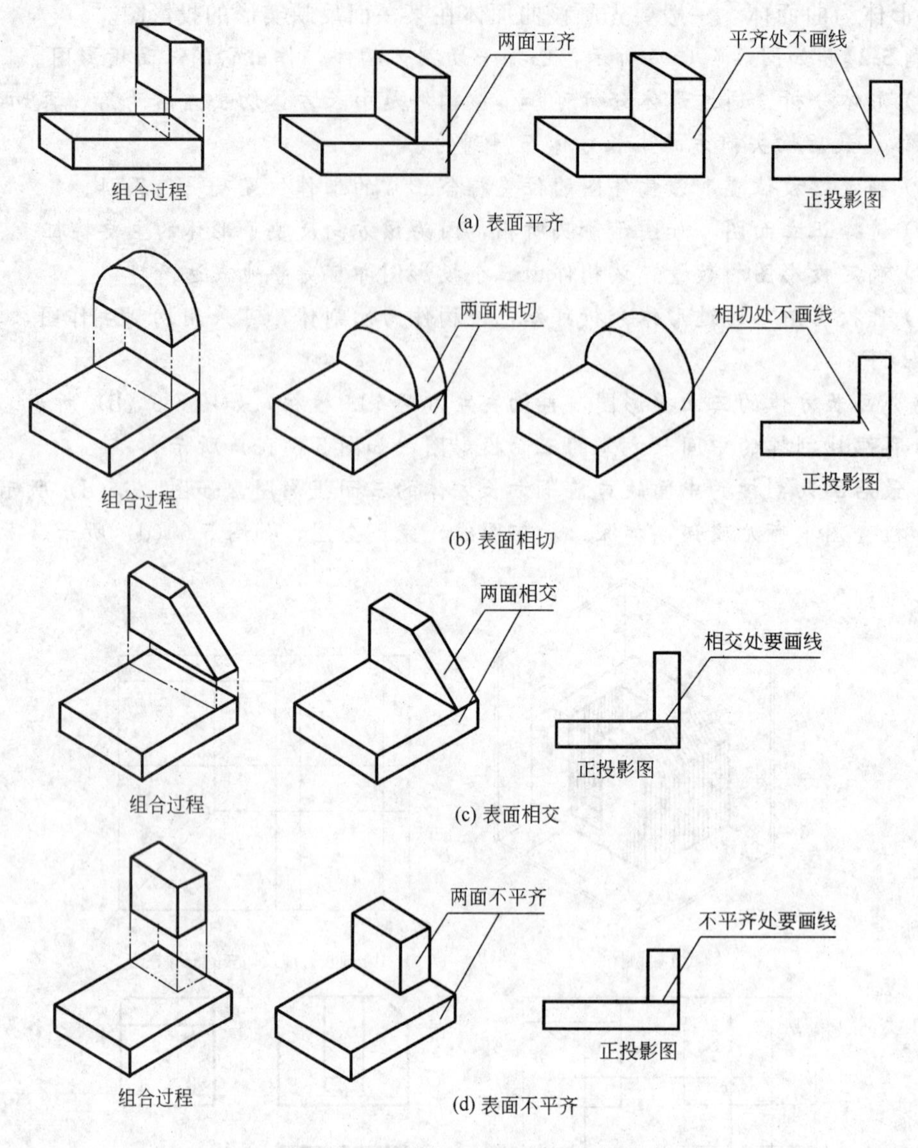

图 5-7 形体表面的几种联系关系

(b) 所示。

③ 当一个形体的斜面与另一平面体相交成一个平面时，相交处要画成实线，如图 5-7 (c) 所示。

④ 当一形体与另一形体相交，一面相接成一平面，另一面为凹凸时，相交处可能是虚线或实线，如图 5-7 (d) 所示。

第二节 尺寸标注

在实际工程中，任何一个物体除了画出它的投影图之外，还必须标注出尺寸，否则就无法加工或建造。掌握及看懂投影图的尺寸，首先必须熟悉尺寸的组成及标注方法。尺寸的标注可分为基本体的尺寸标注和组合体的尺寸标注两大类。

一、基本体的尺寸标注

基本体可分为平面体及曲面体。

1. 平面体的尺寸标注

对于平面体只要标注出它的长、宽、高尺寸就能够确定它的大小。尺寸的标注要尽量地集中标注在一至两个投影图上，长宽一般标注在平面图上，高度尺寸标注在正立面图上（表 5-1）。

表 5-1 平面体的尺寸标注

四棱柱	三棱柱	四棱柱
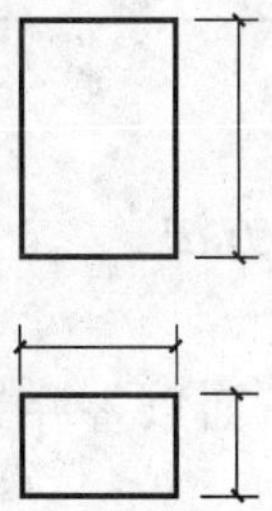	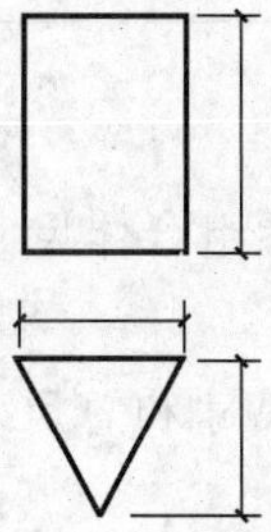	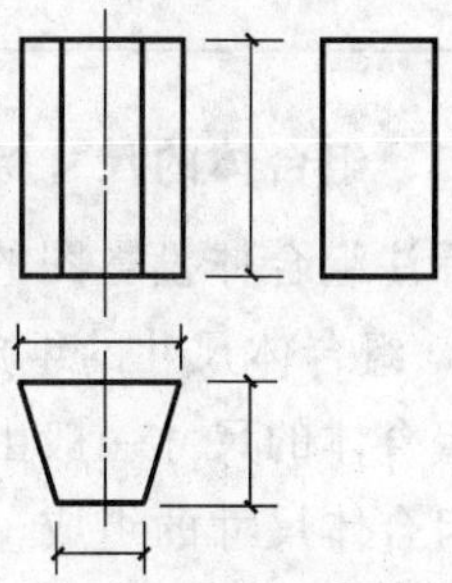
三棱锥	**五棱锥**	**四棱台**
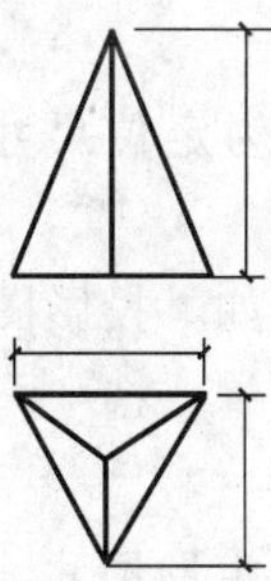	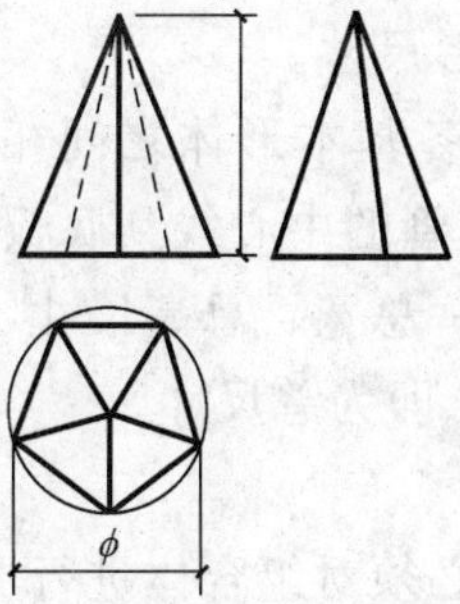 ϕ	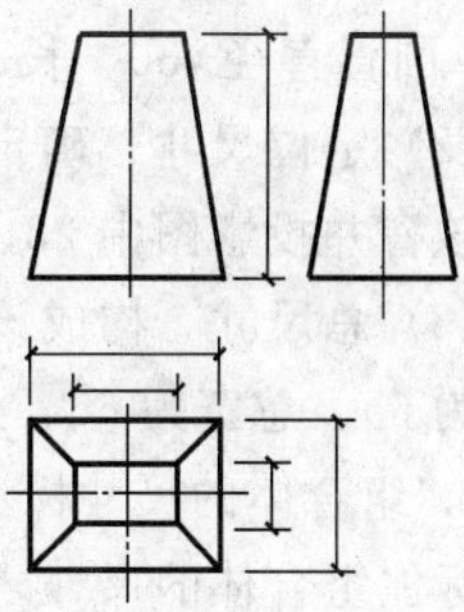

2. 曲面体的尺寸标注

曲面体的尺寸标注和平面体的尺寸标注相同，只要标注出曲面体的直径和高即可（表 5-2）。

表 5-2 曲面体的尺寸标注

圆 柱	圆 锥
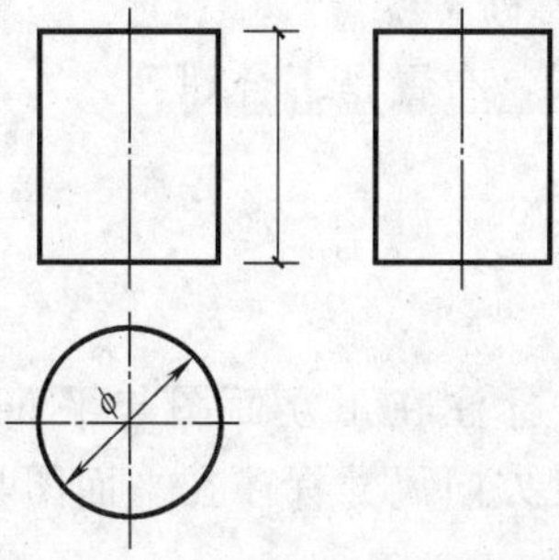 ϕ	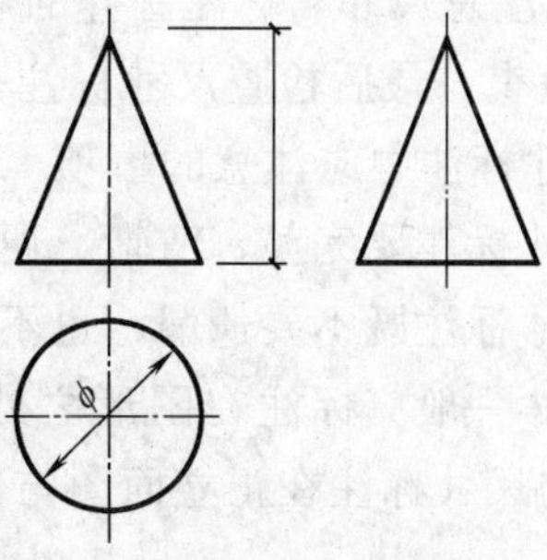 ϕ

续表

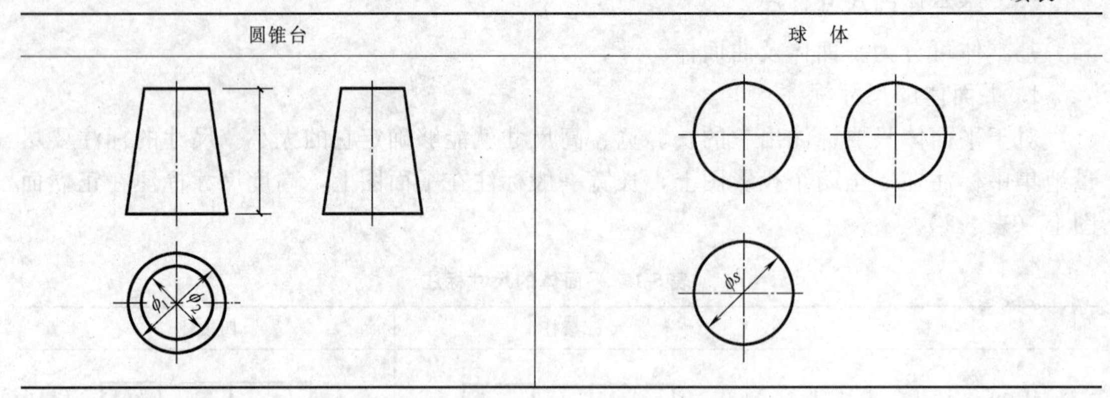

二、组合体的尺寸标注

标注组合体投影图的尺寸，首先要熟悉组合体尺寸的组成及其标注方法。

1. 组合体尺寸的组成

组合体的尺寸一般由定形尺寸、定位尺寸和总尺寸三部分组成。下面以窨井为例，介绍组合体尺寸的组成（图 5-8）。

（1）定形尺寸　确定组合体中各个基本体自身大小的尺寸称为定形尺寸。例如，该窨井投影图中的底板长 50，宽 50，高 8；井身长 40，宽 40，高 65；井盖长 30，宽 30，高 6；圆管直径 $\phi30$，长 20 皆为定形尺寸。

（2）定位尺寸　确定组合体中各基本形体之间相互位置尺寸，称为定位尺寸。例如，该窨井投影图中 23、50 即为圆管的中心线到底板之间的定位尺寸。

（3）总尺寸　构成该窨井总长、总宽、总高尺寸，称为总尺寸。例如，投影图中的总长为 65、总宽为 65、总高为 79，即为总尺寸。

2. 组合体的尺寸标注

标注组合体的尺寸之前，首先必须对组合体进行形体分析，先标注定形尺寸，再标注定位尺寸，最后标注总尺寸，如图 5-8 所示。

（1）标注定形尺寸　尺寸标注一般按组合体的组合形式，逐个形体依次标注长、宽、高尺寸，以防遗漏及重复。以该窨井为例：先标注底板定形尺寸，长 50、宽 50、高 8；再标注井身尺寸，长 40、宽 40、高 65；井盖的定形尺寸，长 30、宽 30、高 6；圆管的定形尺寸，直径 $\phi30$，长 20。

（2）标注定位尺寸　标注圆管的中心线离地面的尺寸 23、50。

（3）标注总尺寸　标注窨井的总长 65、总宽 65、总高 79。

（4）检查　最后检查尺寸标注是否齐全，有无遗漏，布置是否合理等。

3. 尺寸标注中应注意的事项

① 尺寸标注要完整、清晰、便于识读。

② 尺寸标注既不要遗漏，也不要重复标注。

③ 尺寸一般应标注在图形之外，长度方向的尺寸标注在正立面图与平面图之间；高度方向的尺寸标注在正立面图与侧立面图之间；宽度方向尺寸标注在平面图与侧立面图之间。

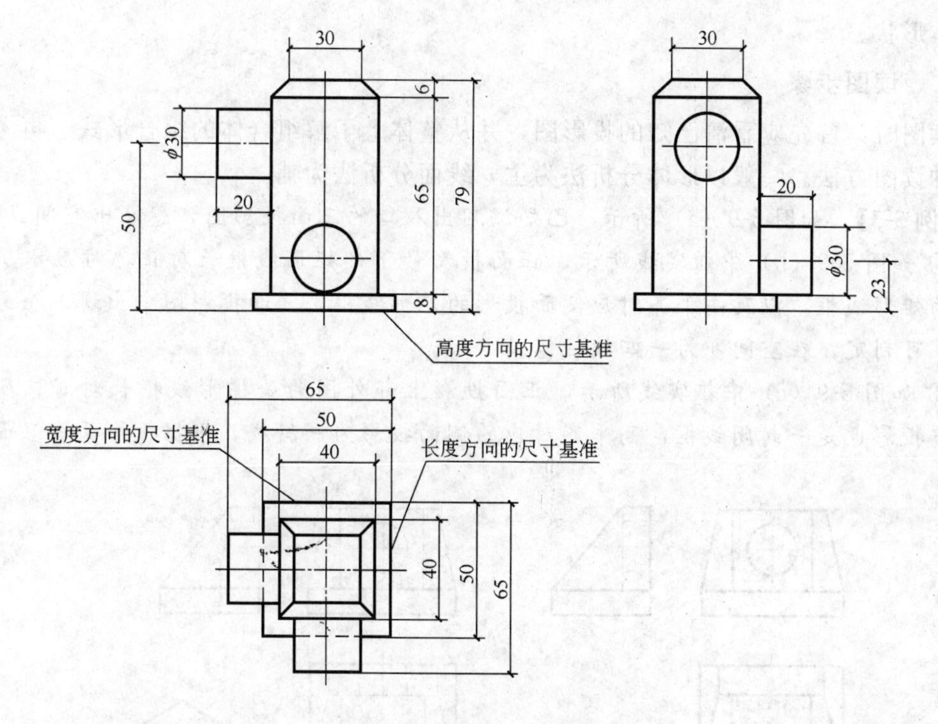

图 5-8　组合体的尺寸标注

④ 尺寸的标注应小尺寸在内，大尺寸在外，尽量集中。

⑤ 圆的直径一般要标注在反映实形的投影图上。

⑥ 水平方向的尺寸标注应在尺寸线上方，从左至右注写；垂直方向的尺寸标注应在尺寸线的左边，从下往上注写。

第三节　组合体投影图的识读

已知投影图，采用形体分析或线面分析的方法，想象出其空间立体形状，称为识读。要达到读懂的目的，首先要掌握三面投影的投影规律，熟悉形体的长、宽、高三个向度和上、下、左、右、前、后六个方位在投影图上的位置；会应用点、直线、平面的投影特性；必须多看多画，结合立体反复练习，以逐步建立和提高空间想象力，从而想出组合体的完整形状。

一、读图的方法

识读组合体投影的方法有形体分析法和线面分析法。

1. 形体分析法

一般以正投影为主，利用封闭的线框，结合三等关系来联系其他两投影，从大到小、从下往上、从左至右，先想象出组合体中各基本体的形状，再根据组合体中的组合形状及各基本体的相对位置，综合想象出组合体的空间立体形状。

2. 线面分析法

主要根据线、面的投影特性，分析投影图中某条线或某个线框的空间意义，从而想象出组合体中各基本体的形状，最后再根据组合体的相对位置，综合想象出组合体的空间立体形状。

二、读图步骤

读图时，首先应看清已知的投影图，并从整体上了解组合体的组合形式，再考虑采用何种读图方法。一般以形体分析法为主，线面分析法为辅。

【例 5-3】 如图 5-9（a）所示，已知涵洞出入口的三面投影图，想象出空间立体图。

① 如图 5-9（b）中粗实线所示，正面投影最下部矩形线框长对正，对应水平投影外围的矩形线框，以及高平齐对应侧面投影的矩形线框，三面投影图中出现三个封闭的线框，可判定，在空间即为一四棱柱体。

② 如图 5-9（c）中粗实线所示，正面投影上部外围为一梯形线框长对正，所对应的水平投影也是一封闭线框，高平齐对应的侧面投影为一斜线，根据投影面垂直面的投

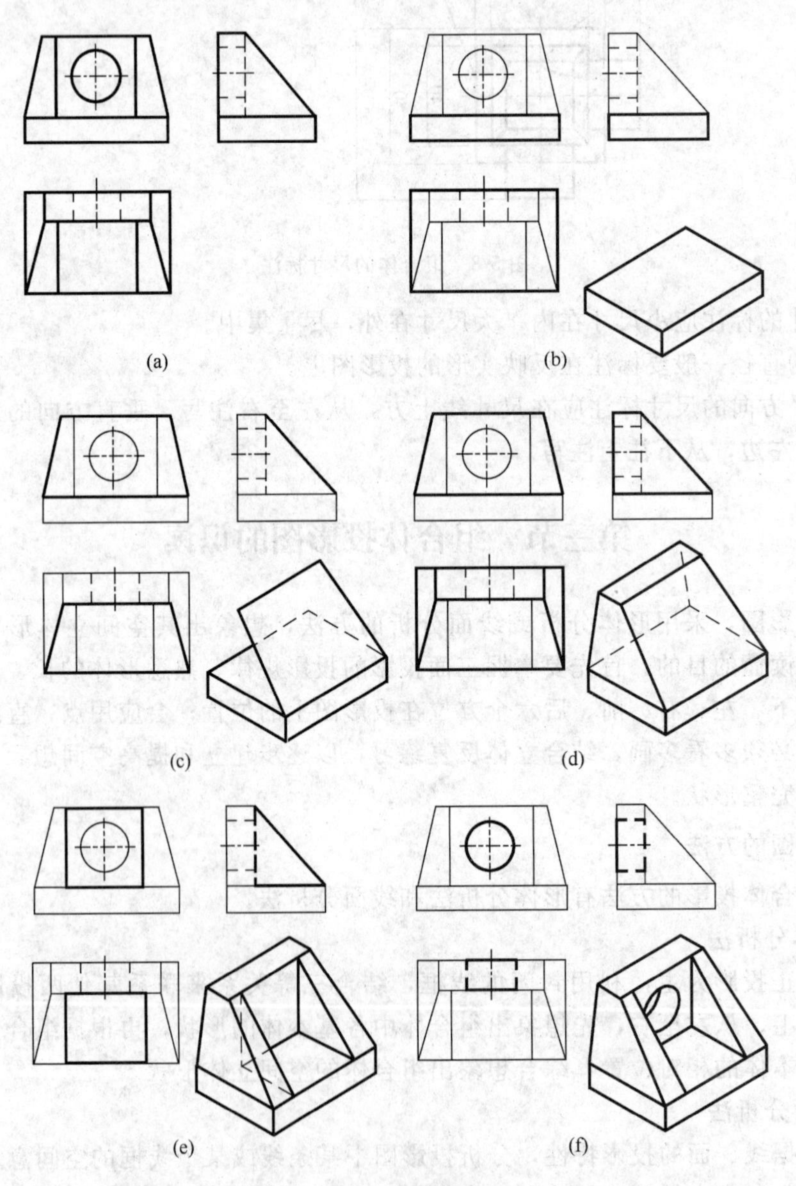

图 5-9 读图步骤

影特性，可判定它是一个侧垂面。但是，从图 5-9（d）中粗实线可以看出，与正面投影梯形线框对应的侧面投影，不仅是一条斜线，而是整个外围梯形线框，而且与这两个梯形线框每一条边对应的水平投影都是一个封闭线框，从而可判定为一块截面为梯形的四棱柱体。

③ 如图 5-9（e）中粗实线所示，正面投影上部梯形线框内有一封闭线框，长对正所对应的水平投影也是一封闭线框，高平齐所对应的侧面投影为由一条虚线及两条实线所围成的三角形线框，可判定该部分为一个三棱柱体凹槽。

④ 如图 5-9（f）中粗实线所示，正面投影上部中间为一个圆，长对正所对应的水平投影为一封闭线框，左右两边为虚线，高平齐所对应的侧面投影也是一封闭的线框，但上、下及右侧均为虚线，从而可判断中间为一个圆孔。

第四节　组合体投影图的补图

识读组合体投影图，是识读专业施工图的基础。由三面投影图联想空间立体图是训练读图能力的一种有效方法，但也可通过补画第三投影的方法来训练画图和读图能力。

已知两面投影，补画出第三面投影的补图方法一般可采用以下两种：所补的组合体形体比较简单，可利用形体分析或线面分析的方法，再结合三等关系，直接补画出第三投影；若所补的组合体形体较复杂，可利用形体分析或线面分析的方法，先想象出其空间立体图，再结合三等关系，补画出第三投影图。

【例 5-4】 如图 5-10（a）所示，已知形体的正立面图及侧立面图补画出平面图。

（1）识读　通过形体分析及线面分析可知，该形体是由长方体上部切割掉一个四棱柱体形成一凹槽；下部切割掉一半圆柱体，形成一半圆槽，长方体左右再切割掉一个三棱柱体，左右各形成一斜面。

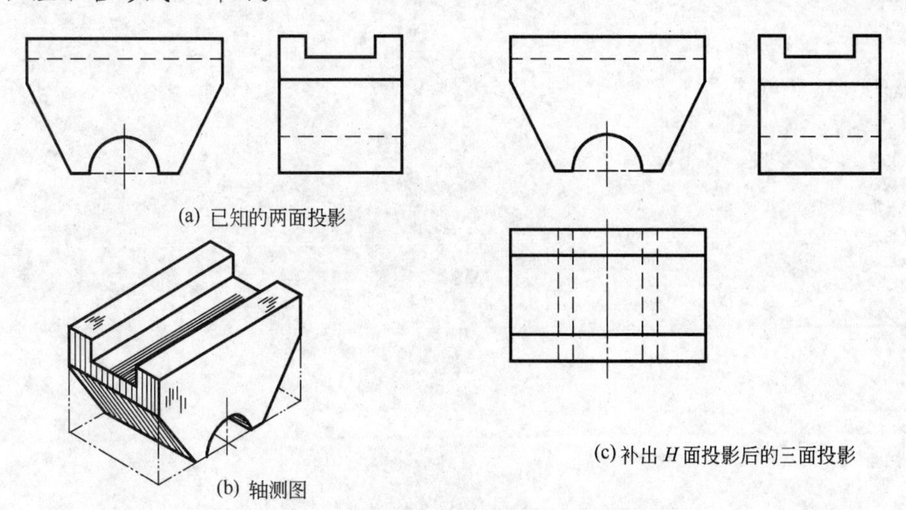

图 5-10　由两面投影补画第三面投影

（2）补图　可采用第二种补图方法，即根据已知的两投影图，想象出其空间立体图，如图 5-10（b）所示，再结合三等关系，补画出第三投影图，步骤如下。

① 先画未切割时长方体的水平投影。

② 再画切去左、右两三棱柱及一半圆柱的水平投影，因从上向下投影，被遮挡，故图中用虚线表示。

③ 最后再画上被切割掉的凹槽的水平投影，因从上向下可见到，故图中为实线。检查无误后，加深、加粗图线，并画出半圆柱面的中心线，如图 5-10（c）所示。

思考题

1. 什么是组合体？组合方式有几种？
2. 什么是形体分析法和线面分析法？
3. 作组合体的投影图一般分为哪几大步骤？
4. 基本体的尺寸标注有哪些要求？
5. 组合体的尺寸标注有哪些要求？
6. 组合体投影图的识图要点有哪些？
7. 已知两投影图，如何补画出第三投影图？

第六章　立体的截断与相贯

第一节　平面体的截交线

平面体的截交线，是由平面立体被平面切割后所形成的。如图 6-1 所示，三棱柱被平面 P 切割，平面 P 称为截平面，截平面与形体表面的交线称为截交线，截交线所围成的图形称为截断面，被平面切割后的形体称为截断体。

平面体的截交线一般是一个平面图形，它是由平面立体各棱面和截平面的交线所组成的。也可以说是由立体各棱线与截平面的交点连接而成的。因此，要求平面立体的截交线，应先求出立体上各棱线与截平面的交点，为了清楚起见，通常把这些交点加以编号，然后将同一面上的两交点用直线段连接起来，即为所求的截交线。

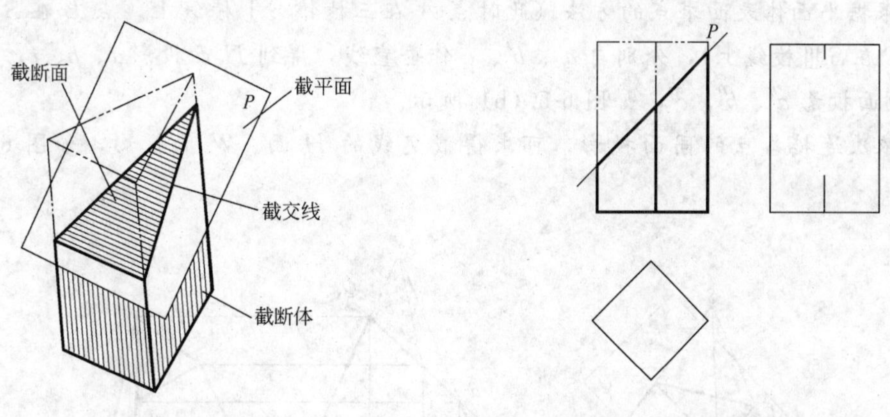

图 6-1　体的截断　　　　图 6-2　四棱柱被截断的已知条件

【例 6-1】　如图 6-2 所示，已知正四棱柱被一正垂面 P 所截断，求作截交线的投影。

① 从图 6-3 (a) 中可知，该正四棱柱垂直于 H 面。因此，各个棱面在 H 面上的投影积聚成直线，所以截交线的 H 面投影，也就是四棱柱各侧棱面的 H 面投影。设各棱线与截平面 P 的交点为 A、B、C、D，它们的 H 面投影分别为 a、b、c、d，如图 6-3 (b) 所示。

② 截平面 P 为正垂面，因此在 V 面具有积聚性，此时截交线的 V 面投影与截平面 P_V 重合，交点 A、B、C、D 的 V 面投影 a'、b'、c'、d' 可直接求得，如图 6-3 (b) 所示。

③ 求截交线的 W 面投影时，可根据点的投影规律，通过 V 面投影 a'、b'、c'、d' 各点分别作水平线，与四棱柱的 W 面投影中对应的各棱线相交得到 a''、b''、c''、d'' 各点，依次相连，即得截交线的 W 面投影，检查形体在 W 面上的棱线的投影可知，中间还有一条虚线，它表示右侧棱线的投影，如图 6-3 (b) 所示。

【例 6-2】　如图 6-4 所示，已知三棱锥被一正垂面 Q 所切割，求作截交线的投影。

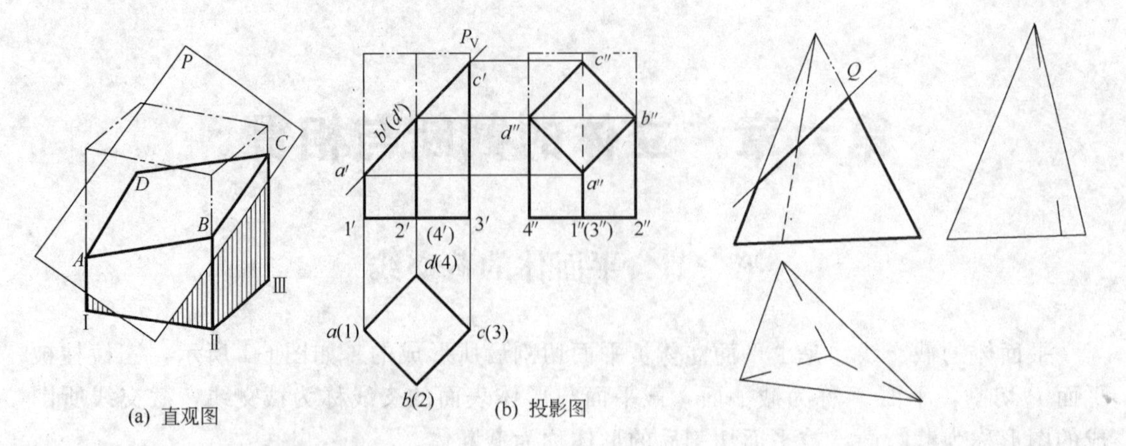

(a) 直观图　(b) 投影图

图 6-3　作正四棱柱的截交线　　图 6-4　三棱锥被截断的已知条件

① 从图 6-5（a）分析可知，截平面 Q 为正垂面，在 V 面投影中具有积聚性，所以各棱线与截平面 Q 的交点 A、B、C 的 V 面投影 a'、b'、c' 可直接求得，即截平面 Q_V 与截交点 A、B、C 的 V 面投影重合，如图 6-5（b）所示。

② 根据平面体表面求点的方法（此时点 A 在三棱锥 SⅠ棱线上，点 B 在 SⅡ棱线上，点 C 在 SⅢ棱线上），分别自 a'、b'、c' 作垂直线，得到 H 面投影 a、b、c，作水平线得到侧面投影 a''、b''、c''，如图 6-5（b）所示。

③ 依次连接各点的同面投影，可求得截交线的 H 面、W 面投影，如图 6-5（b）所示。

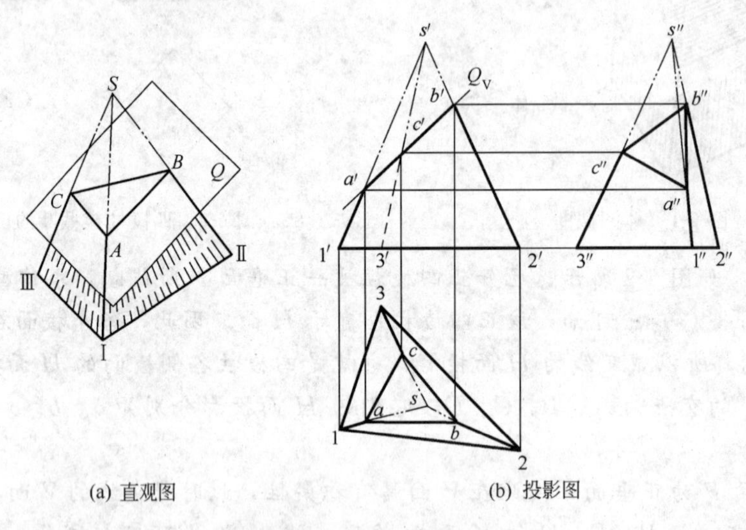

(a) 直观图　(b) 投影图

图 6-5　作三棱锥的截交线

第二节　曲面体的截交线

曲面体的截交线，一般是封闭的平面曲线，截交线上的点一定是截平面与曲面体的公共点，只要求得这些公共点，将同面投影依次相连即得截交线。

表 6-1　圆柱体的截交线

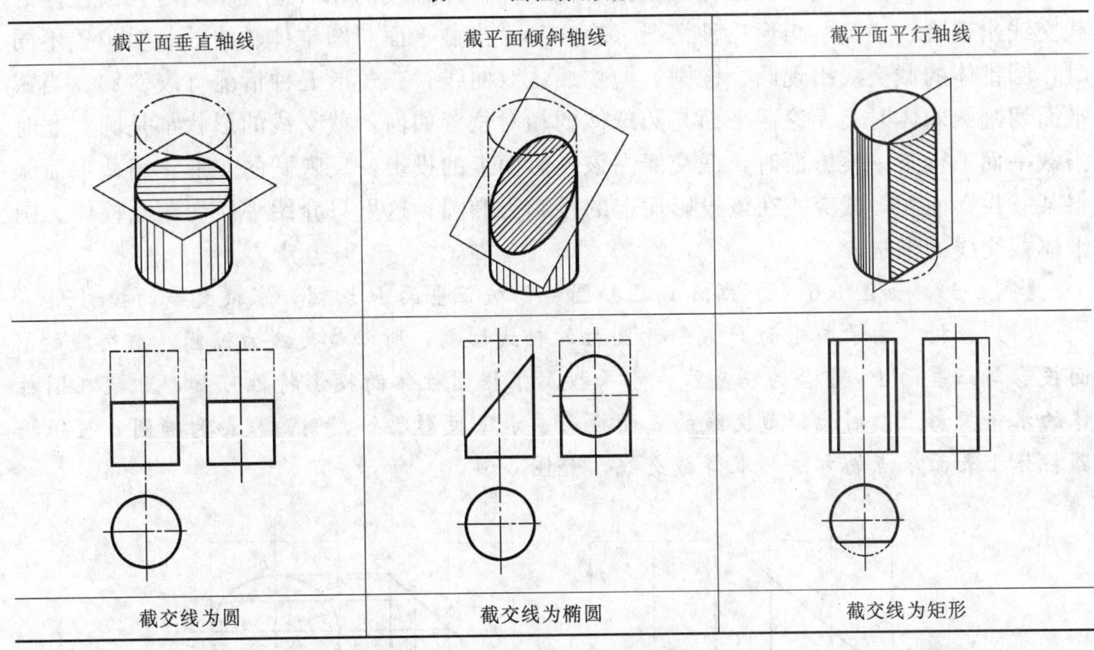

截平面垂直轴线	截平面倾斜轴线	截平面平行轴线
截交线为圆	截交线为椭圆	截交线为矩形

表 6-2　圆锥体的截交线

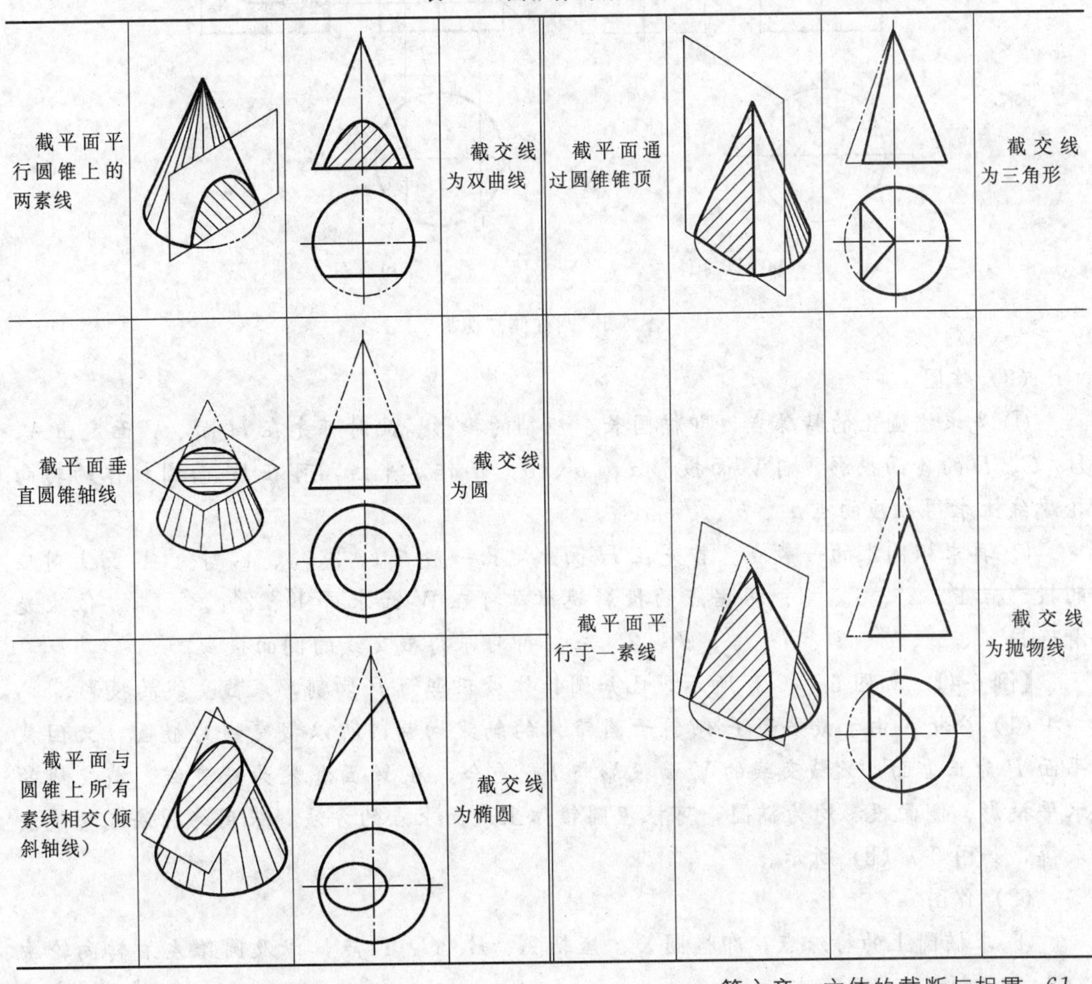

截平面平行圆锥上的两素线			截交线为双曲线	截平面通过圆锥锥顶			截交线为三角形
截平面垂直圆锥轴线			截交线为圆	截平面平行于一素线			截交线为抛物线
截平面与圆锥上所有素线相交（倾斜轴线）			截交线为椭圆				

截平面切割圆柱体和圆锥体，当截平面与圆柱体轴线的相对位置不同时，圆柱体的截交线出现圆、椭圆、矩形三种情况（表6-1），当截平面与圆锥体轴线的相对位置不同时，圆锥体的截交线出现圆、椭圆、抛物线、双曲线、三角形五种情况（表6-2）。当截平面切割圆球体时，无论截平面与圆球体的相对位置如何，截交线的形状都是圆。此时当截平面平行某一投影面时，截交线在该投影面上的投影，反映圆的实形；当截平面倾斜某一投影面时，截交线在该投影面上的投影为椭圆。这里只介绍平面切割圆柱体、圆锥体截交线的做法。

【例6-3】 如图6-6（a）所示，已知圆柱体被正垂面P切割，求截交线的投影。

（1）分析　由于截平面P倾斜于圆柱的轴线切割，所以截交线为椭圆。截交线的V面投影与正垂面P_V重合为一直线，水平投影根据圆柱体的投影特性可知，积聚在圆柱体的水平投影上。因此，截交线的正面投影、水平投影已知，侧面投影为椭圆，可根据圆柱体上表面求点的方法，求得截交线，如图6-6（b）所示。

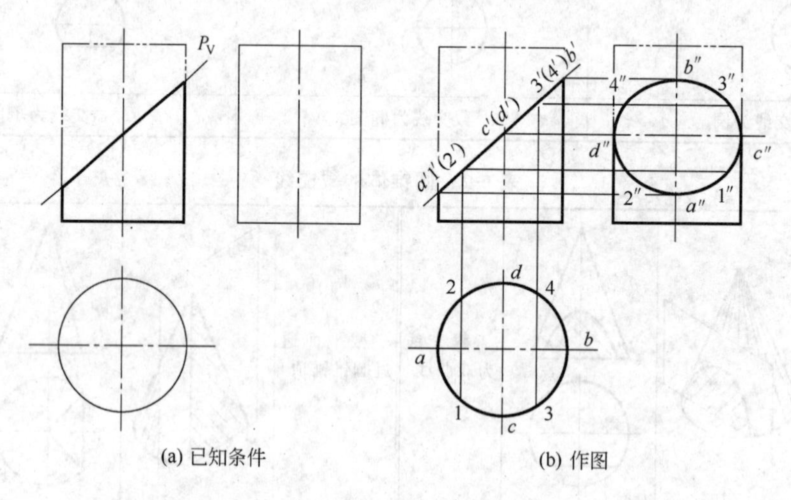

(a) 已知条件　　(b) 作图

图6-6　圆柱体被切割

（2）作图

① 先求椭圆上的特殊点，即椭圆长、短轴的投影。此时可先在H面、V面定出A、B、C、D的各面投影，自V面投影a'、b'、c'、d'作水平线，可在W面圆柱体的转向轮廓线上求得相应的点a''、b''、c''、d''。

② 再求椭圆上的一般点。首先在H面上定出一般点1、2、3、4，找出V面上对应的投影点$1'$、$2'$、$3'$、$4'$。根据点的投影规律，可在W面求得$1''$、$2''$、$3''$、$4''$。依次光滑连接a''、$1''$、c''、$3''$、b''、$4''$、d''、$2''$、a''，即可求得截交线的侧面投影。

【例6-4】 如图6-7（a）所示，已知圆锥体被正垂面P切割，求截交线的投影。

（1）分析　由于截平面P倾斜于圆锥体的轴线切割，所以截交线为椭圆，又因截平面P为正垂面，故截交线的V面投影与P_V重合，在V面积聚为一直线。截交线的水平投影、侧面投影均为椭圆，可根据圆锥体上表面求点的方法，采用纬圆法或素线法求得，如图6-7（b）所示。

（2）作图

① 求椭圆上的特殊点，即椭圆长、短轴A、B、C、D点，以及圆锥左右转向轮廓

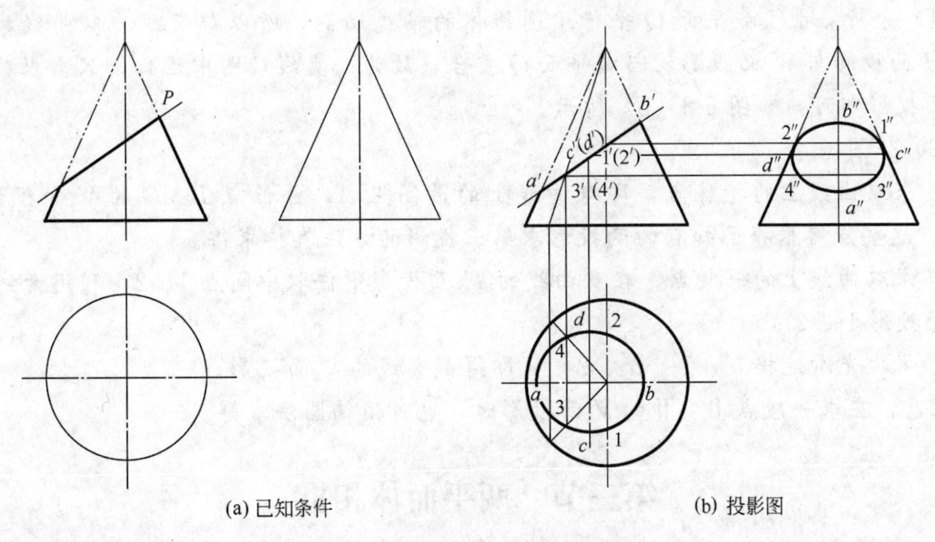

(a) 已知条件　　　　(b) 投影图

图 6-7　圆锥体被正垂面切割

线上的点Ⅰ、Ⅱ。这些点的V面投影均为已知。从椭圆长轴的端点A、B的V面投影a'、b'，向下作垂直线可得A、B的H面投影a、b，向右作水平线可得A、B的W面投影a''、b''。椭圆短轴的端点C、D的V面投影c'、d'必在$a'b'$的中点处，利用纬圆法可求得C、D的H面投影c、d，W面投影c''、d''。圆锥体转向轮廓上的点Ⅰ、Ⅱ的V面投影$1'$、($2'$）在轴线上，H面投影1、2在圆铅垂的中心线上，W面投影$1''$、$2''$为两轮廓线与椭圆的切点，即转向点，可根据圆锥表面取点的方法直接求得。

② 求椭圆上的一般点。在椭圆的V面投影上任取$3'$、($4'$）点，据$3'$、($4'$）点利用素线法（或纬圆法）求得H面投影3、4，W面投影$3''$、$4''$。一般点取得越多，作出的图形越准确。

③ 光滑地依次连接各点的同面投影，即得截交线的投影。

【例 6-5】 如图 6-8（a）所示，已知圆锥体被正平面Q切割，求其截交线的投影。

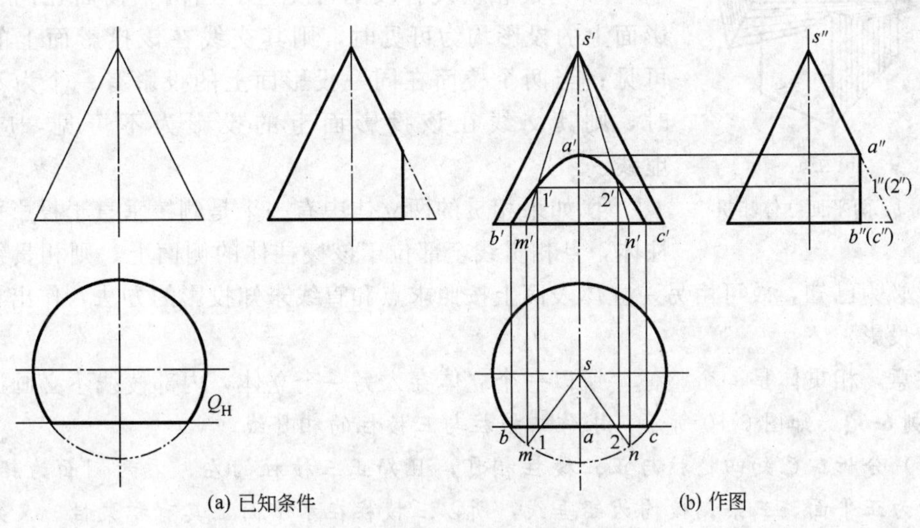

(a) 已知条件　　　　(b) 作图

图 6-8　圆锥体被正平面切割

(1) 分析　由于截平面 Q 平行于圆锥体的轴线切割，所以截交线为双曲线，截交线的 H 面投影与 W 面投影均与截平面 Q 重合，故为一直线，图中已知，只需求截交线的 V 面投影即可，如图 6-8 (b) 所示。

(2) 作图

① 求双曲线上的特殊点，即双曲线上的最高点 A，最低点 B、C 的 V 面投影 a'、b'、c'，这些点可根据已知点的两投影求第三投影的方法直接求得。

② 求双曲线上的一般点。在双曲线的 H 面投影中任取中间点 1、2，利用素线法求得 V 面投影 $1'$、$2'$。

③ 依次光滑连接 b'、$1'$、a'、$2'$、c' 即得截交线的 V 面投影。

注意，在求一般点Ⅰ、Ⅱ的 V 面投影时，也可用纬圆法求得。

第三节　两平面体相贯

两个相交的立体，称为相贯体，两立体表面的交线称为相贯线。当一个立体全部贯穿另一个立体时，则产生两组相贯线，如图 6-9 (a) 所示。

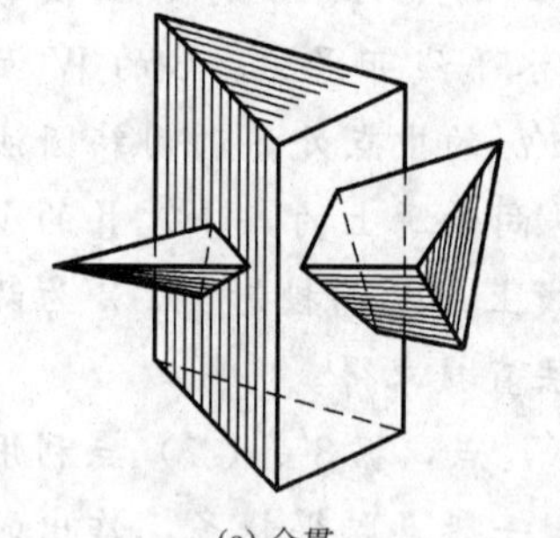

(a) 全贯

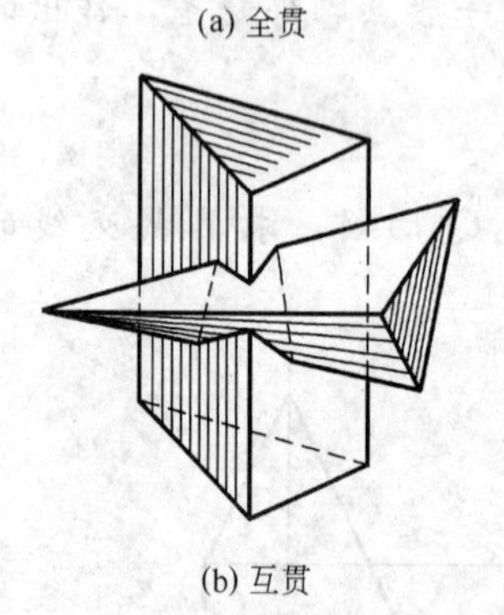

(b) 互贯

图 6-9　两平面立体相贯

两平面立体的相贯线，一般为闭合的空间折线，如图 6-9 (b) 所示，特殊情况为平面折线，如图 6-9 (a) 所示。相贯线上的每一条直线，都是两个平面立体相交棱面的交线，相贯线的转折点，必为一立体的棱线与另一立体棱面或棱线的交点，即贯穿点。

因此，求两个平面立体的相贯线的方法可归纳如下。

① 求出各个平面立体的有关棱线与另一个立体的贯穿点。

② 将位于两立体各自同一棱面上的贯穿点（相贯点）依次相连，即为相贯线。

③ 判别相贯线各段的可见性。当两个棱面在同一个投影面上的投影均为可见时，则其交线在该投影面上的投影可见；当两个棱面在同一投影面上的投影有一个为不可见时，则其交线在该投影面上的投影为不可见，应画为虚线。

④ 如果相贯的两立体中有一个是侧棱垂直于投影面的棱柱体，且相贯线全部位于该棱柱体的侧面上，则相贯线的一个投影必为已知，故可由另一立体表面上按照求点和直线未知投影的方法，作出相贯线的其余投影。

注意，相贯体是一个整体，所以一个立体穿入另一个立体，内部棱线不必画出。

【例 6-6】　如图 6-10 所示，求作四棱柱与三棱柱的相贯线。

(1) 分析　已知四棱柱与正三棱柱相贯，且知正三棱柱的左、右两侧面为铅垂面，后侧面为正平面，三条侧棱均为铅垂线，所以三棱柱在水平面上具有积聚性。又知四棱柱的上、下两侧面为水平面，左、右两侧面为正垂面，其四条侧棱为正垂线，所以四棱

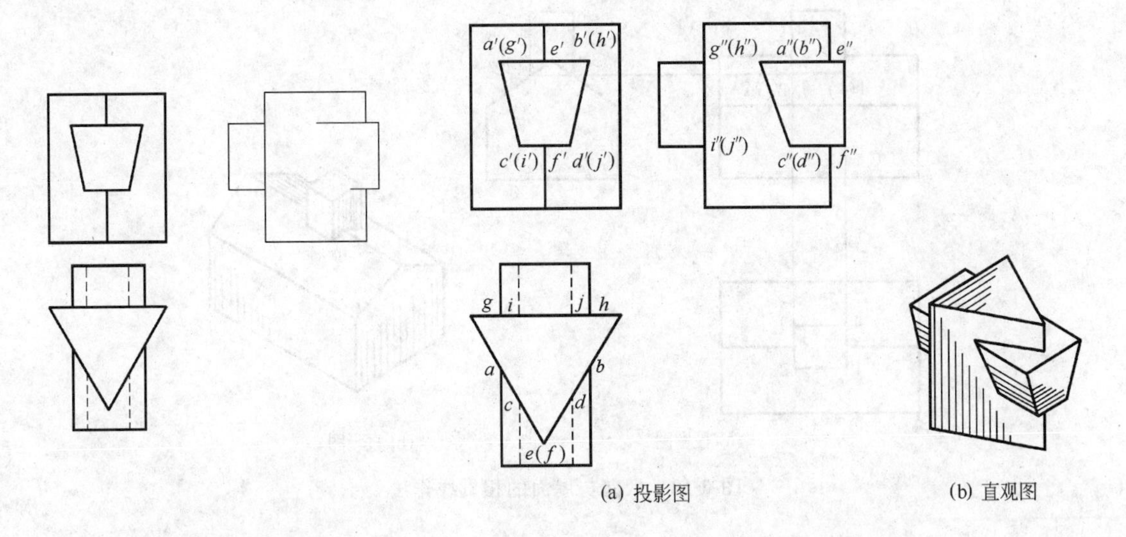

图 6-10　四棱柱与三棱柱相贯已知条件

图 6-11　四棱柱与三棱柱相贯

柱在正面投影上具有积聚性。又由于相贯线是两立体所共有，因此相贯线的 H 面投影、V 面投影可直接求得，如图 6-11 所示。

(2) 作图

① 在 V 面投影中，根据积聚性定出相贯点 a'、b'、c'、d'、e'、f'、g'、h'、i'、j'。

② 在 H 面投影中，根据投影规律定出相应的相贯点 a、b、c、d、e、f、g、h、i、j。

③ 在 W 面投影中，因正三棱柱的后侧面为积聚投影，故其后一组相贯线的投影在其积聚投影上直接求得点 g''、h''、i''、j''，前一组的相贯线，可据 V 面投影、H 面投影求得 a''、b''、c''、d''、e''、f''。

④ 在 W 面投影中，依次相连各点可得相贯线的投影，由于相贯线左、右对称，左半部分为可见而右半部分遮挡成为重影。

【例 6-7】 求烟囱与屋面的相贯线，如图 6-12 所示。

图 6-12　烟囱与屋面相贯已知条件

(1) 分析　此题实际上是求垂直于 H 面的四棱柱（烟囱）与垂直于 W 面的三棱柱（屋顶）的相贯线，如图 6-13 所示。

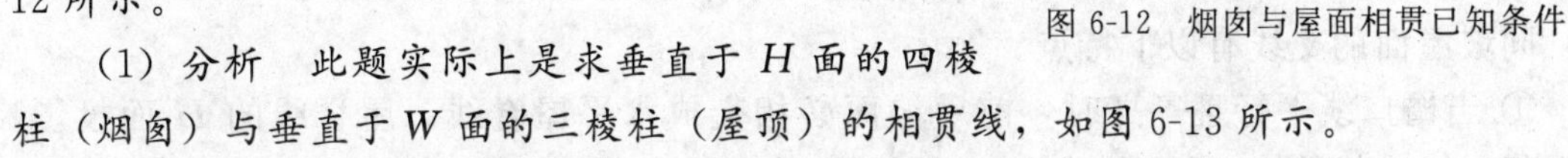

(2) 作图

① 相贯线的 H 面投影与烟囱的 H 面投影重合，定出相贯点 1、2、3、4。

② 根据屋顶在 W 面投影的积聚性，可求得烟囱的四根棱线对屋顶各相贯点的 W 面投影 $1''$、$2''$、$3''$、$4''$，其中 $2''$、$3''$ 为不可见点。

③ 根据 W 面投影 $1''$、$2''$、$3''$、$4''$ 作水平线，与烟囱的 V 面投影相交，得到 $1'$、$2'$、$3'$、$4'$ 点，其中 $3'$、$4'$ 为不可见点，连接 $1'2'3'4'$，即得相贯线。

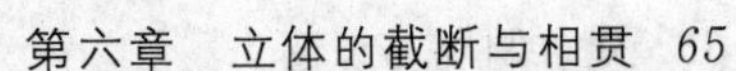

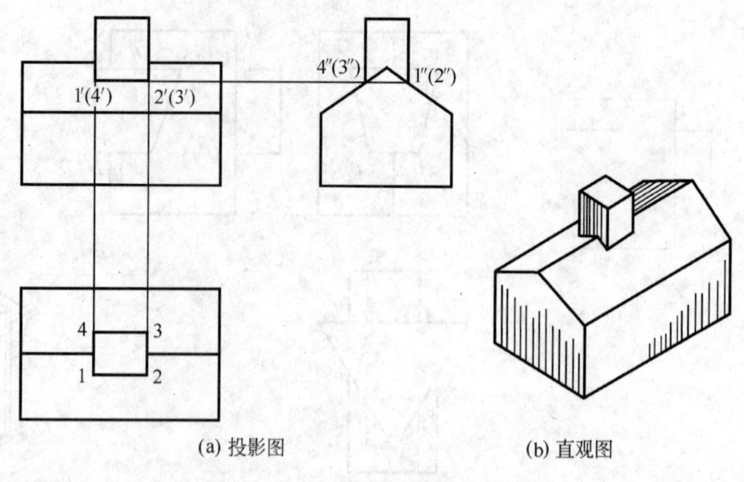

图 6-13　烟囱与屋面的相贯线作法

第四节　同坡屋面交线

坡屋面的交线是两平面立体相贯在房屋建筑中常见的一种实例。在一般情况下，屋顶檐口的高度在同一水平面上，各个坡面与水平面的倾角相等，所以称为同坡屋面，如图 6-14 所示。

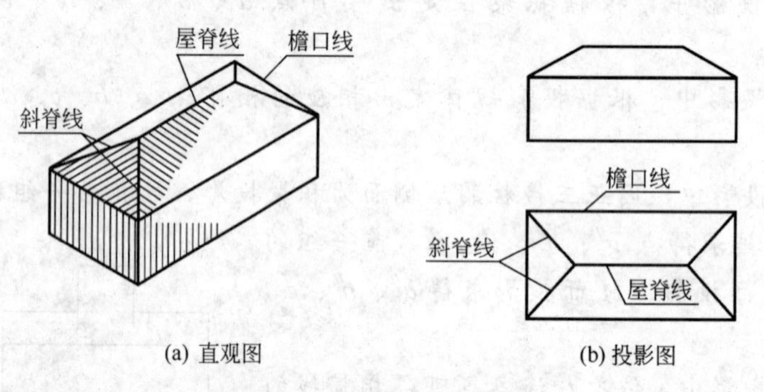

图 6-14　同坡屋面的投影

已知屋檐的 H 面投影和屋面的倾角，求作屋面交线的问题，可看作特殊形式的平面立体相贯问题来解决。作同坡屋面的投影图，可根据同坡屋面的投影特点，直接求得 H 面投影，再根据各坡面与水平面的倾角求得 V 面投影以及 W 面投影。

同坡屋面的交线有以下特点。

① 当檐口线平行且等高时，前后坡面必相交成水平屋脊线。屋脊线的 H 面投影，必平行于檐口线的 H 面投影，并且与两檐口线距离相等，如图 6-14（b）所示。

② 檐口线相交的相邻两个坡面，必然相交于倾斜的斜脊线或天沟线，它们的 H 面投影为两檐口线 H 面投影夹角的角平分线，如图 6-14（b）所示。

③ 当屋面上有两斜脊线、两斜沟线或一斜脊线、一斜沟线交于一点时，必然会有第三条屋脊线通过该交点，这个点就是三个相邻屋面的公有点，如图 6-15（c）中的点 g、点 m 所示。

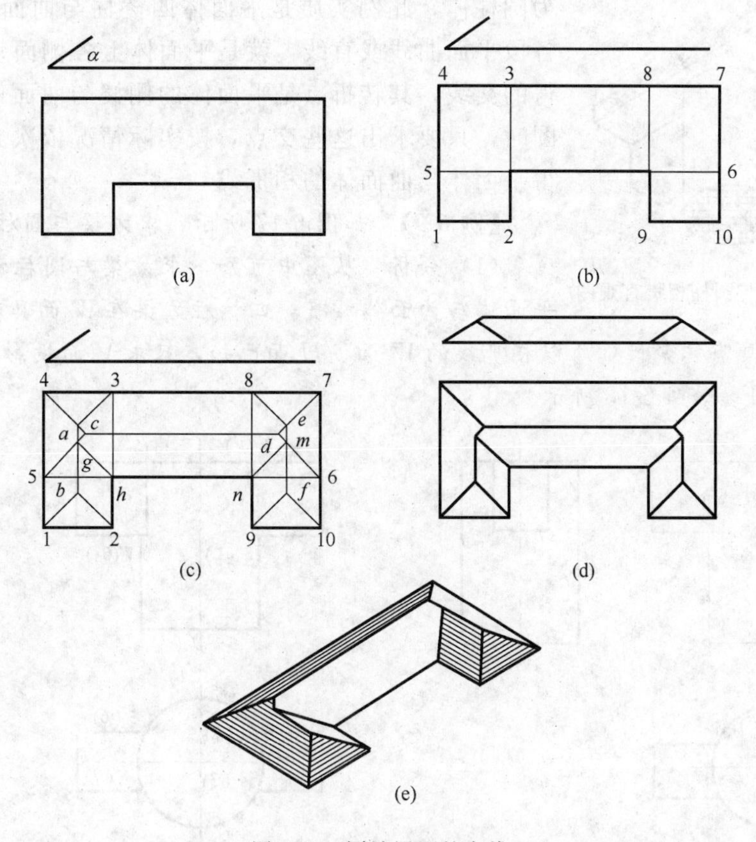

图 6-15　同坡屋面的交线

【例 6-8】 如图 6-15（a）所示，已知同坡屋面的倾角 $\alpha=30°$ 及檐口线的 H 面投影，求屋面交线的 H 面投影及 V 面投影。

（1）分析　从图中可知，此屋顶的平面形状是一倒凹形，有三个同坡屋面两两垂直相交的屋顶。

（2）作图

① 将屋面的 H 面投影划分为三个矩形块，1、2、3、4 和 4、5、6、7 及 7、8、9、10，如图 6-15（b）所示。

② 分别作各矩形顶角平分线和屋脊线的点 a、b、c、d、e、f，分别过同坡屋的各个凹角作角平分线，得斜脊线 g、h、m、n，如图 6-15（c）所示。

③ 根据屋面交线的特点及倾角 α 的投影规律，分析去掉不存在的线条可得屋面的 V 面投影，如图 6-15（d）所示。同理也可求得 W 面投影。

图 6-15（e）所示为该屋顶的直观图。

第五节　曲面体的相贯线

曲面体的相贯分为平面体与曲面体相贯、曲面体与曲面体相贯两种。

平面体与曲面体相贯，相贯线由若干平面曲线或平面曲线和直线所组成。图 6-16 所示为建筑上常见构件柱梁楼板连接的直观图，从图中可知，梁为方梁即四棱柱体，柱

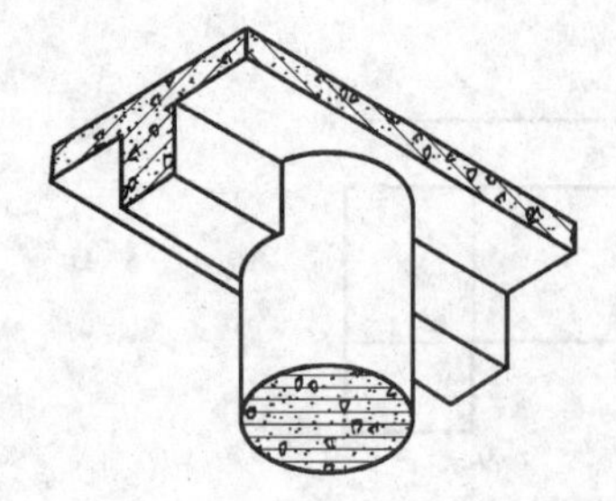

图 6-16　方梁与圆柱相贯直观图

为圆柱体，此例实质是平面体四棱柱与曲面体圆柱相贯，各段平面曲线或直线，就是平面体上各侧面切割曲面体所得的交线，其转折点是平面体的侧棱与曲面体的交点。作图时，只要求出这些交点，按实际情况依次光滑连接，可得平面体与曲面体的相贯线。

【例 6-9】　如图 6-17 所示，求方梁与圆柱的相贯线。

(1) 分析　从图中可知，求方梁与圆柱相贯实质是求平面体与曲面体相贯，四棱柱方梁在 W 面具有积聚性，而圆柱在 H 面具有积聚性，所以相贯线的 W 面、H 面已知，只求 V 面投影即可。

(2) 作图　如图 6-18 所示。

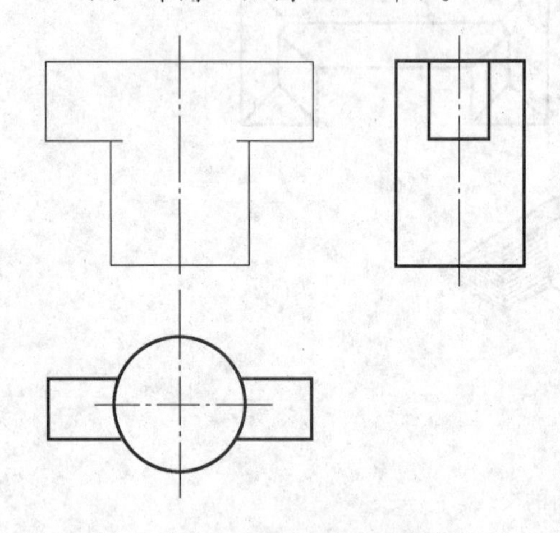

图 6-17　方梁与圆柱相贯已知条件

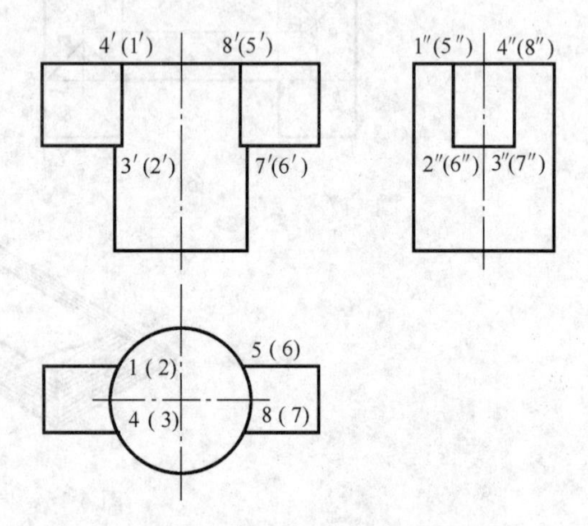

图 6-18　方梁与圆柱相贯投影图

① 根据立体表面的积聚性在 W 面标出相贯线的投影点 1″、2″、3″、4″、5″、6″、7″、8″，在 H 面标出相应点 1、2、3、4、5、6、7、8，注意不可见点的标注。

② 根据点的投影规律，求得相贯线上点的 V 面投影 1′、2′、3′、4′、5′、6′、7′、8′，然后依次相连得到所求相贯线。

【例 6-10】　如图 6-19 所示，已知坡屋顶上装有一圆柱烟囱，求其交线。

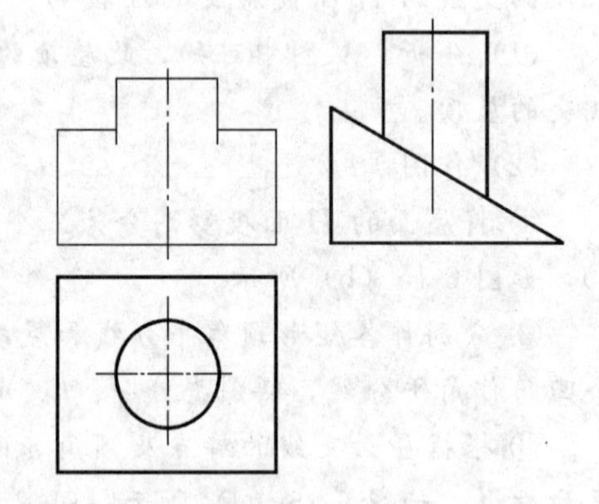

图 6-19　坡屋顶上装一圆柱形烟囱已知条件

(1) 分析　从图中可知，坡屋顶上装一圆形烟囱，实质是一个三棱柱与一个圆柱相交，三棱柱各侧棱垂直于 W 面，圆柱垂直于 H 面，因此相贯线的 H、W 面投影已知，只求 V 面投影即可。

(2) 作图　如图 6-20 所示。

① 求相贯线上的特殊点，最前、最后、最左、最右四点的 V 面投影，即 2′、4′、1′、3′点。

② 求相贯线上的一般点，在 H 面上任取中间点 5、6、7、8，根据点的投影规律求

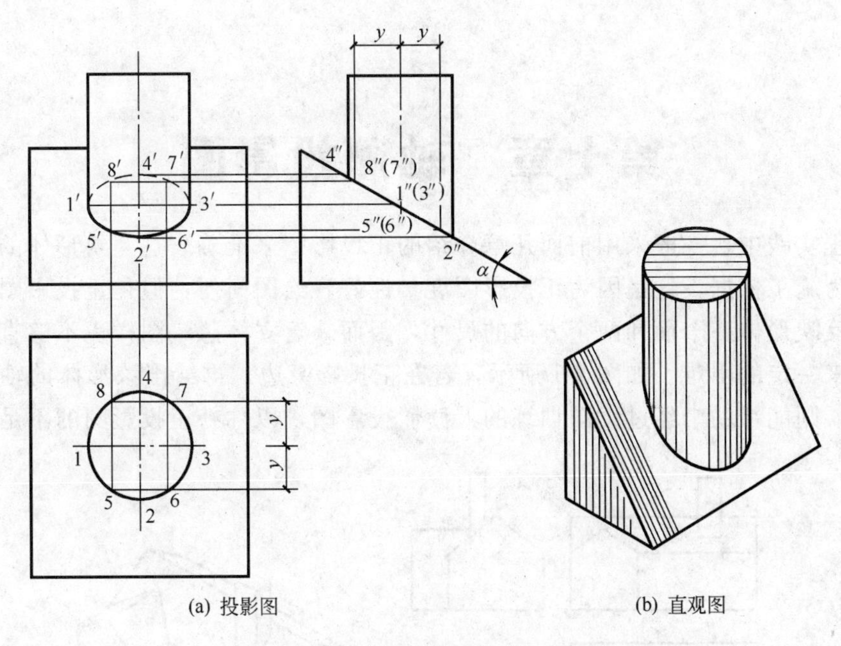

图 6-20　坡屋顶上装圆柱形烟囱作法

出 V 面投影 5′、6′、7′、8′点。

③ 依次光滑连接各点，可得相贯线投影图。

在图 6-20 中，当 $\alpha=45^{\circ}$时，相贯线的 V 面投影请读者自行分析。

思　考　题

1. 平面体截交线如何求？有哪些要求？
2. 曲面体截交线如何求？有哪些要求？
3. 圆柱体、圆锥体被截平面所截各有几种截交线情况？
4. 试述求解两平面体相贯线的作图方法。
5. 试述求解平面体与曲面体相贯线的作图方法。

第七章　轴测投影图

在工程实践中，一般采用前面几章介绍的正投影图来准确表达建筑形体的形状与大小，并作为施工依据，这是因为正投影图度量性好，绘图简便，但是正投影图中每一个投影只能反映形体一个面和两个方向的尺寸，因而缺乏立体感，图样也不够直观，往往给读图带来一定的困难。如图 7-1 所示，若在正投影旁边，再给出该形体的轴测图作为辅助图样，则能帮助未经过读图训练的人读懂投影图，以弥补正投影图的不足。

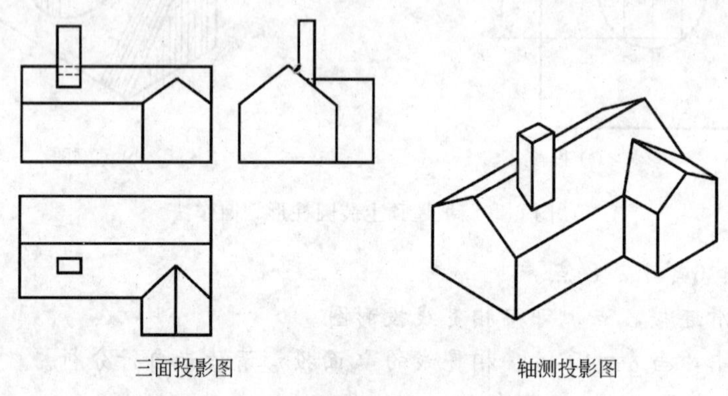

图 7-1　房屋的三面投影图与轴测投影图

第一节　轴测投影图的基本知识

一、轴测投影图的形成

根据平行投影的原理，把形体连同三个坐标轴一起投影到一个新的投影面 P 上所得到的单面投影图，称为轴测投影图，简称轴测图。这种投影方法称为轴测投影法，P 平面称为轴测投影面，S 方向称为轴测投影方向，如图 7-2 所示。

二、轴测投影图的优缺点和用途

轴测投影图是单面平行投影，也就是在一个投影图上反映了形体的长、宽、高三个方向，因此具有立体感比正投影图强的优点。它的缺点是形体表达不真实。例如，原来平行的空间直角坐标面的矩形，其轴测投影图变成平行四边形，因此度量性差，作图较烦琐。由于轴测投影图富于立体感，直观性较强，故常用作辅助图样，常用来表达建筑室内的空间分隔及家具布置等，以及建筑构配体的形状和建筑节点的构件做法，还可用来表达产品广告、商品交易会上的展览画等。

三、轴间角和轴向伸缩系数

1. 轴间角

在轴测投影面 P 上，三个轴测投影轴 O_1X_1、O_1Y_1、O_1Z_1 之间的夹角 $\angle X_1O_1Y_1$、

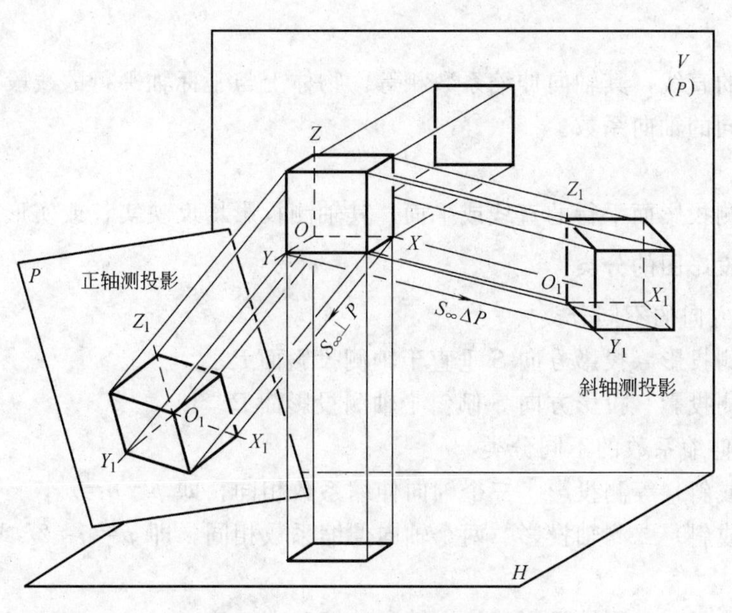

图 7-2　轴测投影图的形成

$\angle Y_1O_1Z_1$、$\angle Z_1O_1X_1$ 称为轴间角。

2. 轴向伸缩系数

轴测图中，轴测轴上的单位长度与相应坐标轴上的单位长度之比称为轴向伸缩系数，也称为轴向变形系数，用 p、q、r 表示，如图 7-3 所示。

$p=O_1X_1/OX$——X 轴的轴向伸缩系数。

$q=O_1Y_1/OY$——Y 轴的轴向伸缩系数。

$r=O_1Z_1/OZ$——Z 轴的轴向伸缩系数。

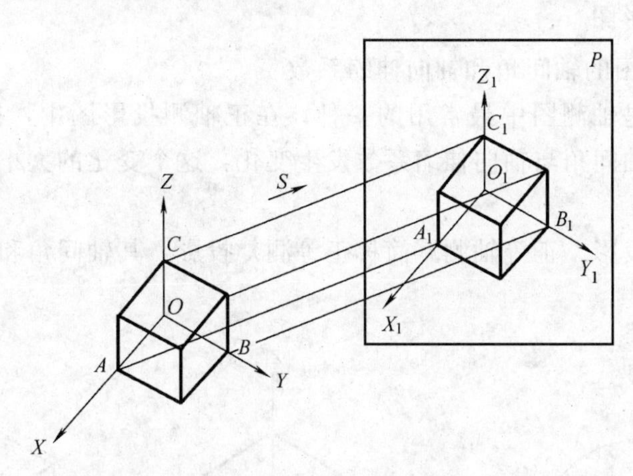

图 7-3　正等测轴测的投影

四、轴测投影图的特性

由于轴测投影图是平行投影，因此轴测图同样具有平行投影的各种特性。

1. 平行性

空间平行的直线，其轴测投影仍平行，即原来与坐标轴平行的直线，其轴测投影一定平行于相应的轴测轴。

2. 定比性

空间平行的直线，其轴向伸缩系数相等。物体上与坐标轴平行的线段，与其相应的轴测轴具有相同的轴向系数。

3. 真实性

空间与轴测投影面平行的直线或平面，其轴测投影均反映实长或实形。

五、轴测投影图的分类

1. 按投影方向的不同分类

(1) 正轴测投影　投影方向 S 垂直于轴测投影面 P。

(2) 斜轴测投影　投影方向 S 倾斜于轴测投影面 P。

2. 按轴向伸缩系数的不同分类

(1) 正（或斜）等测投影　三个轴向伸缩系数相同，即 $p=q=r$。

(2) 正（或斜）二测轴投影　两个轴向伸缩系数相同，即 $p=q=2r$ 或 $p=r=2q$ 或 $q=r=2p$。

(3) 正（或斜）三测轴投影　三个轴向伸缩系数 $p\neq q\neq r$。

考虑作图方便及立体感强，建筑工程中经常采用的轴测投影有正等测投影、正面斜二测投影和水平斜等测投影图。

第二节　轴测投影图的画法

轴测投影图的画法有很多，在本节中重点讲述在建筑制图中常采用的几种轴测投影图的画法。

一、正轴测投影图

1. 正轴测投影图的轴间角和轴向伸缩系数

正轴测投影图是轴测图中最常用的一种，在正轴测投影图中，投影方向 S 垂直于轴测投影面 P。其轴间角与轴向伸缩系数发生变化，这个变化的大小取决于物体与投影面的相对位置。

(1) 正等轴测投影　正等轴测（简称正等测）投影，其轴间角和轴向伸缩系数如图 7-4 所示。

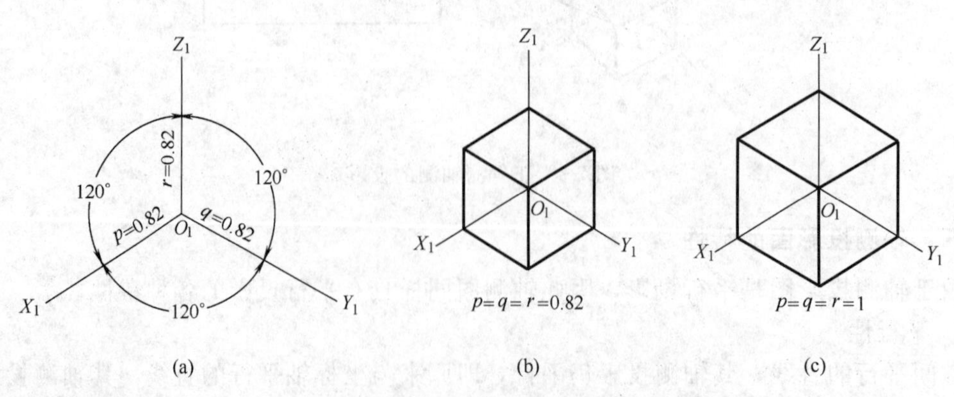

图 7-4　正等测图的轴间角与轴向伸缩系数

① 轴间角　$\angle X_1O_1Y_1=\angle Y_1O_1Z_1=\angle Z_1O_1X_1=120°$，且表示长度和宽度的两条轴 OX_1 和 OY_1 与水平线成 30°。

② 轴向伸缩系数　$p=q=r=0.82$，为作图方便，通常采用 $p=q=r=1$。

(2) 正二等轴测投影　正二等轴测（简称正二测）投影，其轴间角和轴向伸缩系数如图 7-5 所示。

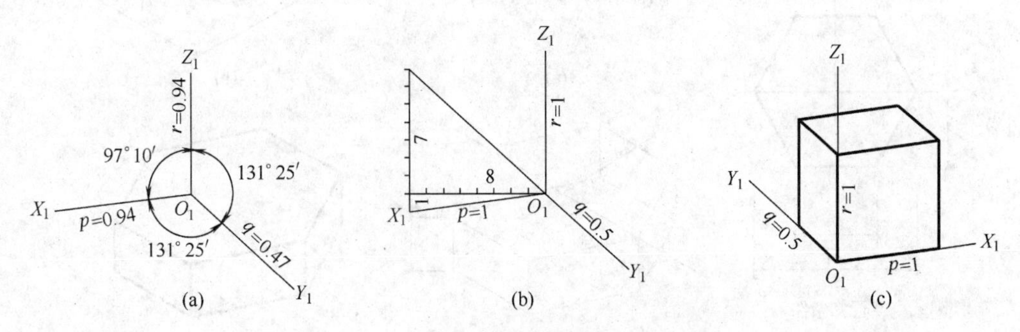

图 7-5　正二测图的轴间角与轴向伸缩系数

① 轴间角　$\angle X_1O_1Z_1=97°10'$，$\angle Y_1O_1Z_1=\angle Y_1O_1X_1=131°25'$。

② 轴向伸缩系数　$p=r=1$，$q=0.5$。

2. 正轴测投影图的画法

根据形体的正投影图画轴测投影图（轴测图）时，应遵循的一般步骤如下。

① 读懂正投影图，进行形体分析并确定形体上直角坐标系位置。

② 选择合适的轴测图种类与观察方向，确定轴测轴与轴向变形系数。

③ 根据形体特征选择作图方法，有坐标法、叠加法、切割法、特征面法等。

④ 作图时先绘出底稿线。

⑤ 检查底稿是否有误，然后加深图线，不可见部分给予省略。

(1) 正等测图的画法　常用的画正等测图的方法有坐标法、叠加法、切割法。

① 坐标法　沿坐标轴量取形体关键点的坐标值，用以确定形体上各特征值的轴测投影位置，然后将各特征点连线，即可得到相应的轴测图。这是画正等测图最基本的方法。

【例 7-1】　如图 7-6 所示，已知形体的投影图，画其正等测图。

① 画出轴测轴。通常 O_1Z_1 轴的方向是竖直的，而 O_1Z_1 轴和 O_1Y_1 轴的方向是可以互换的。本例的 O_1X_1 轴、O_1Y_1 轴取法如图所示。

② 在投影图上确定坐标轴及坐标原点，坐标原点选在上顶面中心。根据水平投影分别沿 X 轴、Y 轴量出几个顶点的坐标长。在轴测轴上，确定形体的轴测投影点，从而画出形体的上顶面的正等测图。

③ 从上顶面的六个顶点分别向下引垂直线，并依据 V 面投影的 Z 坐标轴长，在所引垂线上量取各棱线的实际高度，连接各顶点，即得到底面的正等测图。

④ 将轴测投影图的不可见线条及轴测轴等擦去，并加粗可见线，便得到此棱柱的正等测图。

② 叠加法　由几个基本形体组合而成的组合体，可先逐一画出各部分的轴测图，然后再将它们叠加在一起，得到组合体轴测图，这种画轴测图的方法称为叠加法。

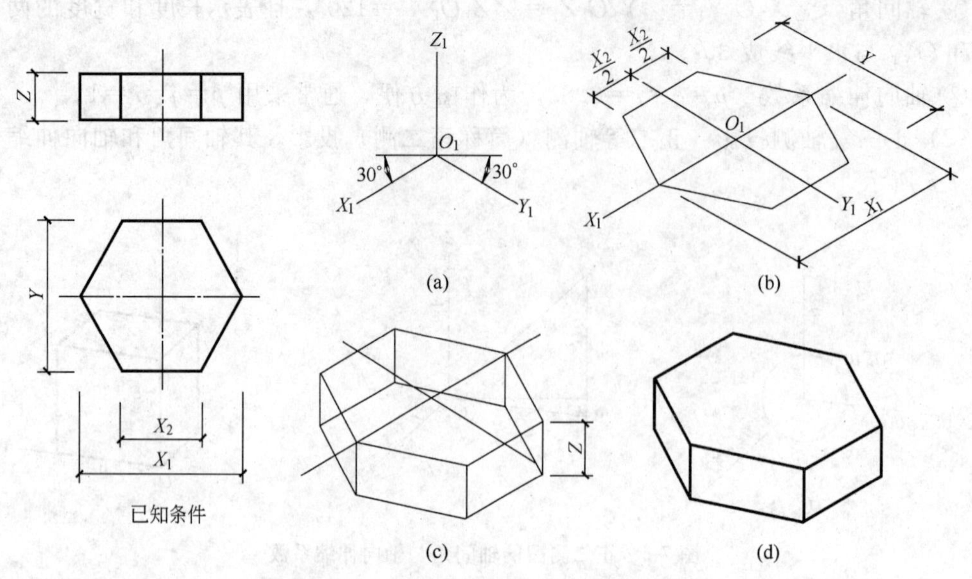

图 7-6 例 7-1 图坐标法绘制正等测图的步骤

【例 7-2】 作台阶的正等测图。

从图 7-7（a）所示台阶的正投影图中可以看出，台阶由右侧栏板和三级踏步组成。画图时，可以先画右侧栏板，而后再画踏步，具体作图步骤如下。

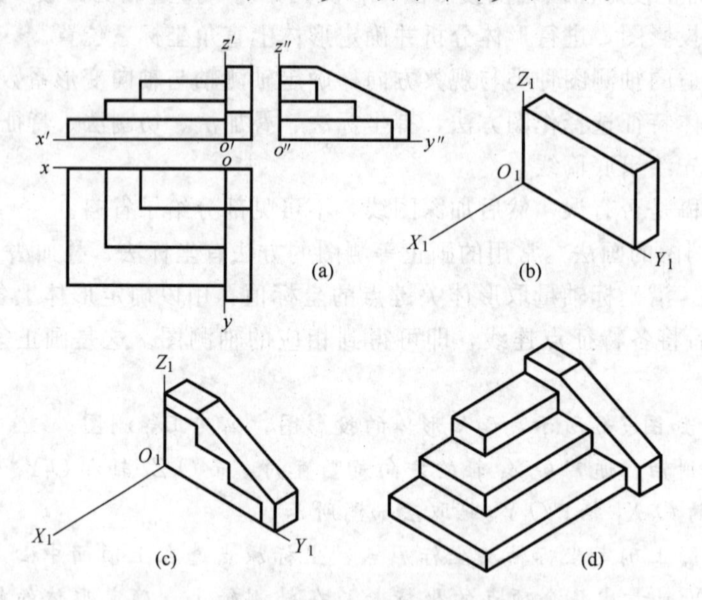

图 7-7 例 7-2 图叠加法绘制正等测图的步骤

① 在台阶的三面投影图上引进直角坐标轴［图 7-7（a）］。

② 画出轴测轴，并根据栏板的长度、宽度和高度画出一个长方体［图 7-7（b）］。

③ 根据栏板前上方斜角的尺寸，在长方体上画出这个斜角，并在栏板的左侧平面上根据踏步的宽度和高度画出踏步右侧端面的轮廓线［图 7-7（c）］。

④ 过端面轮廓线的各折点向 O_1X_1 轴方向引直线，并根据三级踏步的三个长度尺寸画出三级踏步，完成整个台阶的正等测图［图 7-7（d）］。

③ 切割法　当形体被看成由基本形体切割而成时，可先画形体的基本形体，然后再按基本形体被切割的顺序来切掉多余部分，这种画轴测图方法称为切割法。

【例 7-3】　如图7-8 所示，已知形体的投影图，画其正等测图。

① 利用坐标法，求得一个大长方体的轴测图。

② 在大长方体左前侧棱线上平行于 O_1Z_1 轴截取高度 $\frac{Z_1}{2}$，求出点 A 的轴测投影位置，同法得出点 B 与点 C，然后过 A、B、C 分别作出平行于 O_1X_1、O_1Y_1、O_1Z_1 的平行线，即得切割去一个角后的轴测图。

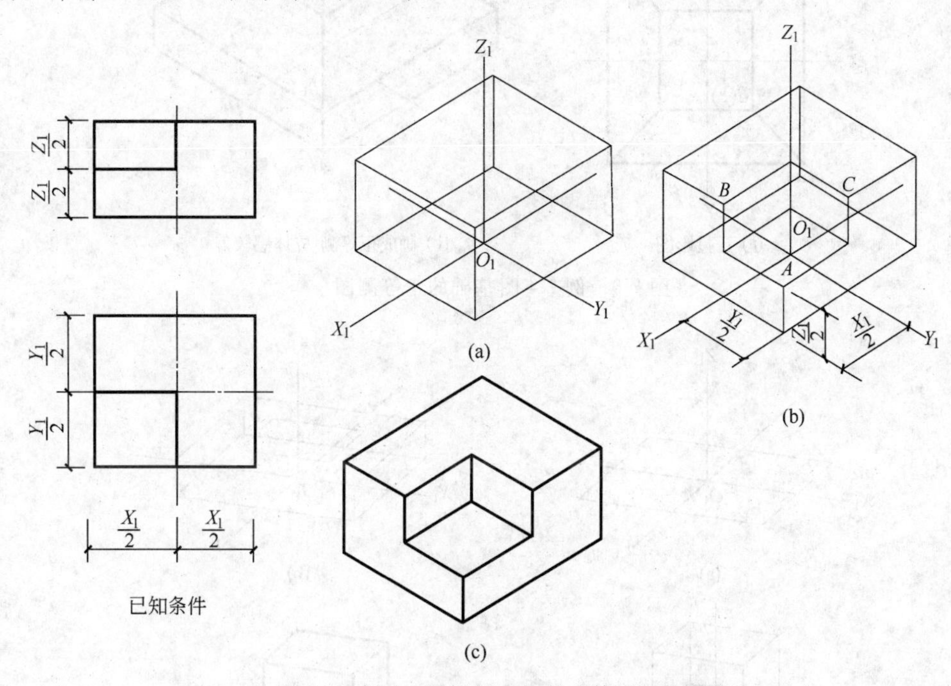

图 7-8　例 7-3 图切割法绘制正等测图的步骤

③ 擦去被切割部分及有关的作图辅助线及不可见线，并加粗轮廓线，便得到形体的正等测图。

(2) 正二测图的画法　当形体的棱面或棱线与正立面或水平面成 45°时，一般选用正二测投影，正二测投影可以使空间形体获得较强的立体感。

【例 7-4】　绘制基础的正二测图。

① 建立坐标轴及坐标原点，如图 7-9 所示。

② 建立正二测图的轴测轴，利用 $p=r=1$、$q=0.5$，画出底面的正二测图，如图 7-10 (a) 所示。

③ 沿 O_1Z_1 轴截取高度，分别画出下棱柱的顶面和上棱柱的底面，然后画出上棱柱体，并连接四条斜棱柱，如图 7-10 (b)、(c) 所示。

④ 擦除不可见线，加粗可见轮廓线，画出基础的正二测图，如图 7-10 (d) 所示。

二、斜轴测投影图

1. 斜轴测投影图的轴间角和轴向伸缩系数

根据形体倾斜角度的不同，或者投影方向的不同，同一形体可画出不同的斜轴测图。

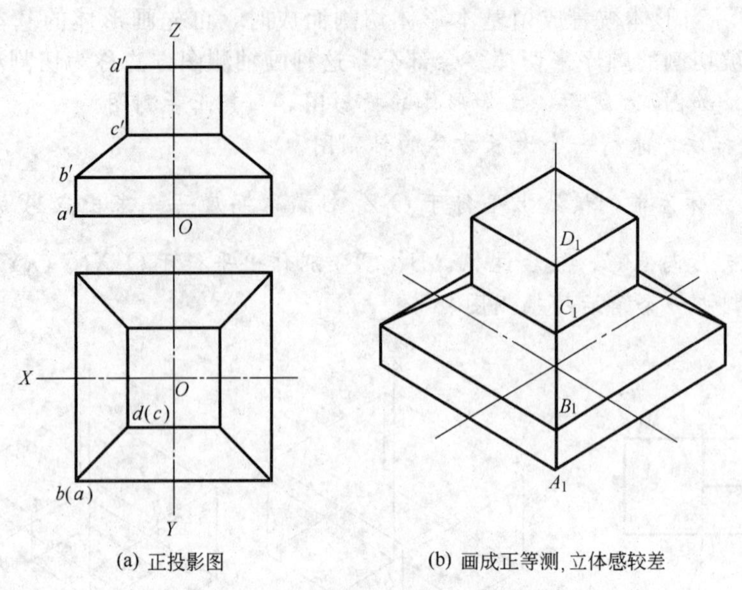

(a) 正投影图　(b) 画成正等测，立体感较差

图 7-9　例 7-4 图基础的正等测图

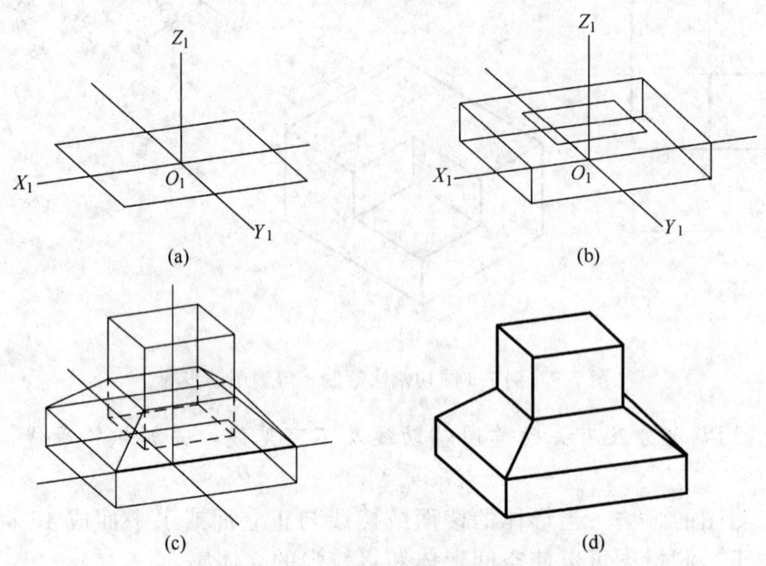

图 7-10　例 7-4 图绘制基础的正二测图

（1）正面斜二测图　正面斜二测图的轴间角和轴向伸缩系数如图 7-11 所示。

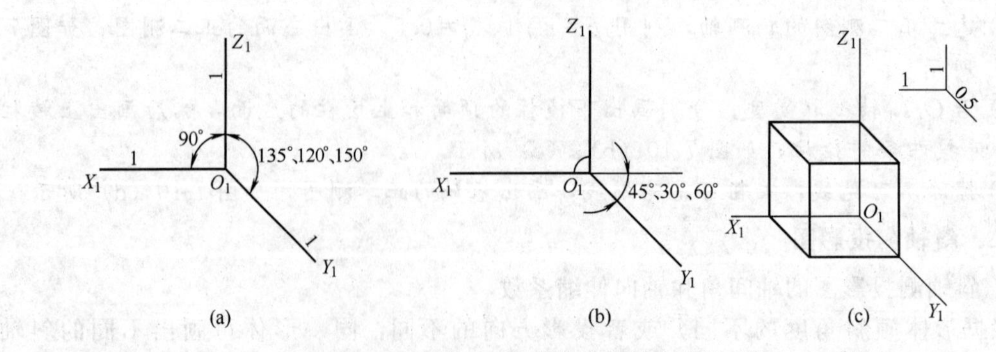

图 7-11　正面斜二测的轴间角与轴向伸缩系数

① 轴间角：$\angle X_1O_1Z_1=90°$，$\angle Y_1O_1Z_1=\angle Y_1O_1X_1=135°$。

② 轴向伸缩系数：$p=r=1$，$q=0.5$。

③ 平行于投影面的形体上的外表面反映实形。

（2）水平斜轴测图　水平斜轴测图的轴间角和轴向伸缩系数如图 7-12 所示。

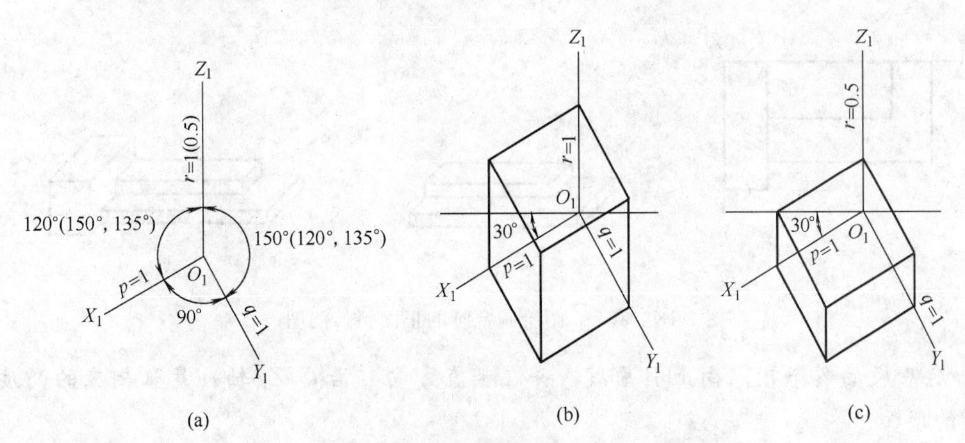

图 7-12　水平斜轴测的轴间角与轴向伸缩系数

① 轴间角：$\angle X_1O_1Y_1=90°$，$\angle Y_1O_1Z_1=\angle Z_1O_1X_1=135°$ 或 $\angle Y_1O_1Z_1=120°$，$\angle Z_1O_1X_1=150°$。

② 轴向伸缩系数：$p=q=1$，$r=0.5$ 或 $p=q=r=1$。

③ 反映物体上与水平面平行表面的实形。

2. 斜轴测投影图的画法

（1）正面斜二测图的画法　画图之前，首先要根据物体的形状特征选定投影的方向，使得画出的轴测图具有最佳的表达效果，一般来说，要把物体形状较为复杂的一面作为正面，并且从左前上方向或右前上方向进行投影。

【例 7-5】 作出台阶的正面斜二测图。

① 在正投影图上建立坐标轴及坐标原点，如图 7-13（a）所示。

② 建立轴测轴，使台阶的正面 XOZ 面平行于轴测投影面，为了清楚地反映侧面台阶的形状，把宽向轴（O_1Y_1 轴）画在左侧，与水平轴（O_1X_1 轴）成 45°如图 7-13（b）所示。

③ 用叠加法作两层台阶踏步板的斜二测图，如图 7-13（c）、（d）所示。

④ 在踏步板的右侧画出拦板的斜二测图，如图 7-13（e）所示。

⑤ 擦除不可见线，加粗可见轮廓线，作出物体的正面斜二测图。

（2）水平斜等测图的画法　在建筑工程中，水平斜轴测投影常用来表达一个地区的建筑群的布局与绿化、交通情况，为了使图形具有较强的立体感和作图方便，取 O_1Z_1 轴竖向伸缩系数 $r=1$。

【例 7-6】 依据一幢房屋的投影图，作出其水平斜等测图。

① 坐标原点选择在房屋的右后下角［图 7-14（a）］。

② 将房屋的水平投影图绕 O_1Z_1 轴逆时针旋转 30°，建立轴测轴（O_1Z_1 轴竖向），将房屋基底的投影图画出，如图 7-14（b）所示。

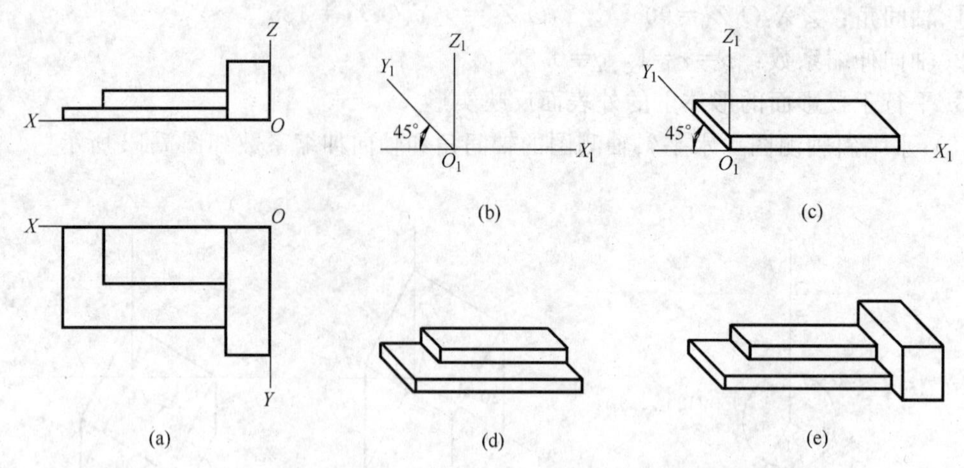

图 7-13　例 7-5 图绘制台阶的正面斜二测图

③ 从基底的各个顶点向上引垂线，并在竖直方向（沿 O_1Z_1 轴）量取相应的高度画出房屋的顶面。

④ 擦除不可见线，加粗可见轮廓线，作出物体的水平斜等测图，如图 7-14（c）所示。

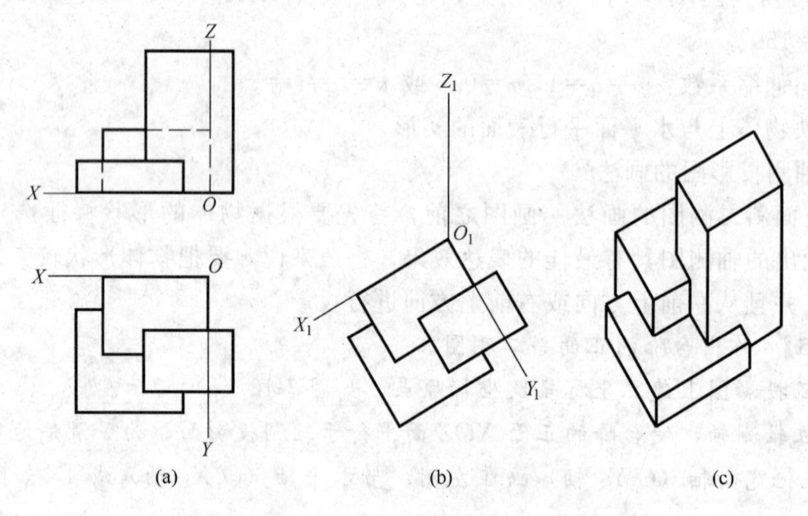

图 7-14　例 7-6 图绘制房屋的水平斜等测图

第三节　圆的轴测投影图

一、圆的正等测投影图

在正等测图中，三个空间直角坐标面均倾斜于轴测投影面 P，所以坐标面或其平行面上圆的正等测投影为椭圆。当三个坐标面上的圆的直径相等时，其正等测投影是三个形状、大小全等，但长短轴方向不同的椭圆。如图 7-15 所示，平行于坐标面的圆的正等测投影都是椭圆。

绘制平行于坐标面的圆的正等测图常见的方法有坐标法和四心扁圆法。

1. 坐标法

坐标法是轴测图作椭圆的真实画法，作图步骤如图 7-15 所示。首先通过圆心在轴测投影轴上作出两直径的轴测投影，定出两直径的端点 A、B、C、D，即得到了椭圆的长轴和短轴；再用坐标法作出平行于直径的各弦的轴测投影，用光滑曲线逐一连接各弦端点即求得圆的轴测图。此法又称为平行弦法，这种画椭圆的方法适合于圆的任何轴测投影作图。

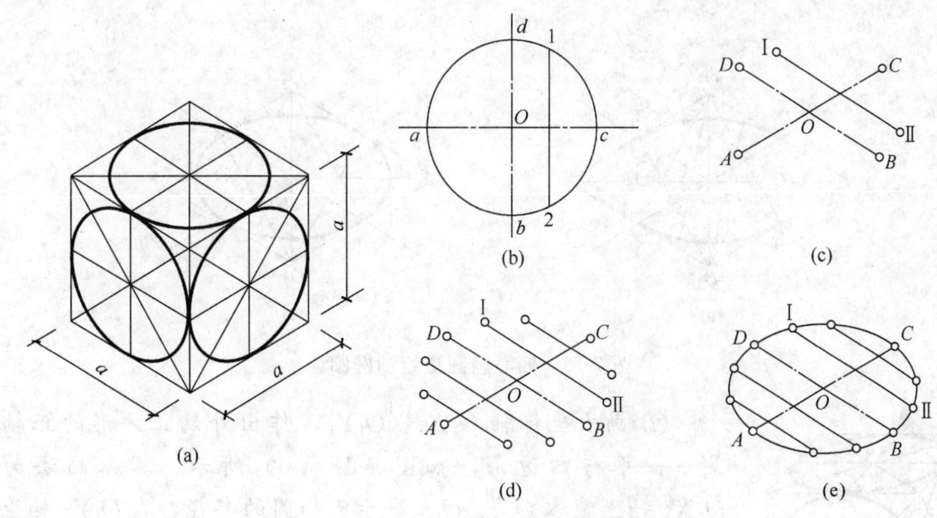

图 7-15　坐标法绘制椭圆

2. 四心扁圆法

由于椭圆在正等测图中内切于菱形，可用四心扁圆法（也称为菱形法）来绘制。这是一种椭圆的近似画法，关键有以下几点。

① 分辨是平行于哪个坐标面的圆。

② 确定圆心的位置。

③ 画出与椭圆相切的菱形。

④ 确定椭圆长轴与短轴的方向。

⑤ 用四心扁圆法分别求四段弧线。

具体画法如图 7-16 所示。

二、圆的斜二测投影图

如图 7-17 所示，在一个正方体的斜二测图中，由于正面平行于投影面，所以正面不发生变形；而侧面及顶面正方形发生变形，均为平行四边形。正方体外表面上的三个内切圆中，与轴测投影面平行的正面的内切圆的轴测投影反映实形，仍为圆；而与轴测投影面不平行的侧面及顶面的内切圆的轴测投影发生变形，为椭圆。作圆的斜二测投影图可采用坐标法，但不能使用菱形法。这里介绍在平行四边形内作内切椭圆常采用的作图方法——八点法，八点法可用于所有圆的轴测图画法。

【例 7-7】 用八点法作出圆的斜二测图。

① 在投影图上建立坐标轴及坐标原点 O，画出圆的外切正方形，如图 7-18（a）所示。

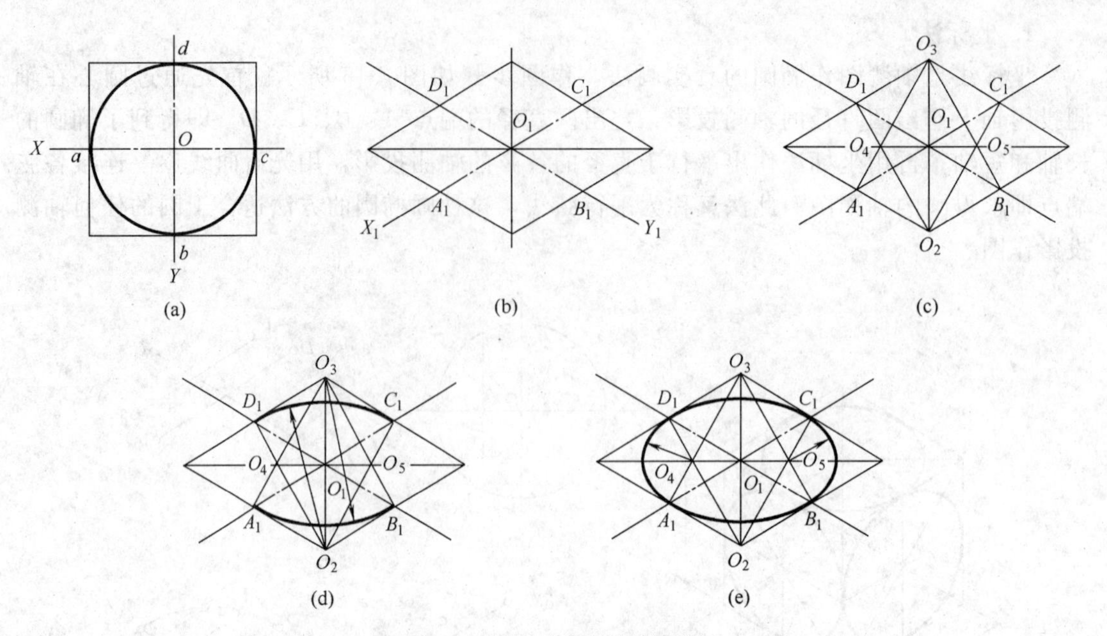

图 7-16　四心扁圆法绘制椭圆

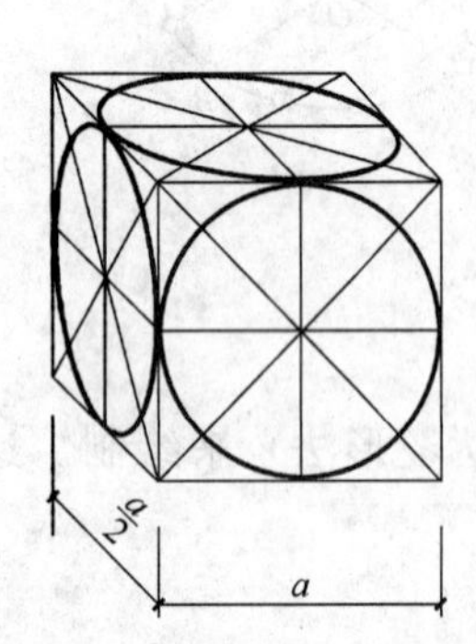

图 7-17　圆的斜二测图

② 画出坐标轴 O_1X_1、O_1Y_1，作出外切正方形的正轴测投影——平行四边形，如图 7-18（b）所示。具体画法为：在 O_1X_1 轴上截取 O_1a、O_1b 等于已知圆的半径，在 O_1Y_1 轴上截取 O_1c、O_1d 等于已知圆半径的二分之一，过 a、b 两点作 O_1Y_1 轴的平行线，得到平行四边形 1324。

③ 连接平行四边形的对角线 12 和 34，如图 7-18（c）所示。

④ 以 $2d$ 为斜边作一等腰直角三角形 $d52$，在 23 边上分别截取两个点 6、7，使 $d6$、$d7$ 等于 $d5$，过 6、7 分别作平行于

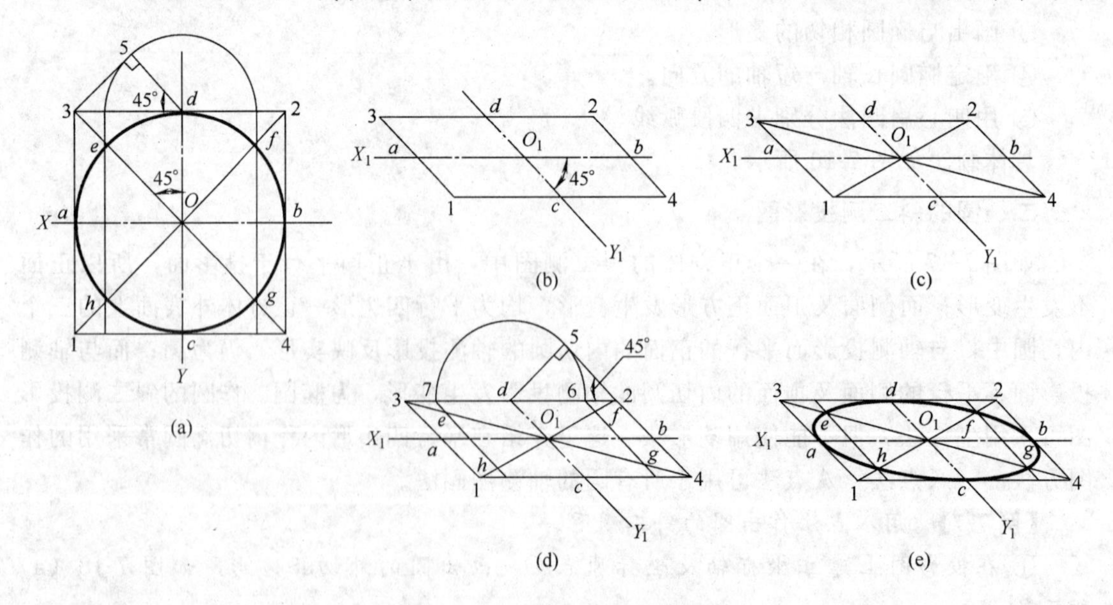

图 7-18　例 7-7 图八点法绘制椭圆

O_1Y_1 轴的平行线，与对角线 12、34 相交于 e、f、g、h 四个点，如图 7-18 (d) 所示。

⑤ 用光滑曲线依次连接 a、h、c、g、b、f、d、e、a，即求得圆的斜二测投影，如图 7-18 (e) 所示。

第四节　轴测图中的切割画法

轴测图能直观形象地反映物体的外观形状，但在建筑工程中，常常需要表示建筑及装饰构配件的内部结构及构造做法，并反映出物体的内部材料，这就需要将下面将要讲到剖面图及断面图的概念引入到轴测图中，即采用轴测剖面图的方法来表示形体的内部构造。

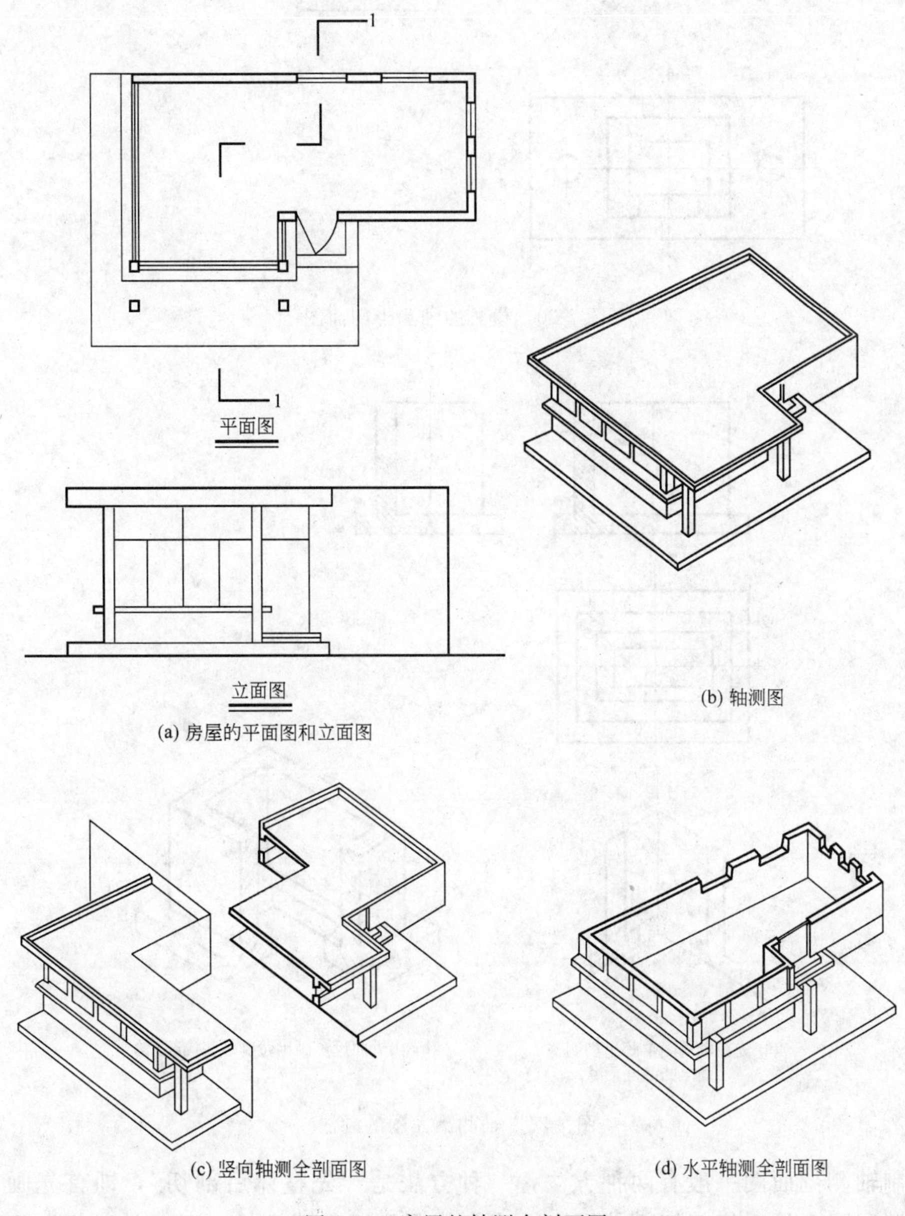

图 7-19　房屋的轴测全剖面图

轴测剖面图是假设用平行于坐标面的剖切平面将物体剖开，然后将剖切后的剩余部分绘制出轴测图。剖切平面可以是单一的，也可以是几个相互呈阶梯平面的平面，用这样的剖切平面剖切形体得到轴测全剖面图，如图 7-19 所示。有时，可以用两个或两个以上相互垂直的规则或对称的平面剖切物体，得到物体的轴测半剖面图或轴测局部剖面图，如图 7-20 所示。

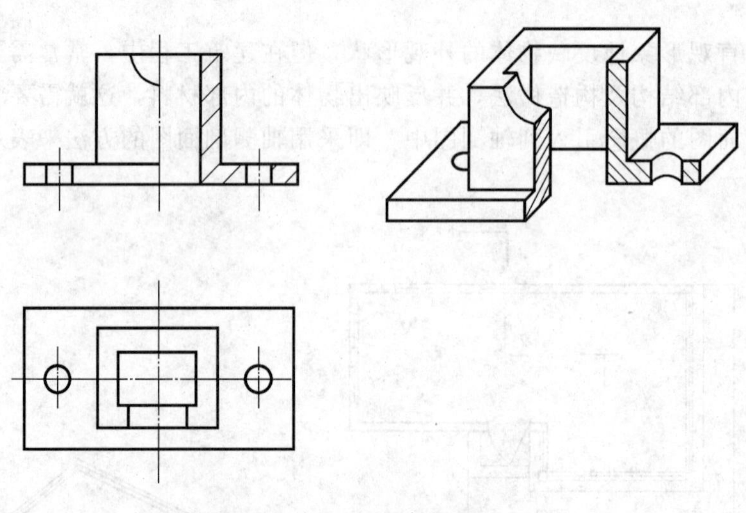

图 7-20　模具的轴测半剖面图

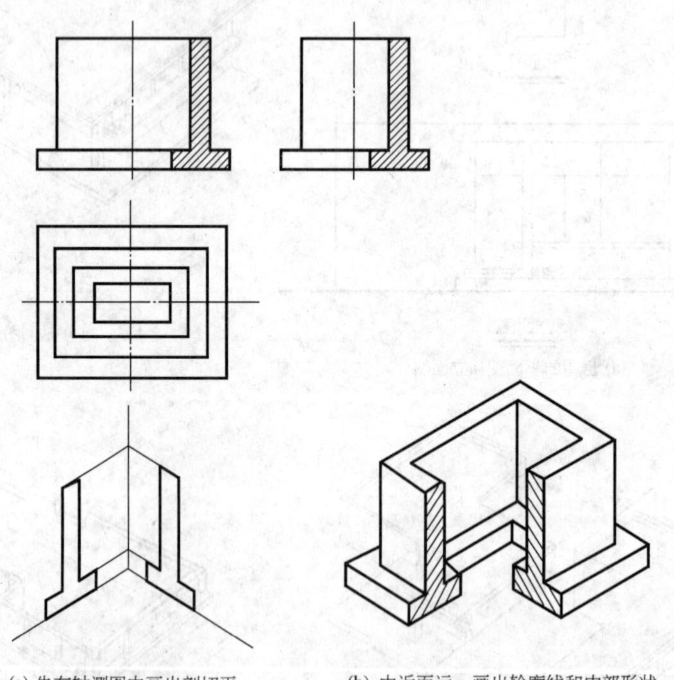

(a) 先在轴测图中画出剖切平面上的截面形状　　(b) 由近而远，画出轮廓线和内部形状

图 7-21　轴测剖面图的画法

绘制轴测剖面图一般有两种方法，一种方法是“先整体后剖切”，即首先画出完整形状的轴测图，然后将剖切部分画出。当剖切平面平行于坐标面时，被剖切平面切到的

部分画上剖面线，未指明材料时，剖切线一般采用45°的等距平行线画出。如果需表明物体的材料种类，则将被切到的部分画上材料图例。若剖切平面不平行于坐标面，则剖断面的图例线不再是45°斜线，其方向应根据各种轴测图的轴间角及轴向伸缩系数确定。另一种画法是“先剖切后整体”，即首先根据剖切位置，画出剖面的形状，并画上剖面线，然后再完成剩余部分的外形（图7-21）。这种方法比前者所作图线少，但初学者不易掌握。

【例7-8】 画出图7-22（a）所示的杯形基础的正二测剖面图。

① 画出杯形基础的正二测图，如图7-22（b）所示。

② 用两个剖切平面沿对称中心位置同时剖切杯形基础，并将剖切平面前方的四分之一部分移去，如图7-22（c）、（d）所示。

③ 画出断面（剖切平面与基础的截交线），并画上剖面线图例，如图7-22（e）所示。

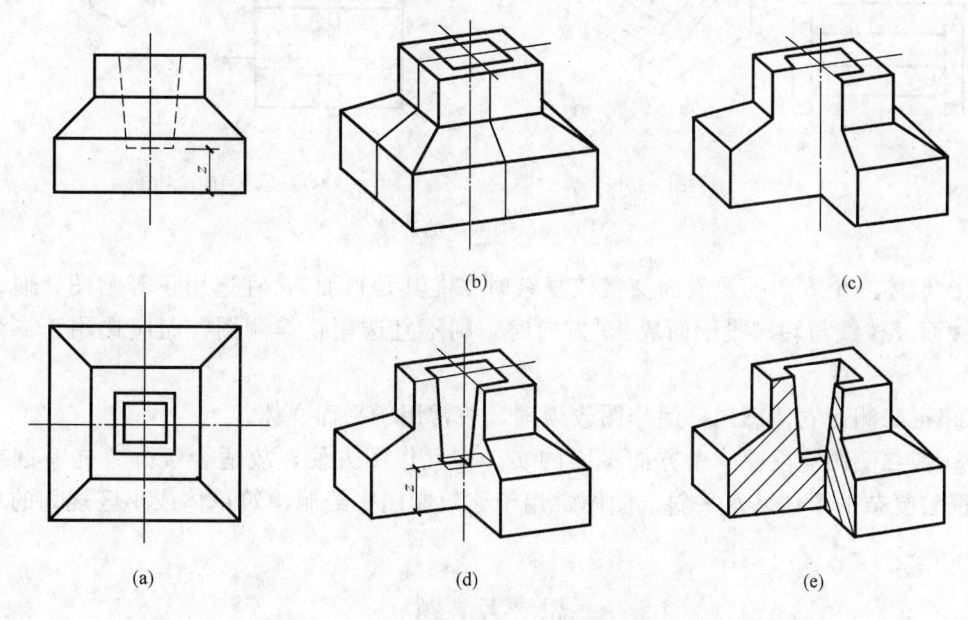

图7-22 例7-8图杯形基础的正二测剖面图

第五节 轴测投影图的选择

在工程制图中选用轴测图的目的是直观形象地表达物体的形状和构造。但轴测图在形成的过程中，由于轴测轴及投影方向的不同，使轴间角和轴向变形系数存在差异，产生了多种不同的轴测图。通过前面对各种轴测投影知识的论述，已经了解到，选择不同的轴测图形式，产生的立体效果不同。因此在选择轴测投影图的形式时，首先应遵循两个原则：选择的轴测图应能最充分地表现形体的线与面，立体感鲜明、强烈；选择的轴测图的作图方法应简便。

由图7-23可以知道，由于轴测投影方向的不同，轴测图产生四种不同的视觉效果，每种形式重点表达的外形特征不同，产生的立体效果也不一样。因此在表示顶面简单而底面复杂的形体时，常采用仰视轴测图；而表示顶面较复杂的形体，常选用俯视轴测图。例如，基础或台阶类轴测图，宜采用俯视轴测图，如图 7-23（a）所示；而对于房间顶棚或柱头处轴测图，则宜采用仰视轴测图，如图 7-23（b）所示。

总之，在实际工程制图中，应因地制宜，根据所要表达的内容选择适宜的轴测投影图，具体考虑以下几点。

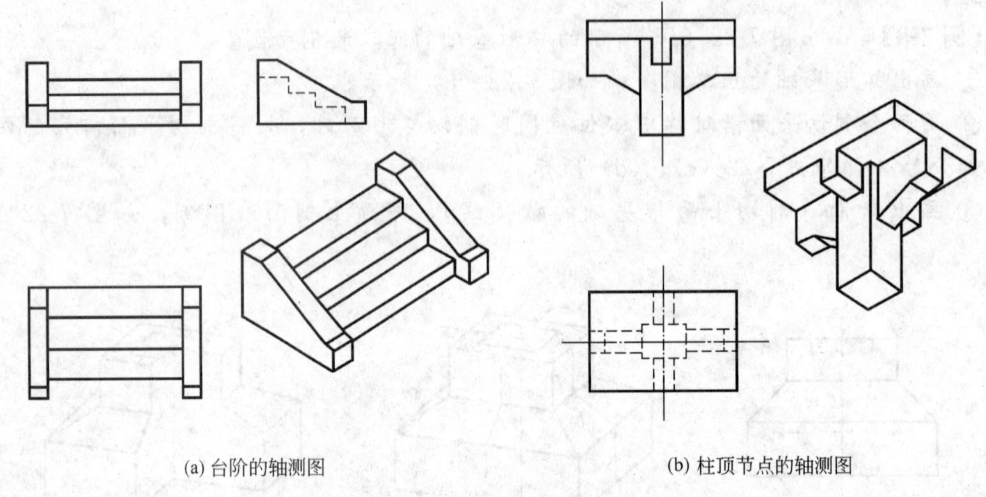

(a) 台阶的轴测图　　(b) 柱顶节点的轴测图

图 7-23　轴测图的选择

① 形体三个方向的及表面交接较复杂时（尤其是顶面），宜选用正等测图，但遇形体的棱面及棱线与轴测投影面成 45°方向时，则不宜选用正等测图，而应选用正二测图较好。

② 正二测图立体感强，但作图较烦琐，故常用于平面立体。

③ 斜二测图能反映一个方向平面的实形，且作图方便，故适合于画单向有圆或断面特征较复杂的形体。水平斜二测图常用于建筑制图中绘制建筑单体或小区规划的鸟瞰图等。

思　考　题

1. 什么是轴测投影图？什么是轴间角、轴向伸缩系数？
2. 轴测投影图具有哪些特性？
3. 轴测投影图是怎样进行分类的？
4. 正等测、斜二测的轴间角和轴向伸缩系数是多少？
5. 如何画正等测和斜等测图？常用方法有几种？
6. 圆的轴测投影图画法有几种？
7. 试述八点法和四心扁圆法的作图步骤。
8. 什么是轴测剖面图？
9. 画轴测剖面图的基本方法是什么？
10. 轴测图的选择原则是什么？

第八章　剖面图与断面图

形体的正投影和辅助视图（轴测图）主要表示形体的外部形状。在正投影图中形体内部形状的不可见轮廓线需要用虚线画出。若形体内部构造复杂时，投影图中就会出现很多虚线，因而使图面虚、实线交错，混淆不清，给读图、画图和尺寸标注均带来不便，甚至会出现错误。如图 8-1 所示，就出现了表示形体内部构造的虚线。

为了清楚地表达形体的内部构造的形状和材料，可以用一个面假想地将物体剖开，让它内部显露出来，使物体的不可见部分成为可见部分，用粗实线表示其内部形状和构造。

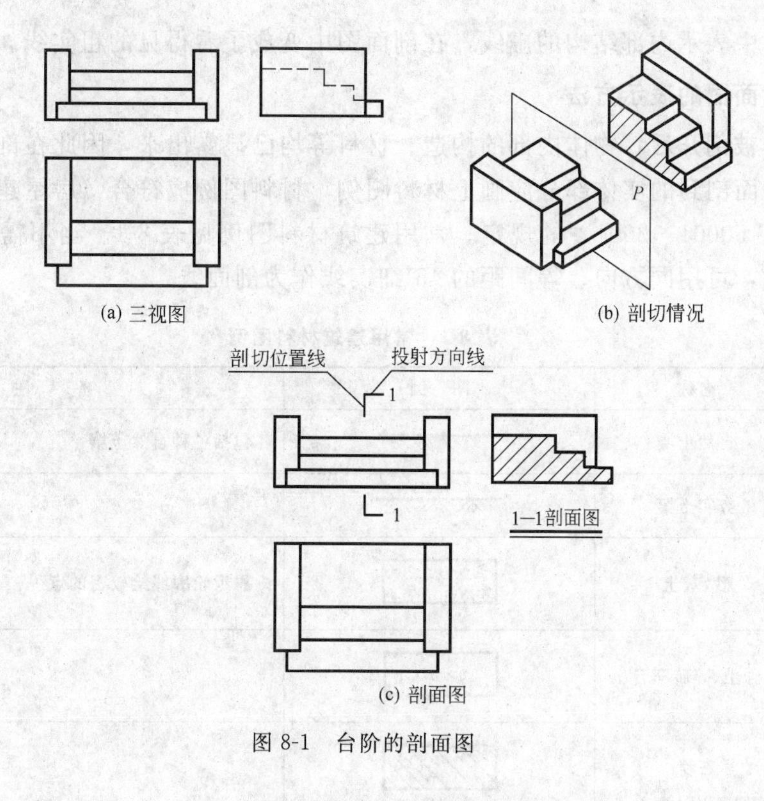

图 8-1　台阶的剖面图

第一节　剖　面　图

一、剖面图的形成

为了清晰表达物体的内部构造，假想用一个剖切平面将形体切开，移去剖切平面与观察者之间的部分形体，将剩下的部分形体向投影面作正投影，所得到的投影图，称为剖面图，如图 8-2 所示。

从剖面图的形成过程可以看出：形体被剖切开并移去剖切平面与观察者之间的部分形体以后，其内部即显露出来，使形体内部原本看不见的部分变为看得见部分，而且原

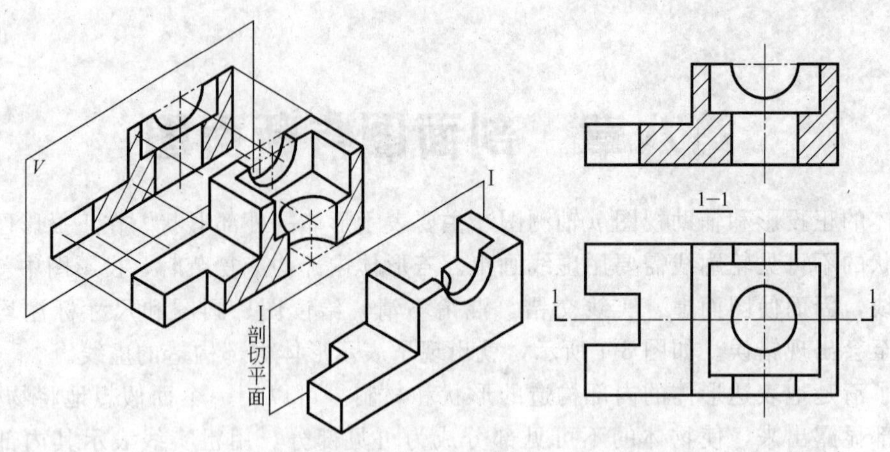

图 8-2　剖面图的形成

来在投影图中表示内部结构的虚线，在剖面图中变成了看得见的粗实线。

二、剖面图的表示方法

当物体被剖开后，物体内部的构造、材料等均已显露出来，因此在剖面图、断面图中，被剖切面剖到的实体部分应画上材料图例，材料图例应符合《房屋建筑制图统一标准》（GB/T 50001—2001）的规定。常用建筑材料图例见表 8-1。当不需要表明建筑材料的种类时，可用同方向、等间距的 45°细实线作为剖面线。

表 8-1　常用建筑材料图例

序号	名称	图　例	备　注
1	自然土壤		包括各种自然土壤
2	夯实土壤		
3	砂、灰土		靠近轮廓线绘较密的点
4	沙砾土、碎砖三合土		
5	石材		
6	毛石		
7	普通砖		包括实心砖、多孔砖、砌块等砌体。断面较窄不易绘出图例线时，可涂红
8	耐火砖		包括耐酸砖等砌体
9	空心砖		指非承重砖砌体

续表

序号	名称	图例	备注
10	饰面砖		包括铺地砖、马赛克、陶瓷棉砖、人造大理石等
11	焦渣、矿渣		包括与水泥、石灰等混合而成的材料
12	混凝土		①本图例指能承重的混凝土及钢筋混凝土 ②包括各种强度等级、骨料、添加剂的混凝土 ③在剖面图上画出钢筋时,不画图例线 ④断面图形小,不易画出图例线时,可涂黑
13	钢筋混凝土		
14	多孔材料		包括水泥珍珠岩、沥青珍珠岩、泡沫混凝土、非承重加气混凝土、软木、蛭石制品等
15	纤维材料		包括矿棉、岩棉、玻璃棉、麻丝、木丝板、纤维板等
16	泡沫塑料材料		包括聚苯乙烯、聚乙烯、聚氨酯等多孔聚合物类材料
17	木材		①上图为横断面,上左图为垫木、木砖或木龙骨 ②下图为纵断面
18	胶合板		应注明为几层胶合板
19	石膏板		包括圆孔、方孔石膏板与防水石膏板等
20	金属		①包括各种金属 ②图形小时,可涂黑
21	网状材料		①包括金属、塑料网状材料 ②应注明具体材料名称
22	液体		应注明具体液体名称
23	玻璃		包括平板玻璃、磨砂玻璃、夹丝玻璃、钢化玻璃、中空玻璃、加层玻璃、镀膜玻璃等
24	橡胶		
25	塑料		包括各种软、硬塑料及有机玻璃等
26	防水材料		构造层次多或比例大时,采用上面图例
27	粉刷		本图例采用较稀的点

注:序号1、2、5、7、8、13、14、18、19、20、24、25图例中的斜线、短斜线、交叉斜线等一律为45°。

三、剖面图的标注

剖面图本身不能反映剖切平面的位置，在其他投影图上必须标注出剖切平面的位置及剖切形式。剖切位置及投影方向用剖切符号表示，剖切符号由剖切位置线及剖视方向线组成。这两种线均用粗实线绘制。剖切位置线的长度一般为 6～16mm。剖视方向线应垂直于剖切位置线，长度为 4～6mm。剖切符号应尽量不穿越图面上的图线。为了区分同一形体上的几个剖面图，在剖切符号上应用阿拉伯数字加以编号，数字应写在剖视方向线的一边。在剖面图的下方应写上相应的编号，如×—×剖面图（图8-3）。

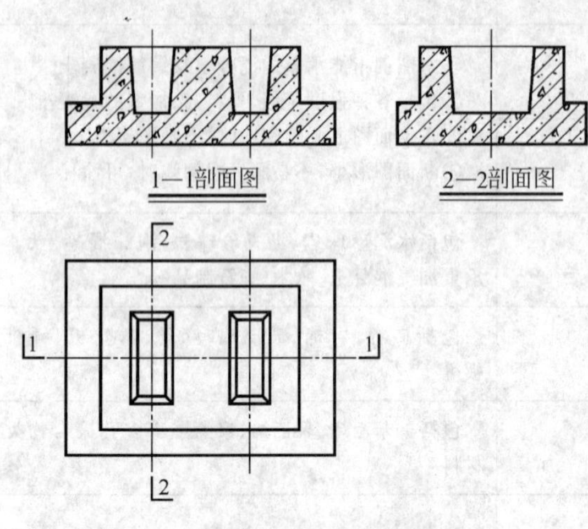

图 8-3　剖面图的标注

四、剖面图的画法

1. 确定剖切位置

画剖面图时，应选择适当的剖切位置，使剖切后画出的图形能确切、全面地反映所要表达部分的真实形状。例如，作房屋的水平剖面图时，剖切平面从窗台略上一点的位置剖切房屋得到的投影图不仅知道墙体的厚度，而且还知道门窗洞口的位置和大小。而如果剖切位置在窗台下部，则从剖面图中看不到窗洞的位置和大小。当剖切平面平行于投影面时，其被剖切的面在投影面上的投影反映实形，所以，选择的剖切平面应平行于投影面，并且通过形体的对称面或孔的轴线（图 8-4）。

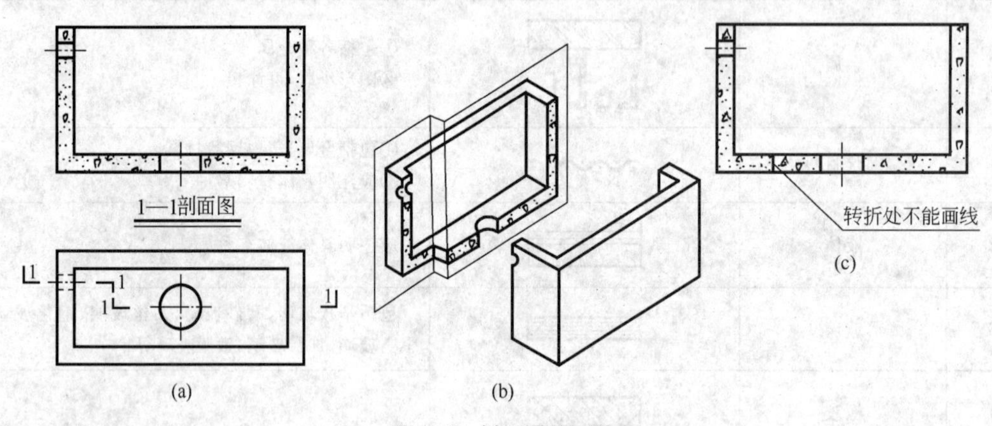

图 8-4　剖面图的画法

2. 画剖面图

一个形体，有时需要画几个剖面图，应根据形体的复杂程度而定。一般较简单的形体可不画或少画剖面图，而较复杂的形体则应多画几个剖面图来反映其内部的复杂形状。

剖面图虽然是按剖切位置，移去物体在剖切平面和观察者之间的部分，根据留下的部分画出的投影图，但剖切是假想的，因此画其他投影图时，仍应完整地画出，不受剖切的影响。

剖切平面与物体接触部分的轮廓线用粗实线表示，剖切平面的可见轮廓线在房屋建筑图中用中实线画出。

为区分形体的空腔和实体，剖切平面与物体接触部分应画出材料图例，同时表明建筑物是用什么材料建成的。材料图例按国家标准《房屋建筑制图统一标准》（GB/T 50001—2001）规定。在房屋建筑工程图中应采用表 8-1 规定的建筑材料图例。

如未注明该形体的材料，应在相应位置画出同向、同间距并与水平线成 45°的细实线，也称剖面线。画剖面线时，同一形体在各个剖面图中剖面线的倾斜方向和间距要一致。

在钢筋混凝土中，当剖面图主要用于表达钢筋分布时，构件被切开部分，不画材料符号，而改画钢筋。

3. 画剖面图时应注意的几个问题

① 剖切是假想的，把形体剖开是为了表达内部形状所作的假设，物体仍是一个完整体，并没有真的被切开和移去一部分。因此，每次剖切都应把物体看成是一个整体，不受前面剖切的影响；其他视图仍按原先未剖切时完整地画出。图 8-5 中的正立面图和平面图仍应按完整的水池画出。

② 剖切位置的选择。剖面图是为了清楚地表达物体内部的结构形状，因此剖切平面应选择在适当的位置，使剖切后画出的图形能准确全面地反映所要表达部分的真实形状。一般情况下剖切平面应平行于某一投影面，并应通过物体内部的孔、洞、槽等结构的轴线或对称线。

③ 省略不必要的虚线。为了使图形更加清晰，剖面图中不可见的虚线，当配合其他图形已能表达清楚时，应省略不画。没有表达清楚的部分，必要时可画出虚线。

五、剖面图的种类及用途

由于形体的形状不同，对形体作剖面图时所剖切的位置和作图方法也不同，通常所采用的剖面图有全剖面图、半剖面图、阶梯剖面图、展开剖面图、局部剖面图（分层剖面图）。

1. 全剖面图

不对称的建筑形体，或虽然对称但外形比较简单，或在另一个投影中已将它的外形表达清楚时，可假想用一个剖切平面将形体全部剖开，然后画出形体的剖面图，该剖面图称为全剖面图。如图 8-5 所示，该形体虽然对称，但比较简单，分别用正平面、侧平面和水平面剖切形体，得到 1—1 剖面图、2—2 剖面图等。

2. 半剖面图

如果被剖切的形体是对称的，画图时常把投影图的一半画成剖面图，另一半画成形体的外形图，这个组合而成的投影图称为半剖面图。这种画法可以节省投影图的数量，从一个投影图可以同时观察到立体的外形和内部构造。

图 8-6 所示为一个杯形基础的半剖面图。在正面投影和侧面投影中，都采用了半剖面图的画法，以表示基础的内部构造和外部形状。

在画半剖面图时，应注意以下几点。

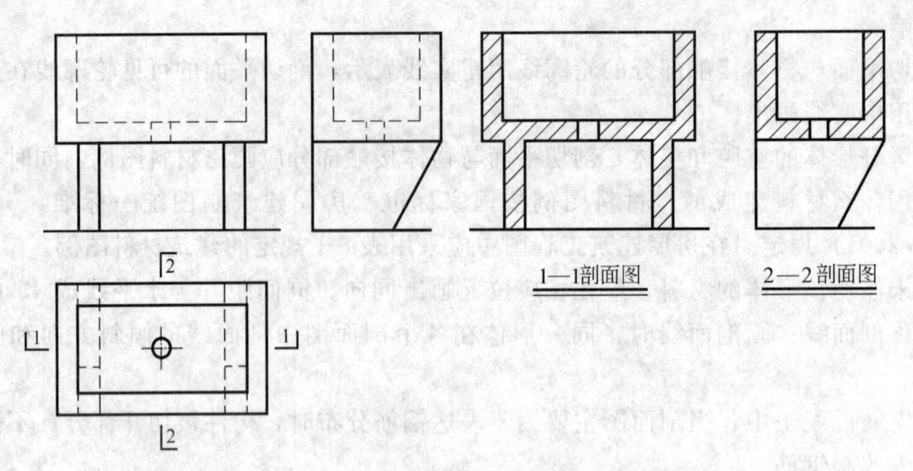

图 8-5　水池的全剖面图

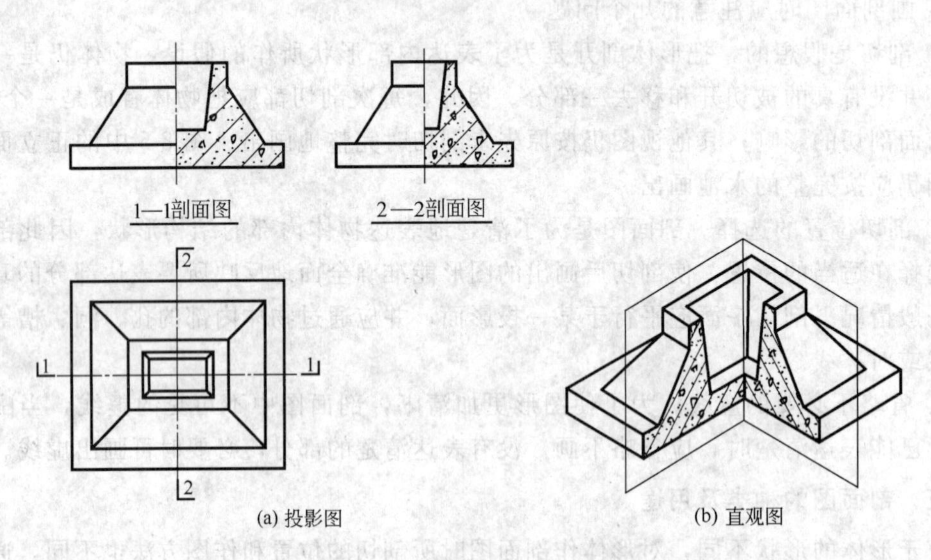

图 8-6　杯形基础的半剖面图

① 半剖面图与半外形投影图应以对称轴线作为分界线，即画成细点画线。

② 半剖面图一般应画在水平对称轴线的下侧或垂直对称轴线的右侧。

③ 半剖面图一般不画剖切符号。

3. 阶梯剖面图

如图 8-7（a）所示，形体具有两个孔洞，但这两个孔洞不在同一轴线上，如果仅作一个全剖面图，势必不能同时剖切到两个孔洞。因此，可以考虑用两个相互平行的平面通过两个孔洞剖切，如图 8-7（b）所示，这样画出来的剖面图，称为阶梯剖面图。其剖切位置线的转折处用两个端部垂直相交的粗实线画出。需注意，这样的剖切方法可以用两个或两个以上的平行平面剖切，其剖切平面转折后由于剖切而使形体产生的轮廓线不应在剖面图中画出，如图 8-7（c）所示。

4. 展开剖面图

有些形体，由于发生不规则的转折或圆柱体上的孔洞不在同一轴线上，采用以上三种剖切方法都不能解决，可以用两个或两个以上相交剖切平面将形体剖切开，所画出的

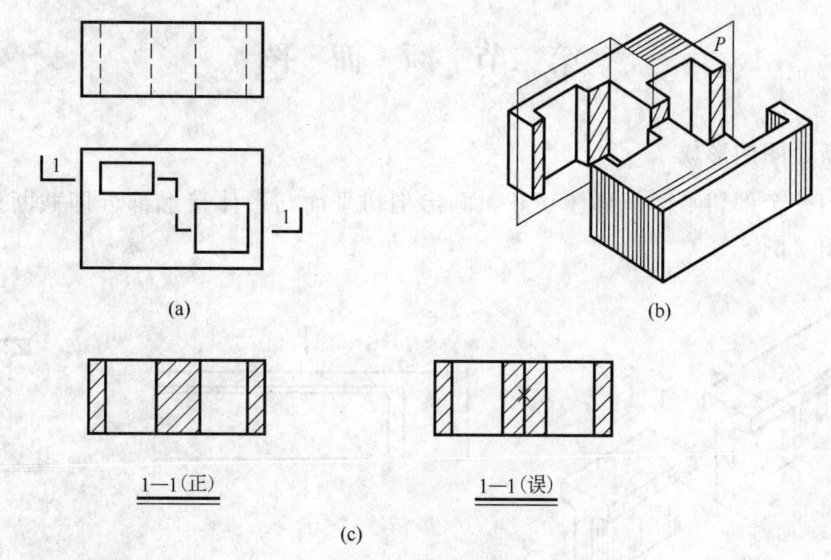

图 8-7　阶梯剖面图

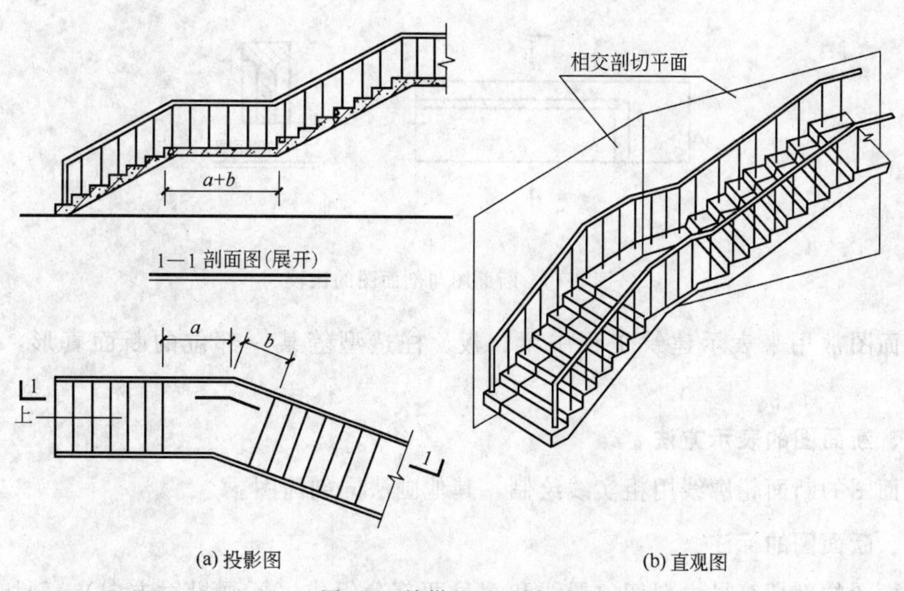

图 8-8　楼梯的展开剖面图

剖面图称为展开剖面图。图 8-8 所示为一个楼梯的展开剖面图。由于楼梯的两个梯段在水平投影图上相互之间成一定夹角，如用一个或两个平行的剖切平面都无法将楼梯表示清楚，因此可以用两个相交的剖切平面进行剖切。展开剖面图的图名后应加注“展开”字样，剖切符号的画法如图 8-8 所示。

5. 分层剖面图（局部剖面图）

有些建筑的构件，其构造层次较多或只有局部构造比较复杂，可用分层剖切或局部剖切的方法表示其内部的构造，用这种剖切方法所得到的剖面图，称为分层剖面图或局部剖面图。图 8-9 所示为分层剖面图。

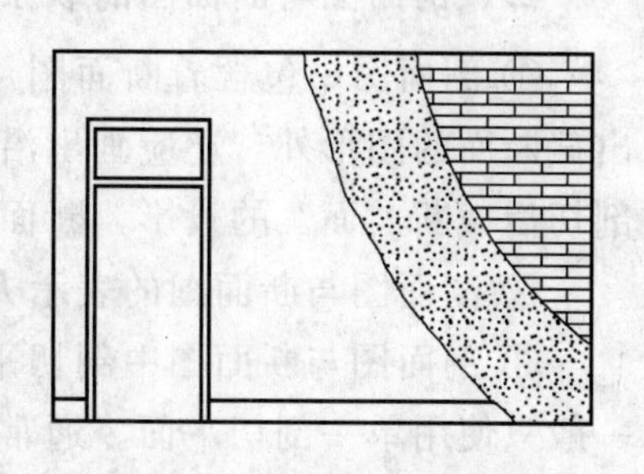
图 8-9　分层剖面图

第二节　断　面　图

一、断面图的形成

假想用一个剖切平面把形体切开，画出剖切平面与形体接触部分即截断面的形状，称为断面图（图 8-10）。

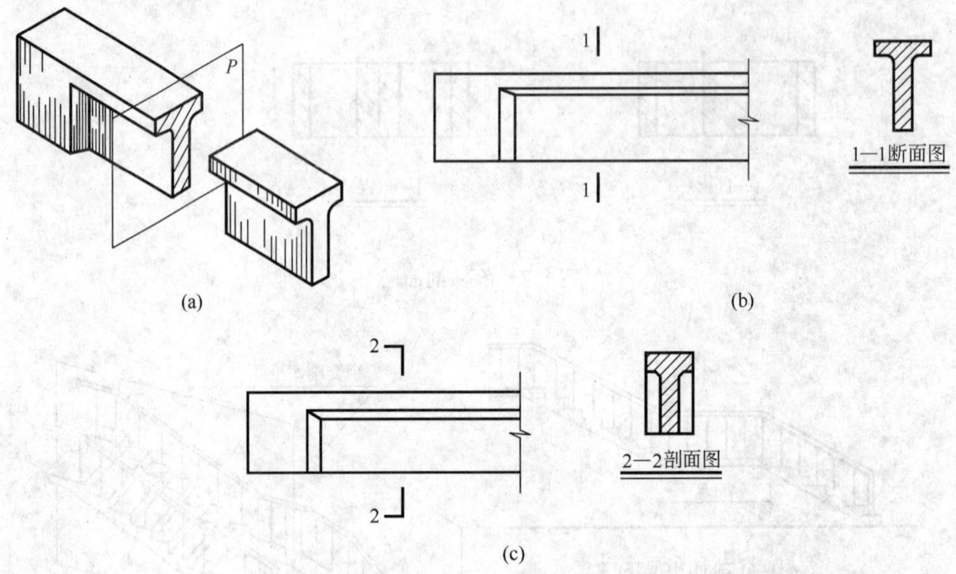

图 8-10　断面图与剖面图的比较

断面图常用来表示建筑工程中梁、板、柱造型等某一部位的断面真形，需单独绘制。

二、断面图的表示方法

断面图的断面轮廓线用粗实线绘制，其他画法同剖面图。

三、断面图的标注

断面图的剖切符号由剖切位置线和编号两部分组成（不画投射方向）。剖切位置线用6～10mm 长的粗实线绘制。以编号与剖切位置线的相互位置表示投射方向，断面图剖切符号的编号写在剖切位置线的哪一侧，则表示向哪一个方向投影。

四、剖面图与断面图的联系与区别

① 剖面图中包含着断面图。剖面图是画剖切后形体剩余部分“体”的投影，除画出截断面的图形外，还应画出沿投射方向所能看到的其余部分；而断面图只画出形体被剖切后截断“面”的投影，断面图包含于剖面图中。

② 剖面图与断面图的表示方法不同，即剖切符号不同。

③ 剖面图与断面图中剖切平面数量不同，剖面图可采用多个剖切平面；而断面图一般只使用单一剖切平面。通常画剖面图是为了表达形体的内部形状和结构；而断面图则是常用来表达物体中某一局部的断面形状。

五、断面图的种类及用途

断面图根据其配置可分为以下几种。

1. 移出断面图

图 8-11 所示为移出断面图的画法。

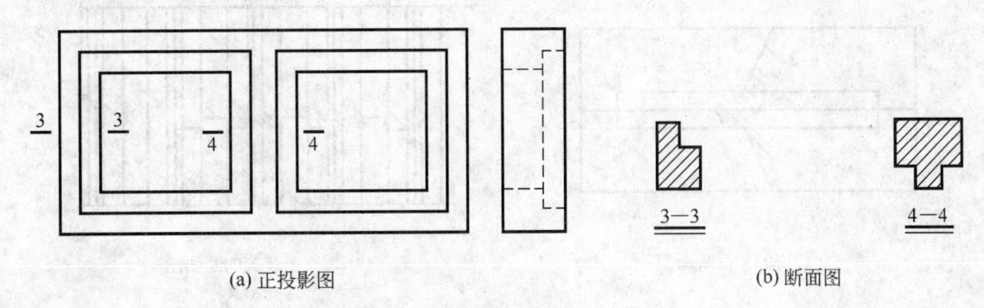

图 8-11　移出断面图的画法

2. 中断断面图

对于单一的长向杆件，也可在杆件投影图的某一处用折断线断开，然后将断面图画于其中，如图 8-12 所示。同样，钢屋架的大样图也采用断开画法，如图 8-13 所示。

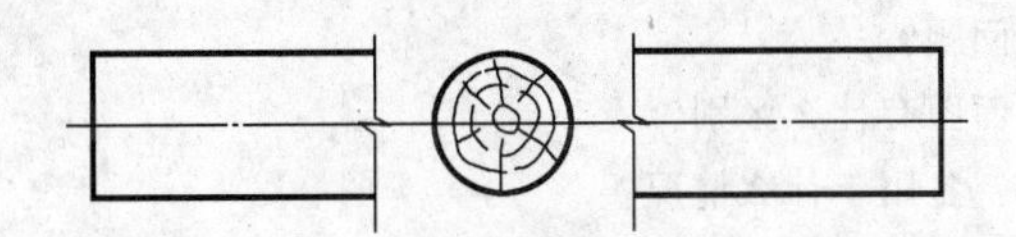

图 8-12　中断断面图的画法

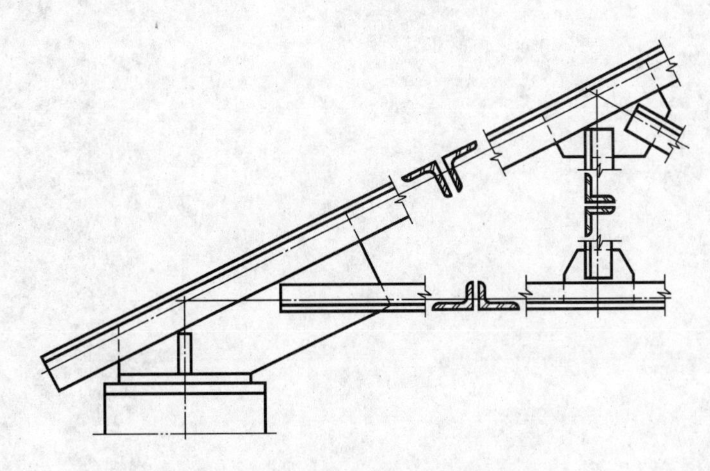

图 8-13　断面图画在杆件断开处

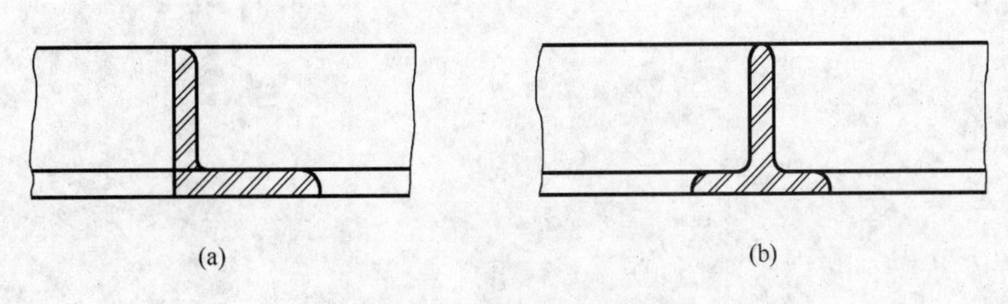

图 8-14　断面图是闭合的

3. 重合断面图

重合断面图的比例应与原投影图一致。断面轮廓线可能是闭合的（图 8-14），也可能是不闭合的（图 8-15），此时应于断面轮廓线的内侧加画图例符号。

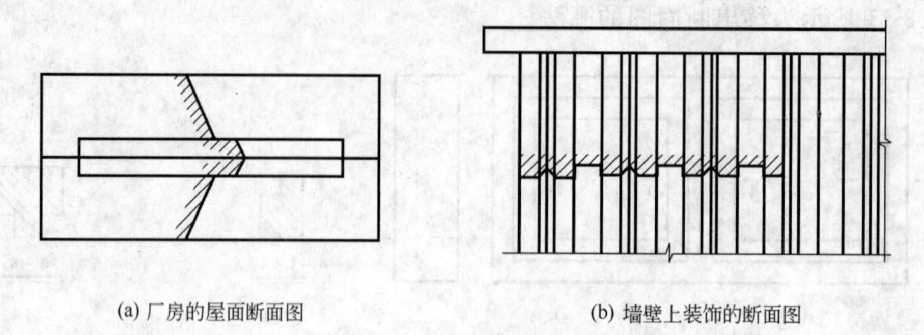

(a) 厂房的屋面断面图　　(b) 墙壁上装饰的断面图

图 8-15　断面图与投影图重合

思　考　题

1. 为什么要画剖面图？剖面图是怎样形成的？
2. 剖面图种类有哪些？各适用什么情况？
3. 画剖面图应注意哪些问题？
4. 什么是断面图？与剖面图有什么区别？
5. 常用的断面图有几种？各用于什么情况？

第九章 建筑施工图

第一节 概 述

房屋建筑施工图是使用正投影的方法把所设计房屋的大小、外部形状、内部布置和室内外装修及各结构、构造、设备等的做法，按照建筑制图国家标准规定，用建筑专业的习惯画法详尽、准确地表达出来，并注写尺寸和文字说明的一套图样。它是指导施工的图样。

一、房屋建筑工程图的产生

建造一幢房屋需要经历设计与施工两个过程。一般房屋的设计过程包括两个阶段，即初步设计阶段和施工图设计阶段。对于大型的、比较复杂的工程，可根据其特点和需要按三个阶段设计，即在初步设计阶段之后增加一个技术设计阶段，以解决各工种之间的协调等技术问题。

1. 初步设计阶段

根据设计任务书，明确要求，收集资料，踏勘现场，调查研究。设计人员根据建设方提供的各项条件，诸如地质勘察资料、需求（房屋类型及数量等）、经费等，制订出较为合理的方案，并用平面、立面和剖面等草图把设计意图表达出来，以便与建设方作进一步研究、修改之用。重要大型房屋常制订多个方案以便比较选用。方案确定后，再与结构设计人员一道研究合理的结构选型及布置、有关工种配合等技术问题，然后由建筑设计人员用绘图仪器按一定比例将建筑总平面布置图及建筑平面图、立面图、剖面图绘制好，再送有关部门审批。通常还加绘给予人们具有视觉印象和造型感觉的透视图，通常称这些图为初步设计图，重要建筑有时还要做出小比例的模型来表明建筑竣工后的外貌。

2. 施工图设计阶段

修改和完善初步设计，在已审定的初步设计方案的基础上，进一步解决实用和技术问题，统一各工种之间的矛盾，在满足施工要求及协调各专业之间关系后最终完成设计，形成完整的、正确的、作为房屋施工依据的一套图样，这套图样即为建筑工程施工图。

二、房屋建筑工程图的分类

一套完整的建筑工程施工图，根据其内容和工种不同一般可分为以下几项。

① 施工首页图（简称首页）：是整套施工图的概括和必要补充，包括图纸目录、设计总说明、门窗表、标准图统计表等。

② 建筑施工图（简称建施）：主要表示建筑物的内部布置情况、外部造型以及装修、构造、施工要求等。基本图纸包括总平面图、平面图、立面图、剖面图和构造详

图等。

③ 结构施工图（简称结施）：主要表示承重结构的布置情况，构件类型、大小以及构造做法等。基本图纸包括结构设计说明、结构布置图和各构件的结构详图（包括柱、梁、板、楼梯、雨篷等）。

④ 设备施工图（简称设施）：包括给水排水施工图、采暖通风施工图和电气照明施工图。

a. 给水排水施工图：主要表示管道的布置和走向、构件做法和加工安装要求。图纸包括管道布置平面图、管道系统轴测图、详图等。

b. 采暖通风施工图：主要表示管道的布置和构造安装要求。图纸包括平面图、系统图、安装详图等。

c. 电气照明施工图：主要表示电气线路走向及安装要求。图纸包括平面图、系统图、接线原理图以及详图等。

第二节　阅读房屋建筑工程图的基本知识

一、准备工作

1. 掌握投影原理和形体的各种表达方法

施工图是根据投影原理绘制的，用图样表明房屋建筑的设计及构造做法。所以要看懂施工图，应掌握投影原理，特别是正投影原理和形体的各种表达方法。

2. 熟悉和掌握建筑制图国家标准的基本规定和查阅标准图方法

施工图采用了一些图例符号以及必要的文字说明，共同把设计内容表现在图样上。因此要看懂施工图，还必须熟悉施工图中常用的图例、符号、线型、尺寸和比例的意义。

在施工图中有些构配件和构造做法，经常直接采用标准图集，因此要懂得标准图的查阅方法。

3. 基本掌握和了解房屋构造组成

在学习过程中要善于观察和了解房屋的组成和构造上的一些基本情况。当然对更详细的构造知识及其他有关的专业知识应阅读有关的专业书籍（如房屋建筑学、钢筋混凝土结构等）。

二、阅读房屋施工图步骤

一套房屋施工图，简单的只有几张，复杂的则有几十张甚至几百张。

一般阅读房屋施工图的步骤是：对于全套图纸来说先看说明书、施工首页图，后看建筑施工图、结构施工图和设备施工图。对于每一张图纸来说，先图标、文字，后图样；对于“建筑施工图”、“结构施工图”、“设备施工图”来说，先“建筑施工图”，后“结构施工图”、“设备施工图”；对于“建筑施工图”来说，先平面图、立面图、剖面图，后详图，对于结构图来说，先基础施工图、结构布置平面图，后构件详图。当然，这些步骤不是孤立的，要经常互相联系进行，反复多次阅读才能看懂图纸。

在较复杂或较完整的一套施工图中，建筑施工图往往有一张施工首页图并编为“建施 01”。读图时，首先应读施工首页图，以便于对该幢房屋有一概略了解。如果没有施工首页图，可先将全套图纸翻一翻，了解这套图纸有多少类别，每类有几张，每张有些什么内容。然后按“建筑施工图”、“结构施工图”、“设备施工图”的顺序进行读图。

第三节　建筑总平面图

一、建筑总平面图的形成

建筑总平面图是假设在建设区的上空向下投影所得的水平投影图。

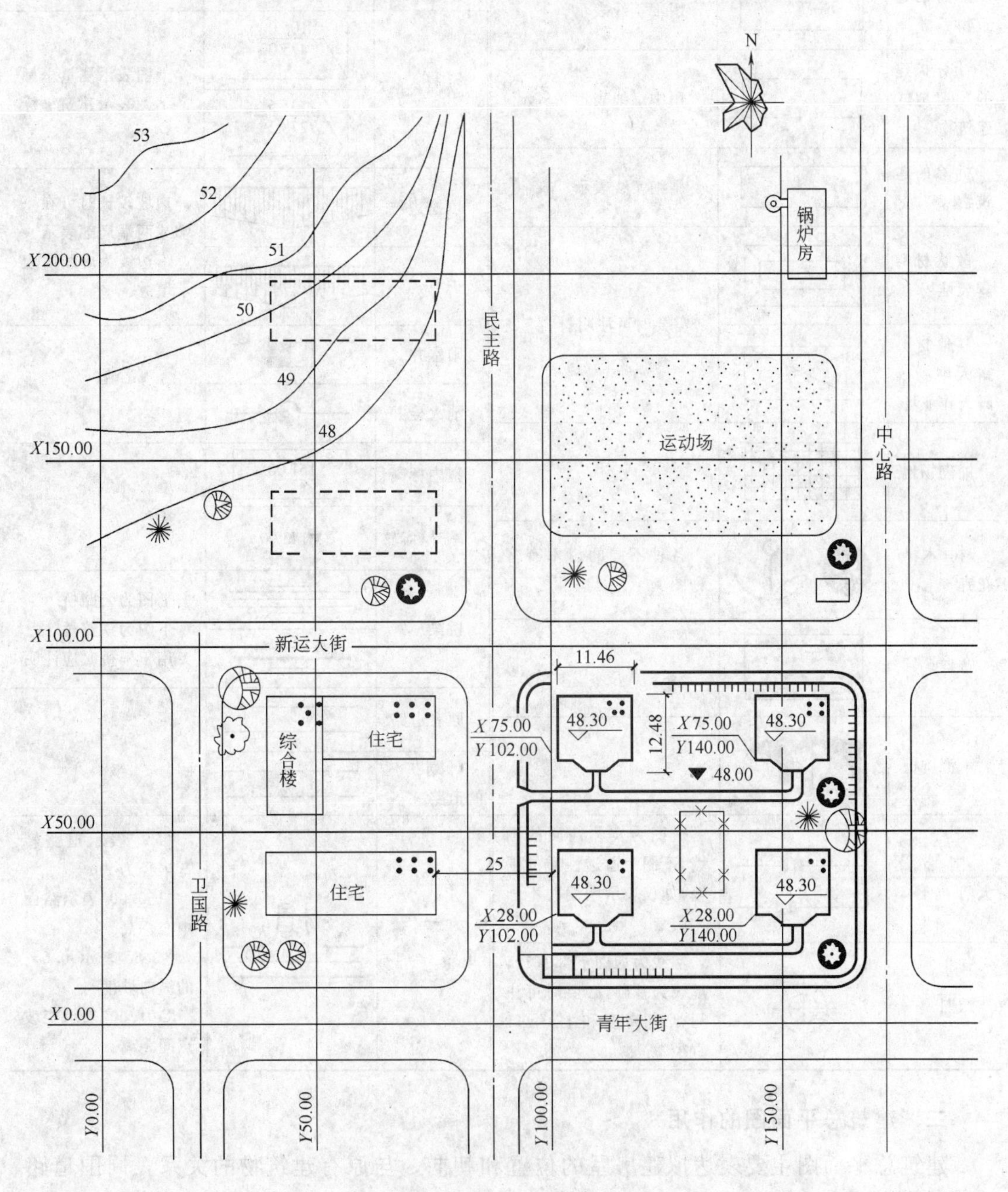

图 9-1　某住宅区总平面图

表 9-1　总平面图例

名　称	图　例	说　明
新建的建筑物	8	①需要时可用▲表示出入口，可在图形内右上角用点数或数字表示层数 ②建筑物外形用粗实线表示，需要时地面以上建筑用中实线表示，地面以下建筑用细实线表示
原有的建筑物		用细实线表示
计算扩建的预留地或建筑物		用中虚线表示
拆除的建筑物		用细实线表示
散状材料露天堆场		需要时可注明材料名称
其他材料露天堆场或露天作业场		
铺砌场地		
树木与花卉		各种不同的树木有多种图例
草坪		
水池坑槽		
围墙及大门		上图为实体性质的围墙，下图为通透性质的围墙，如仅表示围墙时不画大门
烟囱		实线为烟囱下部直径，虚线为基础，必要时可注写烟囱高度和上、下口直径
露天桥式起重机		
截水沟或排水沟	1 40.00	"1"表示1%的沟底纵向坡度 "40.00"表示变坡点间距离 箭头表示水流方向
坐标	X105.00 Y425.00 A131.51 B278.25	上图表示测量坐标 下图表示建筑坐标
填挖边坡		边坡较长时可在一端或两端局部表示 下边线为虚线时表示填方
护坡		
雨水井		
消火栓井		
室内标高	151.00	
室外标高	▼143.00	
桥梁		上图为公路桥 下图为铁路桥 用于旱桥时应注明
原有道路		
计划扩建的道路		
新建道路	0.6 101.00 R9 150.00	"R9"表示道路转弯半径为9m "150.00"表示路面中心标高 "0.6"表示0.6%的纵向坡度 "101.00"表示变坡点间距离

二、建筑总平面图的作用

建筑总平面图主要表达拟建房屋的位置和朝向，与原有建筑物的关系，周围道路、绿化布置及地形地貌等内容。它可作为拟建房屋定位、施工放线、土方施工以及施工总平面布置的依据。

三、总平面图的识读

下面以图 9-1 为例，说明总平面图的识读步骤。

① 看图名、比例、图例及有关的文字说明。总平面图上标注的尺寸，一律以米为单位。图中使用较多的图例符号，必须熟悉它们的意义。国家标准中所规定的几种常用图例，如表 9-1 所示。

本例为某住宅小区总平面图，比例 1∶500。

② 了解工程性质、用地范围、地形地貌和周围环境情况。从图中可知，粗实线表示的拟建房屋是四幢职工住宅，两幢为三层，两幢为四层。小区划分为四个区域，东北区原有运动场、锅炉房；西北区拟建两幢建筑（虚线表示）；西南区已建两幢六层住宅楼；拟建房屋的位置在东南区，区内需拆除建筑一处，东南区西侧有两个入口，四周设有围墙、绿化植物。从地形图等高线可知小区的西北角有一土坡，等高线从 53～48m，相邻等高线高差 1m。

③ 了解拟建房屋的平面位置和定位依据。把房屋从图纸“搬”到地面上，称为房屋的定位。图中的拟建建筑采用测量坐标定位方法，即在地形图上，用与地形图相同比例画出了 50m×50m 的方格网，此方格网的竖轴为 Y，水平轴为 X，因拟建建筑物外墙与坐标轴线平行，故只在每幢建筑的西南角标注 X、Y 坐标，作为其施工定位的依据。

④ 了解拟建房屋的朝向和主要风向。总平面图上一般画有指北针或风向频率玫瑰图，以指明该地区的常年风向频率和建筑物的朝向。

指北针形状如图 9-2 所示。圆的直径宜为 24mm，用细实线绘制。指针尾部的宽度 3mm，需用较大直径绘制指北针时，指针尾部宽度宜为圆的直径的 1/8，指针涂成黑色，针尖指向北方，并注“北”或“N”字。

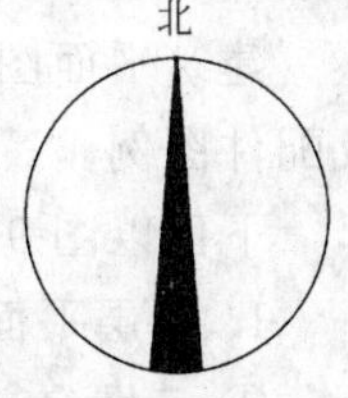

图 9-2 指北针

风向频率玫瑰图，即风玫瑰图，它是总平面图所在城市的全年（用粗实线表示）及夏季（用细虚线表示）风向频率玫瑰图，根据该地区多年平均统计的各个方向吹风次数的百分数值，并按一定比例绘制，一般用 12 个（或 16 个）罗盘方位表示。图中以长短不同的细实线表示该地区常年的风向频率。用折线连接 12 个（或 16 个）端点，有箭头的为北向。玫瑰图所表示的风的吹向，是指从外面吹向地区中心。

图 9-1 右上方是带指北针的风玫瑰图，表示该地区常年主导风向为西北风，从指北针的方位可判断出拟建建筑物的朝向均坐北朝南。

⑤ 了解地形高低。总平面图上所标注标高，标高值注至小数点后两位，单位为米，均为绝对标高。绝对标高是指以我国青岛市外的黄海平均海平面作为零点而测定的高度尺寸。

本图拟建房屋底层室内地面的标高为 48.30m，即室内±0.000 相当于绝对标高 48.30m，室外地坪的绝对标高为 48.00m。图中的圆点数表示房屋的层数，本例中拟建建筑物有两幢为三层，两幢为四层。

⑥ 了解道路交通及管线布置情况。

⑦ 了解绿化、美化的要求和布置情况。

第四节　建筑平面图

一、建筑平面图的形成

建筑平面图是用一个假想的水平剖切平面沿略高于窗台的位置剖切房间，移去上面部分，将剩余部分向水平面作正投影，所得的水平剖面图，简称平面图。

二、建筑平面图的作用

建筑平面图反映新建建筑的平面形状、房间的位置和大小及相互关系、墙体的位置及其厚度和材料、柱的截面形状与尺寸大小、门窗位置及类型等情况。它是施工时放线、砌墙、安装门窗、室内外装修及编制工程预算的重要依据，是建筑施工中的重要图样。

三、建筑平面图的识读

建筑平面图实际上是房屋各层的水平剖面图，但按习惯不必标注其剖切位置，也不称为剖面图。一般房屋有几层，就应画几个平面图，并在图的下方注写相应的图名，如底层（或一层）平面图、二层平面图等。但有些建筑中间各层的构造、布置情况都一样时，可用同一个平面图表示，称为中间层（标准层）平面图。因此，多层建筑的平面图一般由底层平面图、标准层平面图、顶层平面图组成。此外，还有屋顶平面图。

建筑平面图是用图例符号表示的，因此应熟悉常用的图例符号。表 9-2 为常见构造及配件图例。

下面以图 9-3 为例，说明建筑平面图的识读步骤。

1. 底层平面图的识读

① 读图名，识形状，看朝向。先从图名了解该平面是属于一层平面图，图的比例是 1∶100。平面形状基本为长方形。通过看图左上角的指北针，可知平面的下方为房屋的南向，即房屋为坐北朝南。

② 读名称，懂布局、组合。从墙（或柱）的位置、房间的名称，了解各房间的用途、数量及其相互间的组合情况。

该建筑有办证大厅、办公室、资料室、财务科等房间，采用走廊将其连接起来。一个出入口在房屋南面的中部，楼梯在走廊的左端。

③ 根据轴线，定位置。根据定位轴线的编号及其间距，了解各承重构件的位置和房间的大小。定位轴线是指墙、柱和屋架等构件的轴线，可取墙柱中心线或根据需要偏离中心线为轴线，以便于施工时定位放线和查阅图纸。

如图 9-4 所示，根据国家标准规定，定位轴线采用细单点长划线表示，此线应伸入墙内 10～15mm。轴线编号的圆圈用细实线，直径为 8mm，在圆圈内写上编号，水平方向的编号采用阿拉伯数字，从左到右依次编写，一般称为横向轴线。垂直方向的编号用大写拉丁字母自下而上顺次编写，通常称为纵向轴线，拉丁字母中 I、O、Z 三个字母不得用为轴线编号，以免与数字 1、0、2 混淆，如字母数量不够使用，可增加双字母或单字母加数字注脚，如 AA、BA 等或 A_1、B_1 等，在对称的房屋中轴线编号一般注在平面图的左方和下方，当前后、左右不对称时，则平面图的上下、左右均需标注轴线。有

表 9-2　常见构造及配件图例

名　称	图　例	说　明
墙体	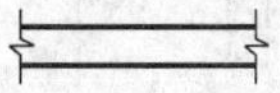	应加注文字或填充图例表示墙体材料，在项目设计图纸说明中列材料图例表给予说明
隔断		①包括板条抹灰、木制、石膏板及金属材料等隔断 ②适用于到顶与不到顶隔断
栏杆		
楼梯	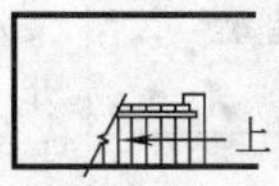 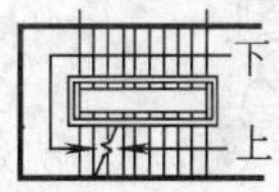 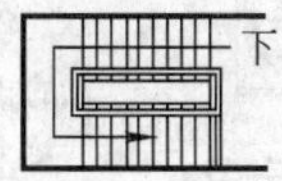 上 下 上 下	上图为底层楼梯平面，中图为中间层楼梯平面，下图为顶层楼梯平面。楼梯及栏杆扶手的形式和梯段踏步数应按实际情况绘制
坡道	 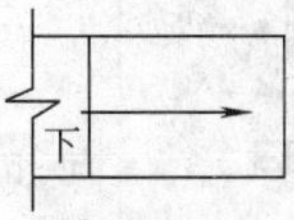 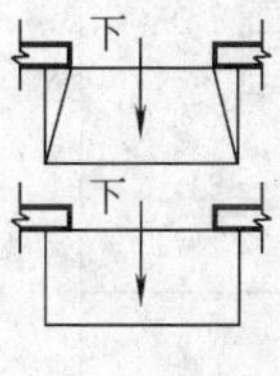 下 下 下	上图为长坡道，下图为门口坡道
检查孔	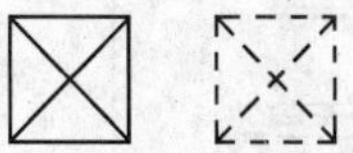	左图为可见检查孔，右图为不可见检查孔
孔洞		
坑槽	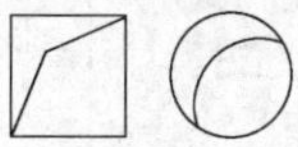	
墙预留洞	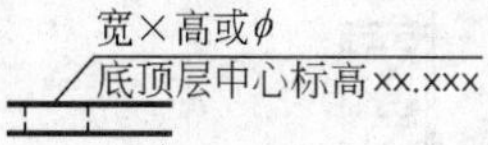 宽×高或ϕ 底顶层中心标高××.×××	
梁式悬挂起重机	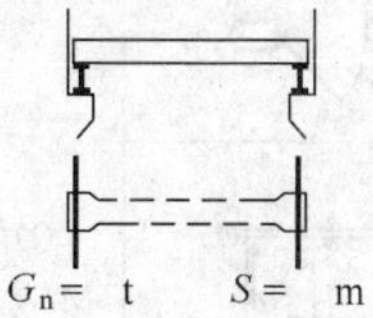 G_n= t　S= m	①上图表示立面(或剖面) ②下图表示平面 ③起重机的图例应按比例绘制有无操纵室，可按实际情况绘制 ④需要时，可注明起重机的名称、行驶的轴线范围及工作级别 ⑤本图例的符号说明：G_n 为起重机起重量，以 t 计算；S 为起重机的跨度或臂长，以 m 计算
梁式起重机	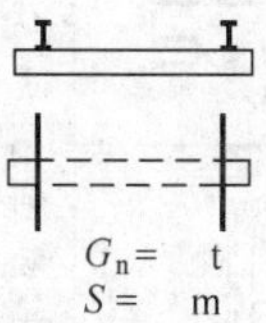 G_n= t S= m	
桥式起重机	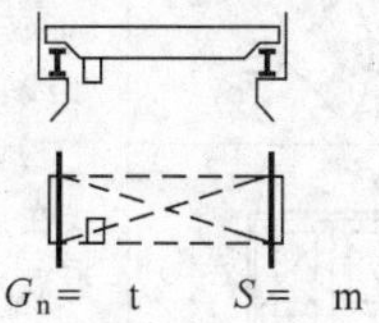 G_n= t　S= m	
电梯		①电梯应注明类型，并绘出门和平行锤的实际位置 ②观景电梯等特殊类型电梯应参照本图例按实际情况绘制
自动扶梯	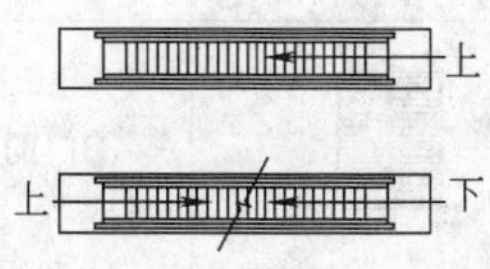 上 上 下	
平面高差	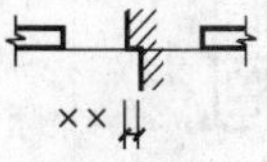 ××	适用于高差小于100mm的两个地面或楼面相接处

续表

名称	图例	说明
空门洞	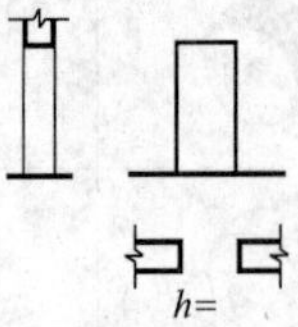 h=	h 为门洞高度
单扇门（包括平开或单面弹簧）	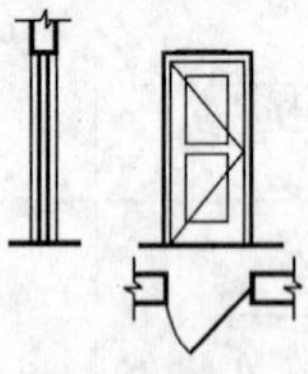	①门的名称代号用M表示 ②剖面图中左为外、右为内，平面图中下为外、上为内 ③立面图中开启方向线交角的一侧为安装合页的一侧，实线为外开，虚线为内开 ④平面图中门线应90°或45°开启，开启弧线宜绘出 ⑤立面图中的开启线在一般设计图中可不表示，在详图及室内设计图中应表示 ⑥立面形式应按实际情况绘制
双扇门（包括平开或单面弹簧）		
单扇双面弹簧门	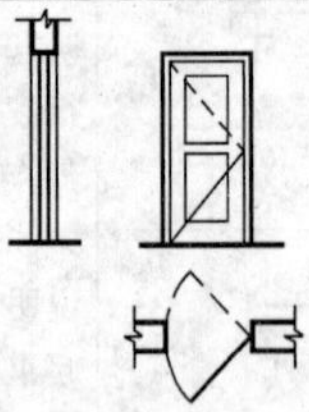	
双扇双面弹簧门	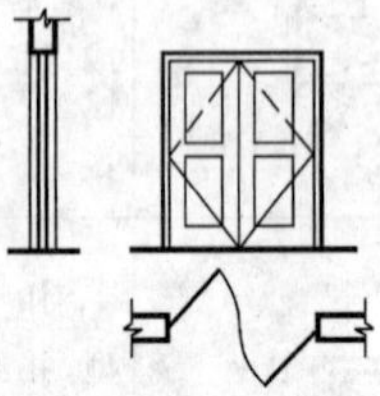	
转门	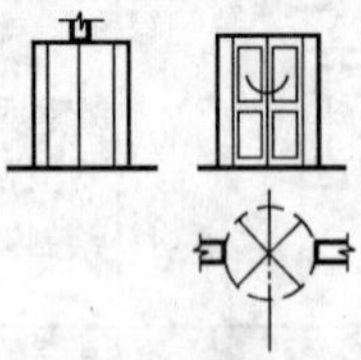	
竖向卷帘门	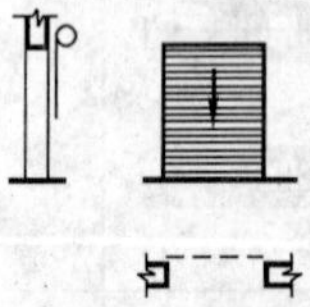	①门的名称代号用M表示 ②剖面图中左为外、右为内，平面图中下为外、上为内 ③立面形式应按实际情况绘制
推拉门	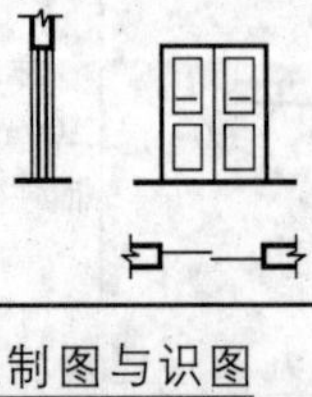	

名称	图例	说明
单层固定窗	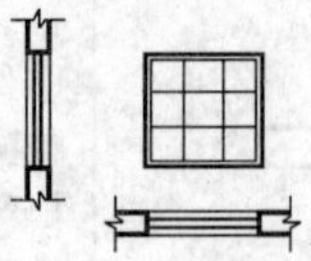	①窗的名称代号用C表示 ②立面图中的斜线表示窗的开关方向，实线为外开，虚线为内开；开启方向线交角的一侧为安装合页的一侧，一般设计图中可不表示 ③剖面图中左为外、右为内，平面图中下为外、上为内 ④平、剖面图中的虚线仅说明开关方式，在设计图中不需表示 ⑤窗的立面形式应按实际情况绘制 ⑥小比例绘图时平、剖面的窗线可用单粗实线表示
单层外开上悬窗	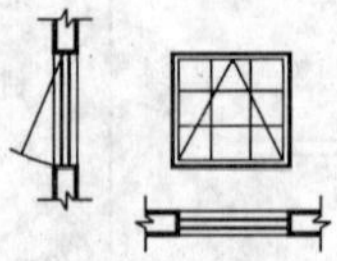	
单层中悬窗	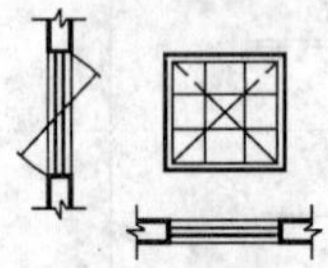	
立转窗	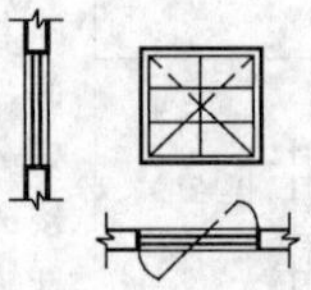	
单层外开平开窗	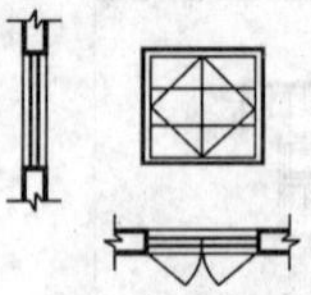	
单层内开平开窗	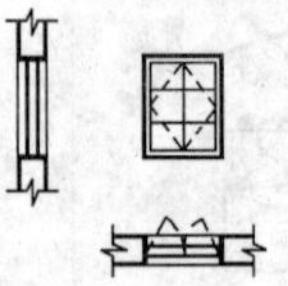	
推拉窗	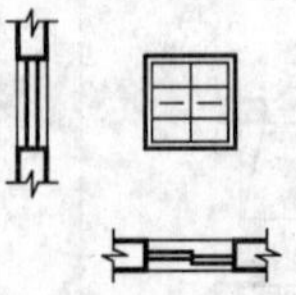	
高窗	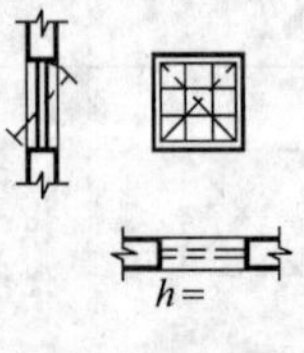 h=	

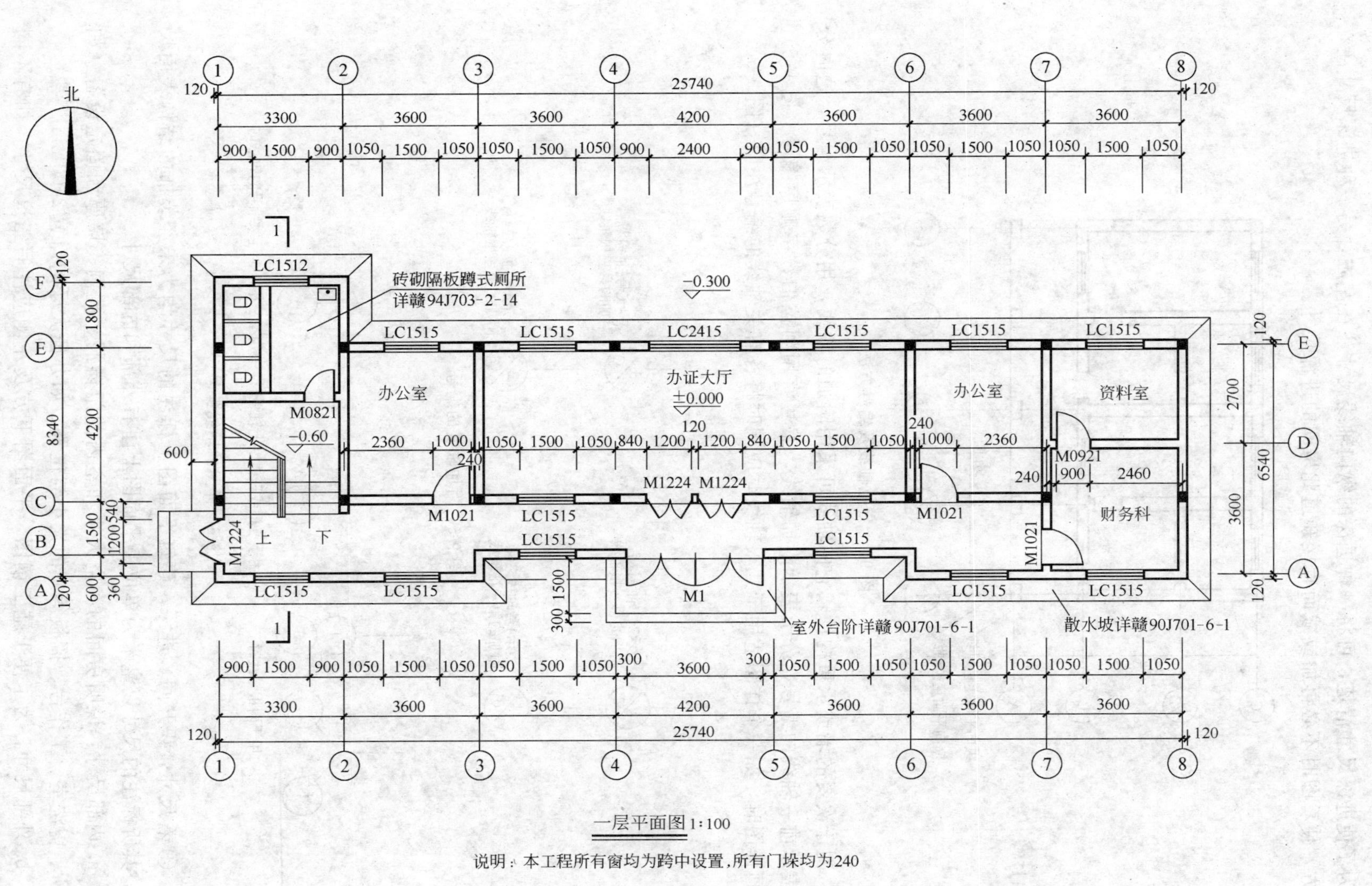

北
砖砌隔板蹲式厕所
详赣94J703-2-14
-0.300
办公室
办证大厅
±0.000
资料室
财务科
M0821
-0.60
上
下
LC1512
LC1515
LC2415
M1021
M1224
M0921
M1
室外台阶详赣90J701-6-1
散水坡详赣90J701-6-1
25740
8340
6540
一层平面图 1:100
说明：本工程所有窗均为跨中设置，所有门垛均为240

图 9-3　一层平面图

时为了使进深尺寸清楚，可将一种进深的纵向轴线尺寸注在左方，另一种进深尺寸注在右方，使看图时不必再加或减而直接知道此房间的进深尺寸。

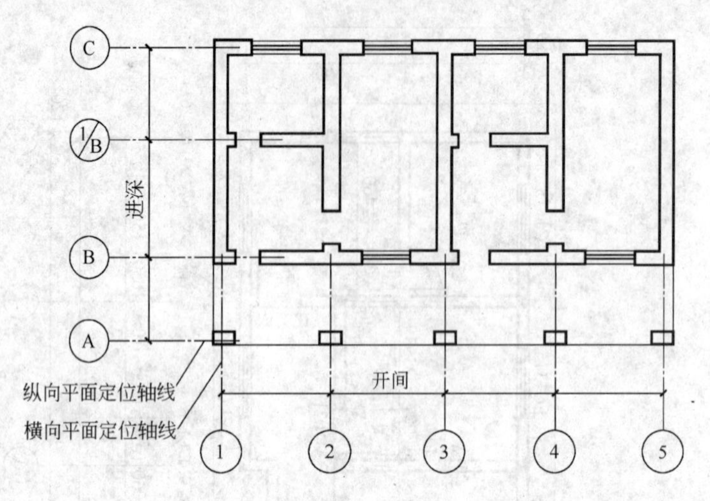

图 9-4　定位轴线及编号方法

对于次要的墙或承重构件，它的轴线可采用附加的轴线，用分数表示编号，这时分母表示前一轴线的编号，分子表示附加轴线，编号宜用阿拉伯数字顺序编号（图 9-5）。在画详图时，如一个详图适用于几根轴线时应同时将各有关轴线的编号注明（图 9-6）。

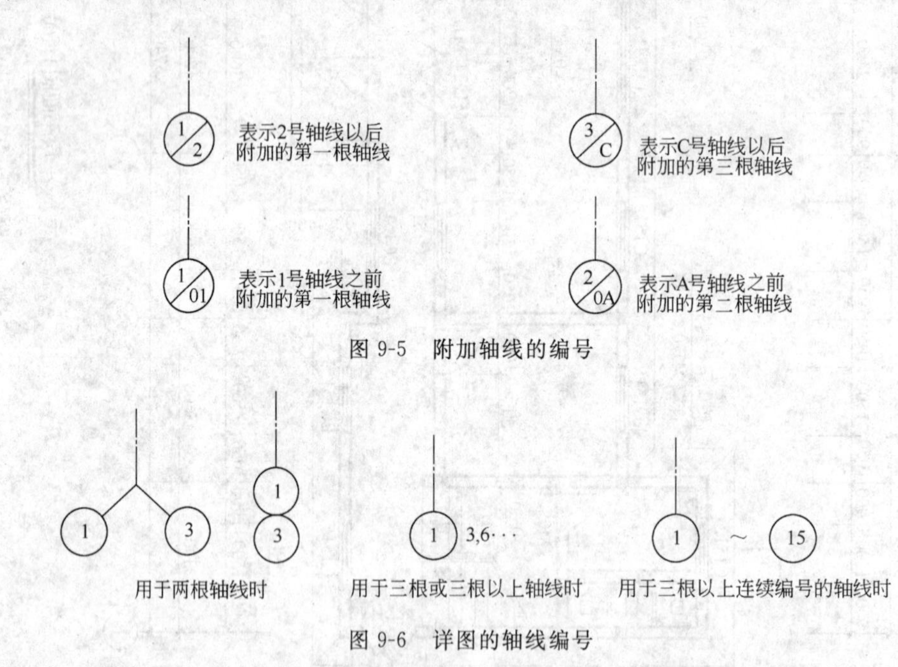

图 9-5　附加轴线的编号

图 9-6　详图的轴线编号

④ 看尺寸，识开间、进深。建筑平面图上标注的尺寸均为未经装饰的结构表面尺寸，其所标注的尺寸以毫米为单位。平面图上注有外部和内部尺寸。

a. 内部尺寸：说明房间的净空大小和室内的门窗洞、孔洞、墙厚和固定设备（如厕所、盥洗室、工作台、搁板等）的大小与位置，如办证大厅的门宽 2400mm。

b. 外部尺寸：为了便于施工读图，平面图下方及左侧应注写三道尺寸，如有不同时，其他方向也应标注。这三道尺寸从里向外分别如下（图 9-3）。

第一道尺寸：表示建筑物外墙门窗洞口等细部位置及大小。如Ⓑ轴线墙上①、②轴线间 LC1515 的窗洞宽 1500mm，窗洞左边与①轴线的距离为 900mm；Ⓐ轴线墙上门洞的宽度为 3600mm，门洞左边与④轴线的距离为 300mm。

若在底层平面图中，台阶或坡道、花池及散水等细部尺寸，可单独标注。

第二道尺寸：表示定位轴线之间的距离，称为轴线尺寸，用以说明房间的开间和进深的尺寸。相邻横向定位轴线之间的尺寸称为开间，相邻纵向定位轴线之间的尺寸称为进深。本图中办证大厅的开间为 11400mm，进深为 4200mm；办公室的开间为 3600mm，进深为 4200mm；资料室的开间为 3600mm，进深为 2700mm；楼梯间的开间为 3300mm。

第三道尺寸：表示外轮廓的总尺寸，即从一端外墙边到另一端外墙边的总长与总宽尺寸。如图中总长为 25980mm，总宽为 8580mm，通过这道尺寸可计算出本幢房屋的占地面积。

⑤ 了解建筑中各组成部分的标高情况。在平面图中，对于建筑物各组成部分，如地面、楼面、楼梯平台面、室外台阶面、阳台地面等处，应分别注明标高，这些标高均采用相对标高，即对标高零点（注写为±0.000）的相对高度。建施图中的标高数字表示其装饰面的数值，如标高数字前有“—”号的，表示该处的标高低于零点标高，如数字前没有符号，则表示高于零点标高。该建筑物室内地面标高为±0.000，室外地坪标高为－0.300，表明了室内外地面的高度差值为 0.3m。地面如有坡度时，应注明坡度方向和坡度值。

⑥ 看图例，识细部，认门窗代号，了解房屋其他细部如室外的台阶、花池、散水、明沟等的平面形状、大小和位置。从图中的门窗图例及其编号，可了解门窗的类型、数量及其位置。门的代号是 M，窗的代号是 C，在代号后面写上编号以便区分。在读图时注意每个类型门窗的位置、形式、大小和编号，并与门窗表对应，了解门窗采用标准图集的代号、门窗型号和是否有备注。如图中 LC2415，“LC”表示铝合金窗，“2415”表示窗宽 2400mm、窗高 1500mm；M1024，“M”表示门，“1021”表示门宽 1000mm、门高 2100mm。

⑦ 了解建筑剖面图的剖切位置、索引标志。在底层平面图中的适当位置画有剖切符号，以表示剖面图的剖切位置、剖视方向。如图①、②轴线间的 1—1 剖切符号，表示了建筑剖面图的剖切位置，剖视方向向左，为全剖面图。

在图样中的某一局部或构件，如需另见详图时，常常用索引符号注明画出详图的位置、详图的编号以及详图所在的图纸编号。索引符号标注方法如下。用一引出线指出要画详图的地方，在线的另一端画一细实线圆，其直径为 10mm。引出线应对准圆心，圆内过圆心画一水平线［图 9-7（a）］，上半圆中用阿拉伯数字注明该详图的编号，下半圆

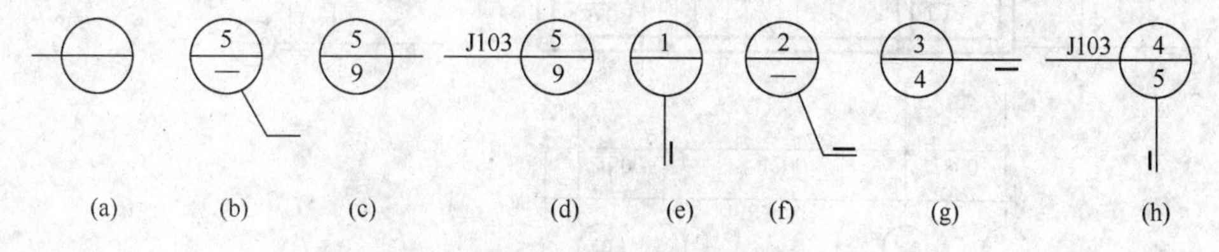

图 9-7　索引符号的形式

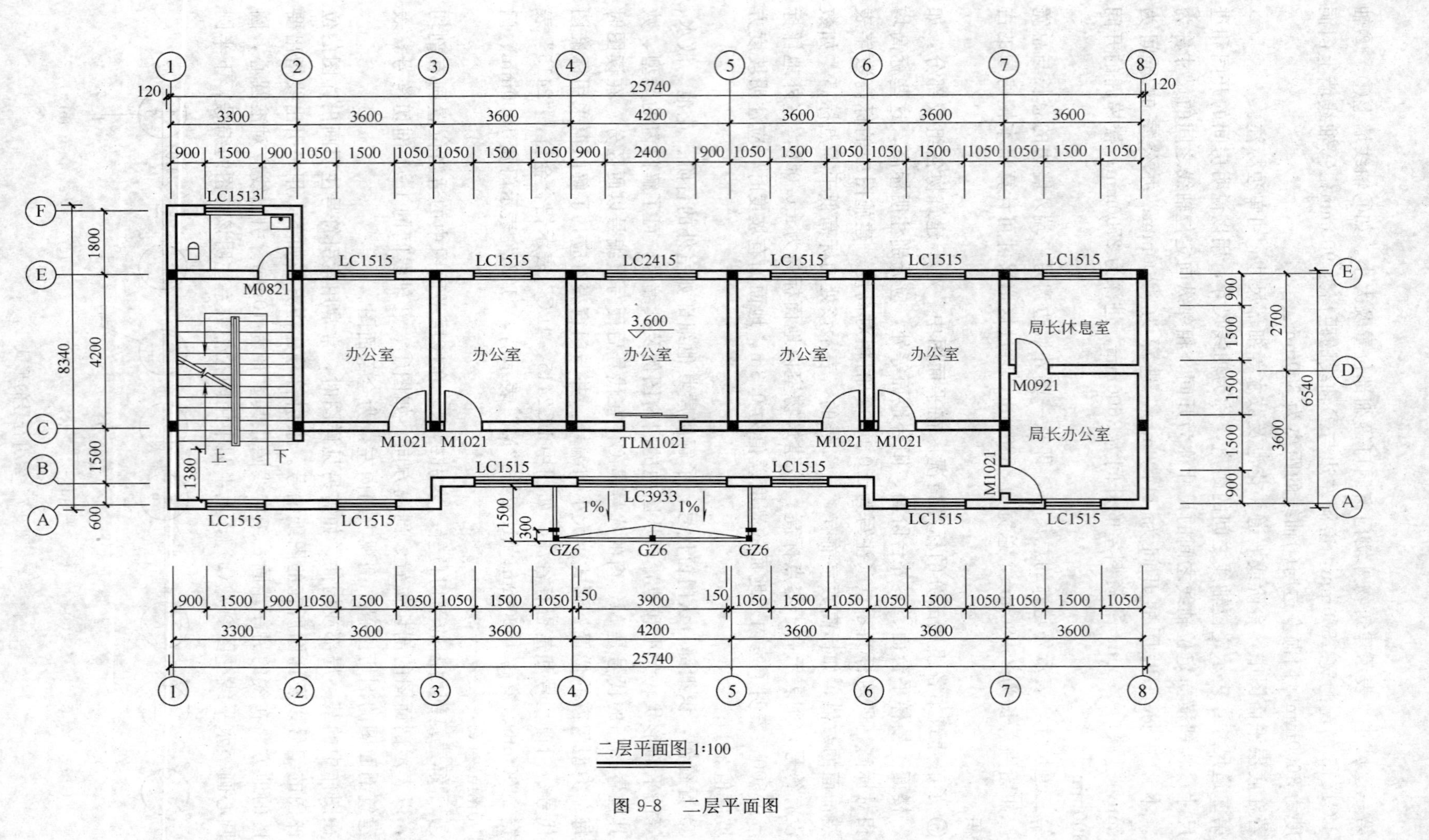

二层平面图 1:100

图 9-8 二层平面图

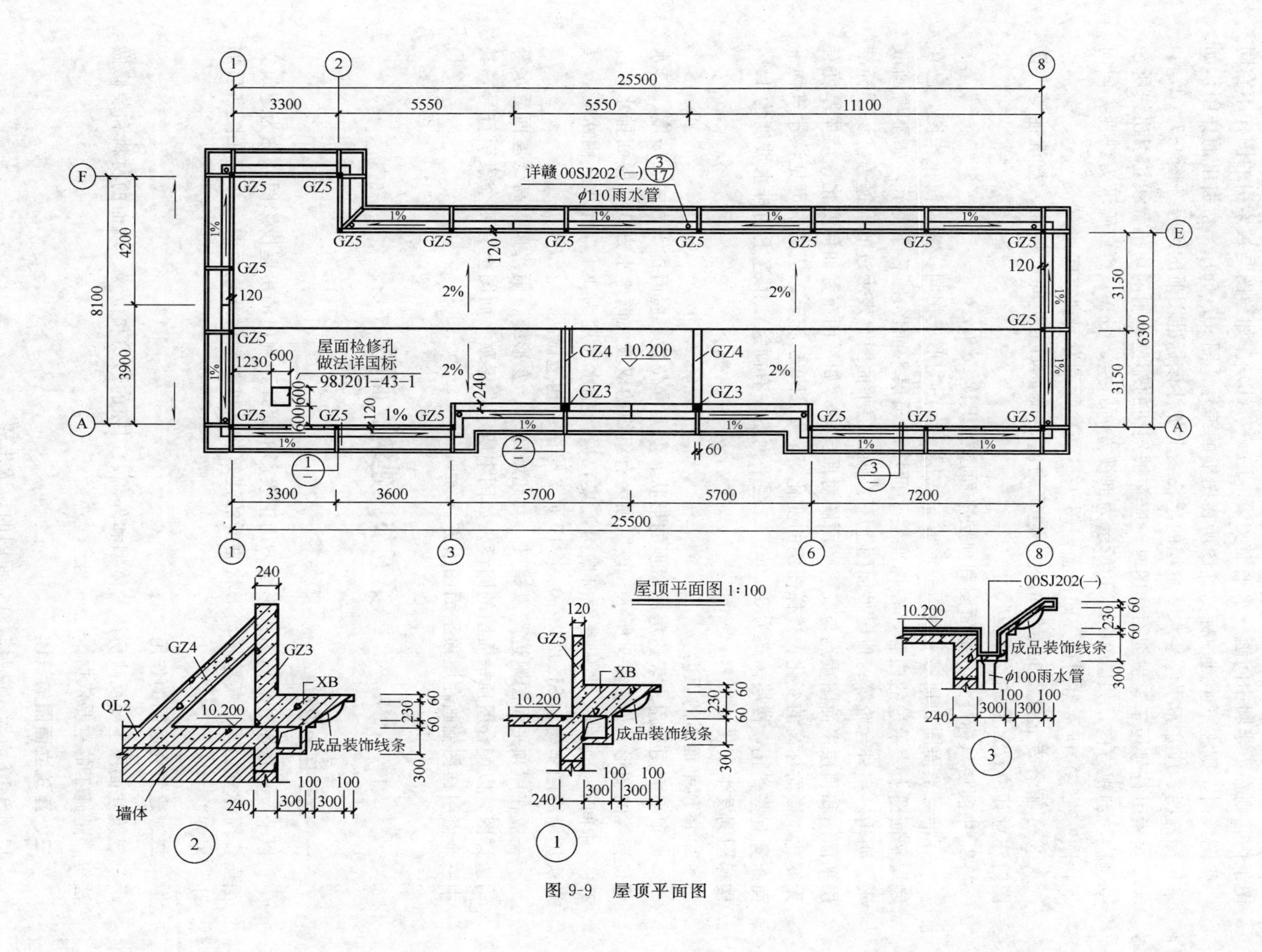

详赣 00SJ202(一) 3/17
φ110雨水管
屋面检修孔
做法详国标
98J201-43-1
10.200
GZ3
GZ4
GZ5
屋顶平面图 1:100
00SJ202(一)
成品装饰线条
φ100雨水管
XB
QL2
墙体

图 9-9 屋顶平面图

中用阿拉伯数字注明该普遍存在图所在图纸的图纸号。如详图与被索引的图样同在一张图纸内，则在下半圆中间画一水平细实线［图 9-7（b)］。如详图与被索引的图样不在同一张图纸内，则在下半圆中标出详图所在图纸的编号［图 9-7（c)］。索引出的详图，如采用标准图，应在索引符号水平直径的延长线上加注该标准图册的编号［图 9-7（d)］。

当索引符号用于索引剖面详图时，应在被剖切的部位绘制剖切位置线，引出线所在一侧应为剖视方向，如图 9-7（e）所示为剖视方向向左，图 9-7（f）所示为剖视方向向下，图9-7（g）所示为剖视方向向上，图 9-7（h）所示为剖视方向向右。

⑧ 了解各专业设备的布置情况。建筑物内的设备如卫生间的便池、盥洗池等，读图时注意其位置、形式及相应尺寸。

2. 中间层（标准层）平面图和顶层平面图的识读

标准层平面图和顶层平面图的形成与底层平面图的形成相同。为了简化作图，已在底层平面图上表示过的内容，在标准层平面图和顶层平面图上不再表示，如不再画散水、明沟、室外台阶等；顶层平面图上不再画二层平面图上表示过的雨篷等。识读标准层平面图和顶层平面图重点与底层平面图对照异同，如平面布置如何变化、墙体厚度有无变化、楼面标高的变化、楼梯图例的变化等。如图 9-8 所示，从图中可见该建筑物平面布置有些变化，楼层标高为 3.600。二层平面图中有雨篷，雨篷上的排水坡度为 1%，楼梯图例发生变化。

3. 屋顶平面图的识读

屋顶平面图是用来表达房屋屋顶的形状、女儿墙位置、屋面排水方式、坡度、落水管位置等的图形。如图 9-9 所示，该屋顶为有组织的双坡挑檐排水方式，屋面排水坡度 2%，中间有分水线，水从屋面向檐沟汇集，檐沟排水坡度为 1%，有八个雨水管，其做法见标准图集赣 00SJ202（一）第 17 页 3 号图的构造做法。

一般在屋顶平面图附近配以檐口、女儿墙泛水、变形缝、雨水口，高低屋面泛水等构造详图，以配合屋顶平面图的阅读。如图中所示，屋顶平面图上有四个索引符号，其中三个索引详图就画在屋顶平面图下方。

第五节　建筑立面图

一、立面图的形成

以平行一房屋外墙面为投影面，用正投影的原理绘制出的房屋投影图，称为建筑立面图，简称立面图。某些平面形状曲折的建筑物，可绘制展开立面图，并应在图名后加注“展开”二字。

二、建筑立面图的作用

建筑立面图主要反映房屋的体型和外貌、门窗的形式和位置、墙面的材料和装修做法等，是施工的重要依据。

三、建筑立面图的识读

以图 9-10 为例，说明建筑立面图的识读步骤。

① 了解图名及比例。立面图的名称，可按立面图各面的朝向确定，如东立面图、

南立面图等；也可根据两端定位轴线编号来命名，如①～⑧立面图，⑧～①立面图。由图 9-10 可知，该图是①～⑧立面图，是根据两端定位轴线编号来命名的，比例为 1：100。

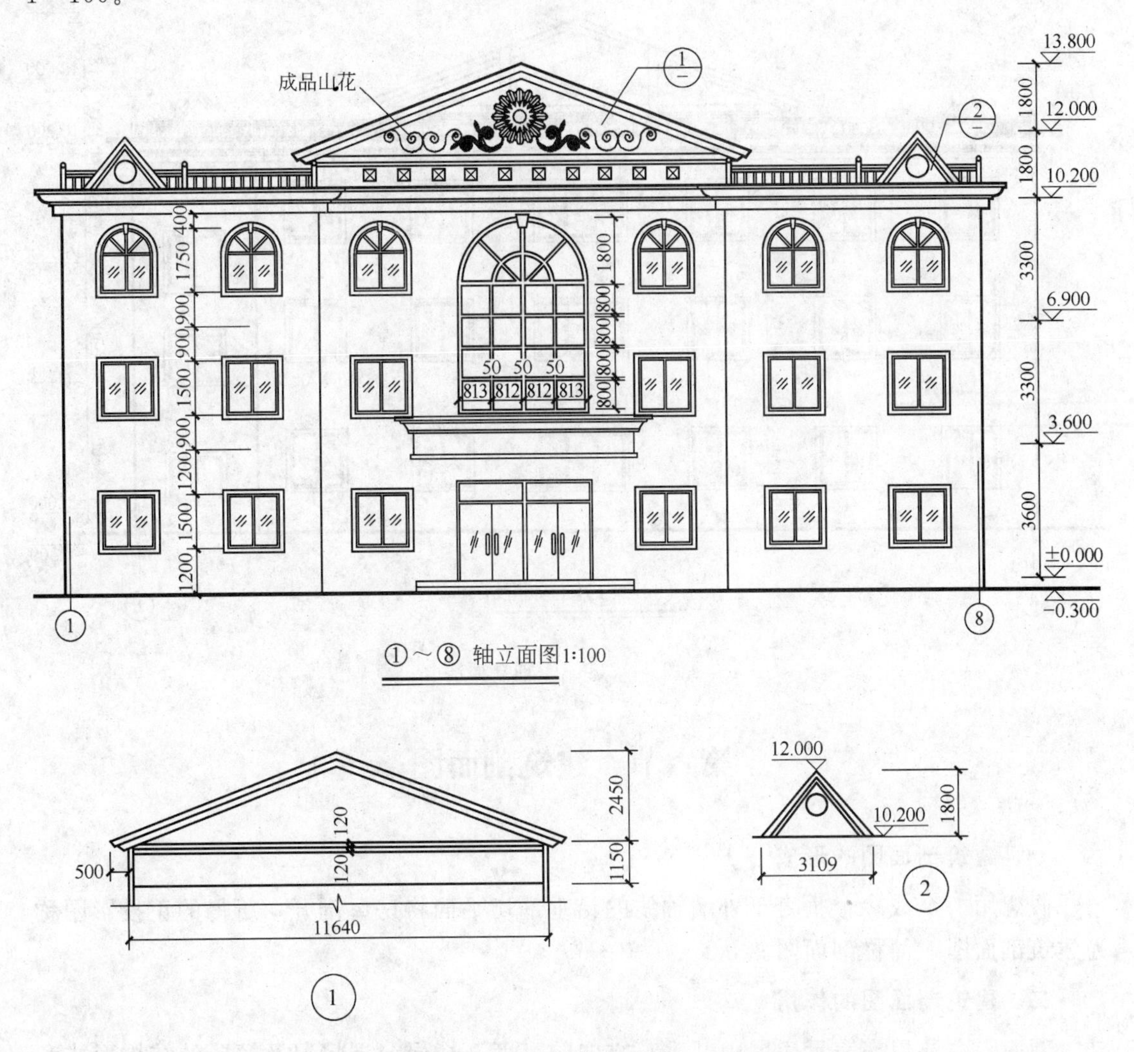

图 9-10　①～⑧轴立面图 1：100

② 了解房屋的外貌特征，并与平面图对照深入了解屋面、门窗、雨篷、台阶等细部形状及位置关系。由图 9-10 可知，该办公楼为三层平顶对称式立面造型，左端轴线编号为①，右端轴线编号为⑧，对照平面图可看出该图表示房屋南向立面，且是反映房屋主要出入口的正立面图。

③ 了解房屋的竖向尺寸和标高。从图中看到，在立面图的右侧注有标高，从所注标高可知，房屋室外地坪比室内地面低 0.3m，首层层高为 3.6m，二层和三层层高均为 3.3m，檐口处标高 10.200m。各窗洞底部和顶部标高及尺寸在图中均已注出。

④ 了解建筑物的装修做法。如图中的“成品山花”。

⑤ 了解立面图上索引符号的意义。

⑥ 了解其他立面图。图 9-11 为⑧～①轴立面图，主要反映房屋北面外墙及窗户的造型。

⑦ 建立建筑物的整体形状。读了平面图和立面图，应建立该房屋的整体形状，包括形状、高度、装修的颜色、质地等。

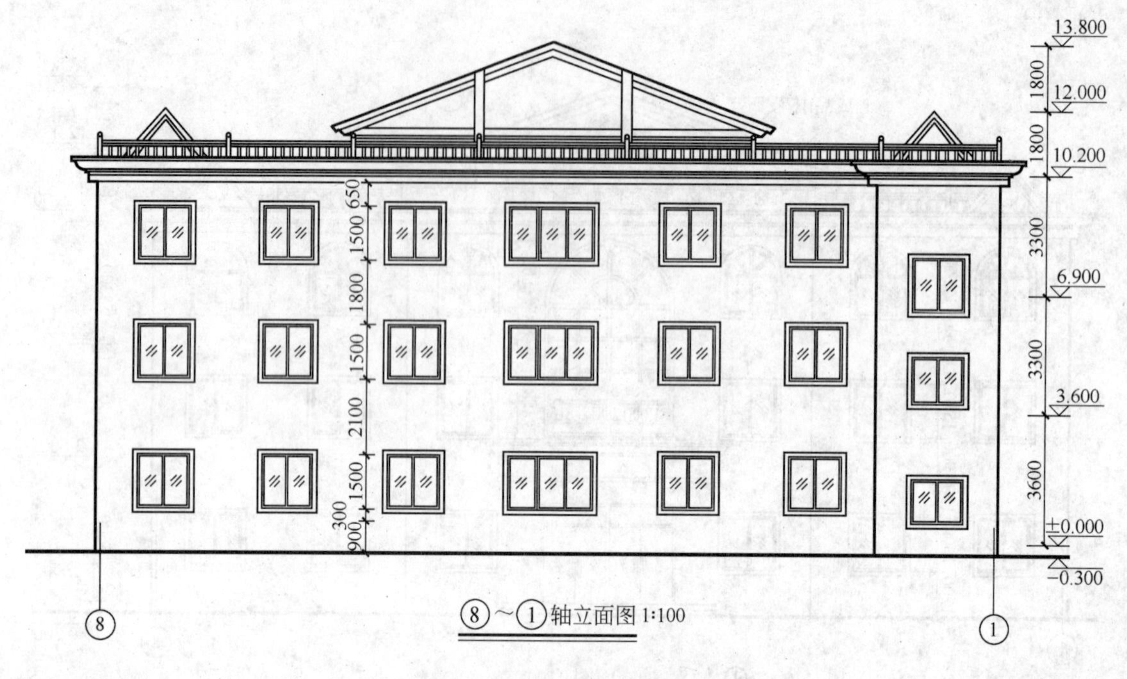

图 9-11　⑧～①轴立面图

第六节　建筑剖面图

一、建筑剖面图的形成

假想用一个或多个垂直于外墙轴线的铅垂剖切平面将房屋剖开，所得的正投影图称为建筑剖面图，简称剖面图。

二、建筑剖面图的作用

剖面图主要用来表示房屋内部垂直方向的高度、楼层分层情况及简要的结构形式和构造方式。它与建筑平面图、立面图相配合，是建筑施工中不可缺少的重要图样之一。

三、建筑剖面图的识读

以图 9-12 为例，说明剖面图的识读步骤。

① 了解图名及比例。由图名知，这是 1—1 剖面图，比例为 1∶100，与平面图相同。是整幢建筑物的垂直剖面图。剖面图的图名应与底层平面图上标注的剖切符号编号一致。

② 了解剖面图与平面图的对应关系。将图名和轴线编号与底层平面图（图 9-3）的剖切符号对照，可知 1—1 剖面是过①、②轴线之间剖切后从右向左投影得到的横剖面图，该图剖到了房屋的楼梯间及厕所。剖面图宽度应与平面图宽度相等，剖面图高度应与立面图保持一致。

③ 了解房屋的结构形式。从 1—1 剖面图上的材料图例可以看出，该房屋楼板、屋面

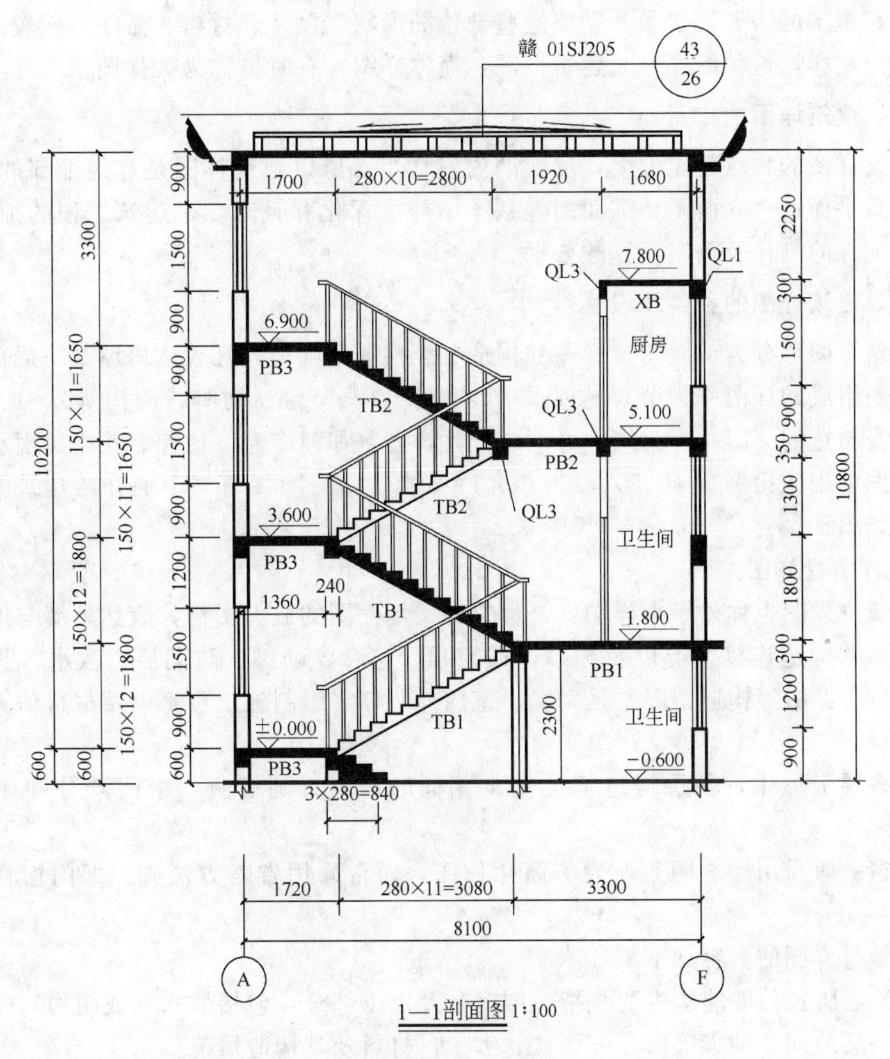

图 9-12　1—1 剖面图

板、各种梁、楼梯等水平承重构件均用钢筋混凝土制作，墙体用砖砌筑，属砖混结构。

④ 了解主要标高和尺寸。在 1—1 剖面图中，注出了房屋主要部位的标高，即底层室内外地坪、各层楼面、屋面、楼梯休息平台、屋顶等处均注出了标高数值。除标高外，图中还注出了楼梯、门窗洞口等细部尺寸、高度尺寸。

⑤ 了解屋面、楼面、地面的构造层次及做法。在剖面图中，有的用多层构造引出线和文字注出屋面、楼梯、地面的构造层次及各层的材料、厚度和做法。

⑥ 了解屋面的排水方式。结合屋顶平面图，可了解房屋的排水方式及排水坡度。

⑦ 了解索引详图所在位置及编号。

第七节　建筑详图

一、建筑详图的形成

由于画平、立、剖面图时所用的比例较小，房屋上许多细部的构造无法表示清楚，为了满足施工的需要，必须分别将这些部位的形状、尺寸、材料、做法等用较大的比例详细画出图样，这种图样称为建筑详图，简称详图，有时也称为大样图。

二、建筑详图的作用

建筑详图的特点是比例大，反映的内容详尽。所以建筑详图是建筑细部的施工图，是对建筑平面图、立面图、剖面图等基本图样的深化和补充，是建筑工程的细部施工、建筑构配件的制作及编制预算的依据。

三、建筑详图的种类及识读

建筑详图可分为节点构造详图和构造、配件详图两类。凡表达房屋某一局部构造做法和材料组成的详图称为节点构造详图（如檐口、窗台、勒脚、明沟等）。凡表明构、配件本身构造的详图，称为构件详图或配件详图（如门、窗、楼梯、花格、雨水管等）。

详图常用的比例有 1∶50、1∶20、1∶5、1∶2、1∶1 等。下面介绍建筑施工图中常见的详图。

1. 外墙身详图

外墙身详图也称外墙大样图，是建筑外墙剖面图的放大图样，表达外墙与地面、楼面、屋面的构造连接情况以及檐口、门窗顶、窗台、勒脚、防潮层、散水、明沟的尺寸、材料、做法等构造情况，是砌墙、室内外装修、编制施工预算以及材料估算等的重要依据。

在多层房屋中，各层构造情况基本相同时，可只画墙脚、中间部分和檐口三个节点。

门窗一般采用标准图集，为了简化作图，通常采用省略方法画，即门窗在洞口处断开。

外墙身详图的内容如下。

(1) 墙脚：外墙墙脚主要是指一层窗台及以下部分，包括散水（或明沟）、防潮层、踢脚、一层地面、勒脚等部分的形状、大小、材料及其构造情况。

中间部分：主要包括楼板层、门窗过梁、圈梁的形状、大小、材料及其构造情况。还应表示出楼板与外墙的关系。

(2) 檐口：应表示出屋顶、檐口、女儿墙、屋顶圈梁的形状、大小、材料及其构造情况，窗内护窗栏杆的做法。

在实际工程中，由于各地区都编有标准图集，故外墙身详图各节点构造做法都直接查阅标准图集。

以图 9-13 为例，说明外墙剖面图的识读步骤。

① 了解外墙身详图采用的比例为 1∶10，从轴线符号可知为Ⓐ轴线外墙身。

② 了解明沟、勒脚的做法。从图中可知，勒脚为 25 厚 1∶2 水泥砂浆粉勒脚。

③ 了解窗台的做法。

④ 了解墙体材料、厚度，墙上构件，防潮层等材料、做法。

⑤ 了解楼板与墙体、天沟板与墙体、雨水管与墙体、过梁与墙体等位置关系。

⑥ 了解檐沟的构造做法。

⑦ 了解各部位的标高和竖向尺寸等。

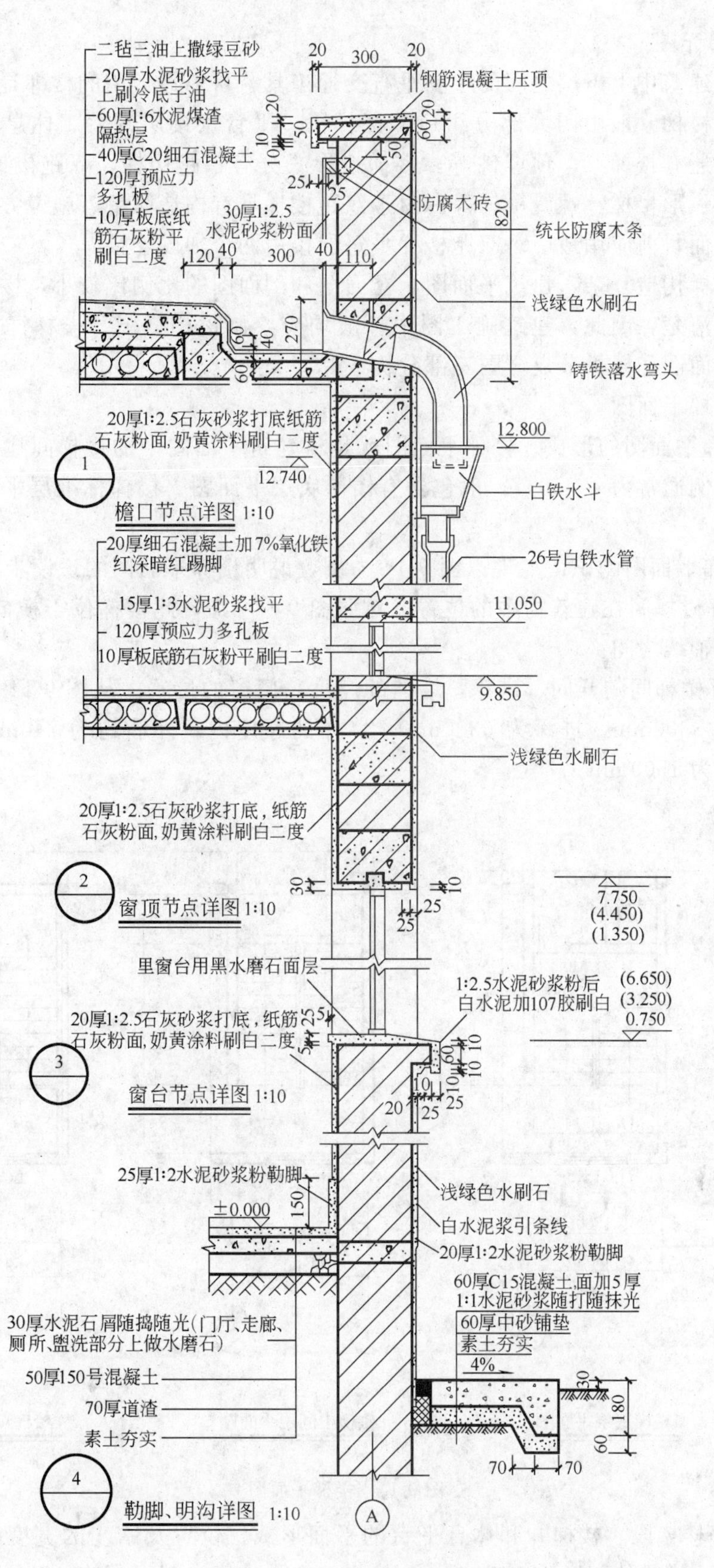
二毡三油上撒绿豆砂
20厚水泥砂浆找平
上刷冷底子油
60厚1:6水泥煤渣
隔热层
40厚C20细石混凝土
120厚预应力
多孔板
10厚板底纸
筋石灰粉平
刷白二度
钢筋混凝土压顶
30厚1:2.5
水泥砂浆粉面
防腐木砖
统长防腐木条
浅绿色水刷石
铸铁落水弯头
20厚1:2.5石灰砂浆打底纸筋
石灰粉面,奶黄涂料刷白二度
12.800
12.740
白铁水斗
檐口节点详图 1:10
20厚细石混凝土加7%氧化铁
红深暗红踢脚
26号白铁水管
15厚1:3水泥砂浆找平
11.050
120厚预应力多孔板
10厚板底筋石灰粉平刷白二度
9.850
浅绿色水刷石
20厚1:2.5石灰砂浆打底，纸筋
石灰粉面,奶黄涂料刷白二度
窗顶节点详图 1:10
7.750
(4.450)
(1.350)
里窗台用黑水磨石面层
1:2.5水泥砂浆粉后
白水泥加107胶刷白
(6.650)
(3.250)
0.750
20厚1:2.5石灰砂浆打底，纸筋
石灰粉面,奶黄涂料刷白二度
窗台节点详图 1:10
25厚1:2水泥砂浆粉勒脚
浅绿色水刷石
±0.000
白水泥浆引条线
20厚1:2水泥砂浆粉勒脚
60厚C15混凝土,面加5厚
1:1水泥砂浆随打随抹光
60厚中砂铺垫
素土夯实
4%
30厚水泥石屑随捣随光(门厅、走廊、
厕所、盥洗部分上做水磨石)
50厚150号混凝土
70厚道渣
素土夯实
勒脚、明沟详图 1:10
A

图 9-13 外墙剖面详图

2. 楼梯详图

楼梯是建筑中上下层之间的主要垂直交通工具，目前最常用的楼梯是钢筋混凝土材料制作的。楼梯一般由四大部分组成：楼梯段，平台（楼层平台、休息平台），栏杆，扶手。另外还有楼梯梁、预埋件等。楼梯按形式分有单跑楼梯、双跑楼梯、三跑楼梯、转折楼梯、弧形楼梯、螺旋楼梯等。由于双跑楼梯具有构造简单、施工方便、节省空间等特点，因而目前应用最广。双跑楼梯是每层楼由两个梯段连接。

由于楼梯构造复杂，建筑平面图、立面图和剖面图的比例比较小，楼梯中的许多构造无法反映清楚，因此，建筑施工图中一般均应绘制楼梯详图。楼梯详图由楼梯平面图、楼梯剖面图和楼梯节点详图三部分构成。

（1）楼梯平面图

1）楼梯平面图的形成　楼梯平面图就是将建筑平面图中的楼梯间比例放大后画出的图样，比例通常为 1∶50，一般包含有楼梯底层平面图、楼梯标准层平面图和楼梯顶层平面图等。

2）楼梯平面图的识读　现以图 9-14 为例，说明楼梯平面图的识读步骤。

① 了解楼梯间在建筑物中的位置。对照图 9-3 可知，此楼梯位于横向①～②轴线、纵向Ⓐ～Ⓔ轴线之间。

② 了解楼梯间的开间、进深，墙体的厚度，门窗的位置。从图 9-14 中可知，该楼梯间开间为 3300mm，进深为 6300mm，墙体的厚度内、外墙均为 240mm，窗居外墙中，洞宽均为 1500mm。

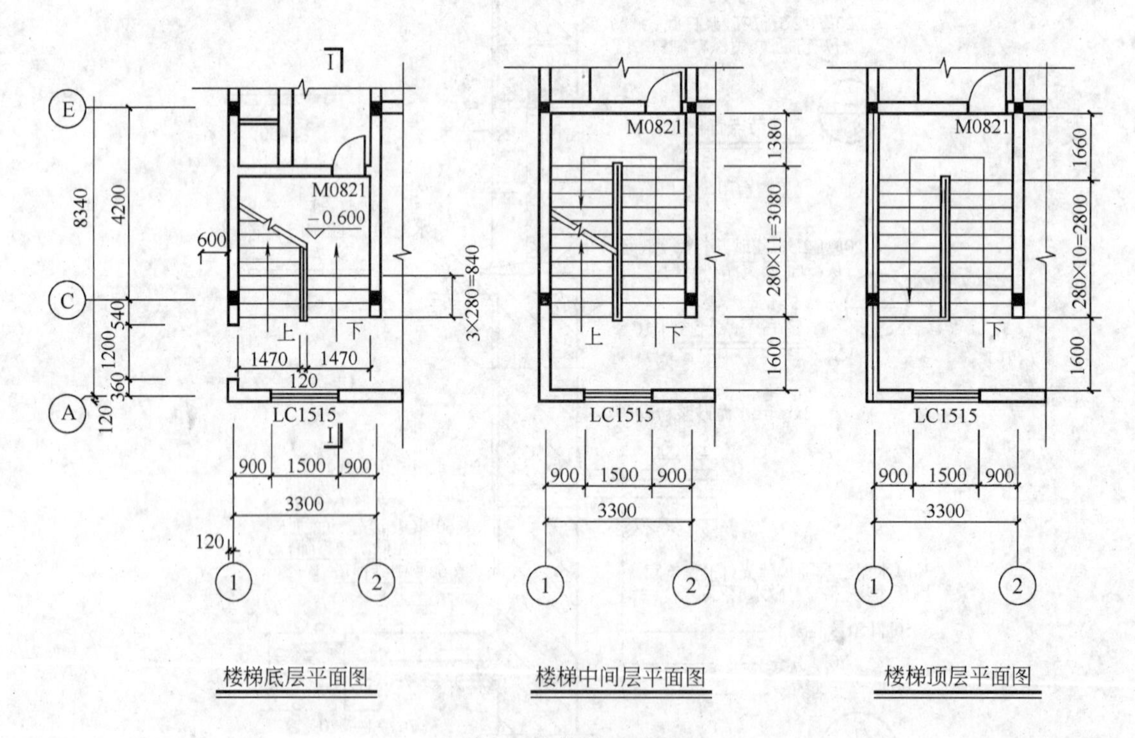

图 9-14　楼梯平面图

③ 了解楼梯段、楼梯井和休息平台的平面形式、位置及踏步的宽度和数量。该楼梯为双跑式，梯段的宽度为 1470mm，一层至二层的每个楼梯段有 12 个踏步，踏步宽

280mm，整段楼梯水平投影长度为3080mm；二层至三层的每个楼梯段有11个踏步，踏步宽280mm，整段楼梯水平投影长度为2800mm，梯井的宽度为120mm。

④ 了解楼梯的走向以及上下行的起步位置。该楼梯走向如箭头所示。

⑤ 了解楼梯段各层平台的标高。入口处地面标高为±0.000，其余平台标高分别为1.800m、3.600m、5.100m、6.900m。

⑥ 在楼梯底层平面图中了解楼梯剖面图的剖切位置及剖视方向。

（2）楼梯剖面图　楼梯剖面图是用假想的铅垂剖切平面通过各层的一个梯段和门窗洞口将楼梯垂直剖切，向另一未剖到的梯段方向投影所作的剖面图。楼梯剖面图主要表达楼梯踏步、平台的构造、栏杆的形状以及相关尺寸。比例一般为1∶50、1∶30或1∶40，习惯上如果各层楼梯构造相同，且踏步尺寸和数量相同，楼梯剖面图可只画底层、中间层和顶层剖面图，其余部分用折断线将其省略。

楼梯剖面图应注明各楼梯层面、平台面、楼梯间窗洞的标高、踢面的高度、踏步的数量以及栏杆的高度。

以图9-15为例，说明楼梯剖面图的识读步骤。

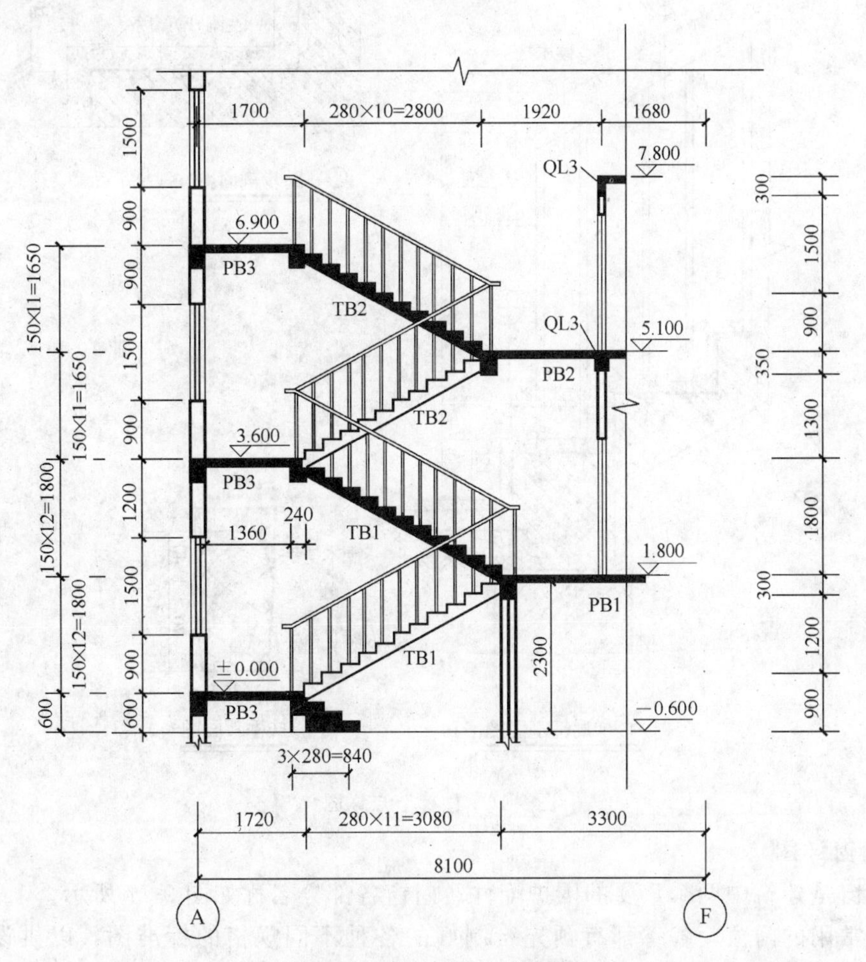

图9-15　楼梯Ⅰ—Ⅰ剖面图

① 了解楼梯的构造形式。从图中可知该楼梯的结构形式为板式楼梯、双跑。

② 了解楼梯在竖向和进深方向的有关尺寸。从楼层标高和定位轴线间的距离可知

该楼首层高 3600mm，其余层高 3300mm，进深 6300mm。

③ 了解楼梯、平台、栏杆、扶手等的构造和用料说明。

④ 了解被剖切梯段的踏步数。图中表示从走廊入口处至卫生间地面需 3 个踏步，每个梯段的踢面高 150mm，整跑楼梯段的垂直高度为 1800mm。

⑤ 了解图中的索引符号，从而知道楼梯细部做法。

（3）楼梯节点详图　楼梯节点详图主要表达楼梯栏杆、踏步、扶手的做法，如采用标准图集，则直接引注标准图集代号，如采用的形式特殊，则用 1∶10、1∶5、1∶2 或 1∶1 的比例详细表示其形状、大小、所采用材料以及具体做法。图 9-16 所示为该楼梯的两个节点详细图。其中一个详图主要表示踏步防滑条的做法，即防滑条的具体位置和采用的材料。

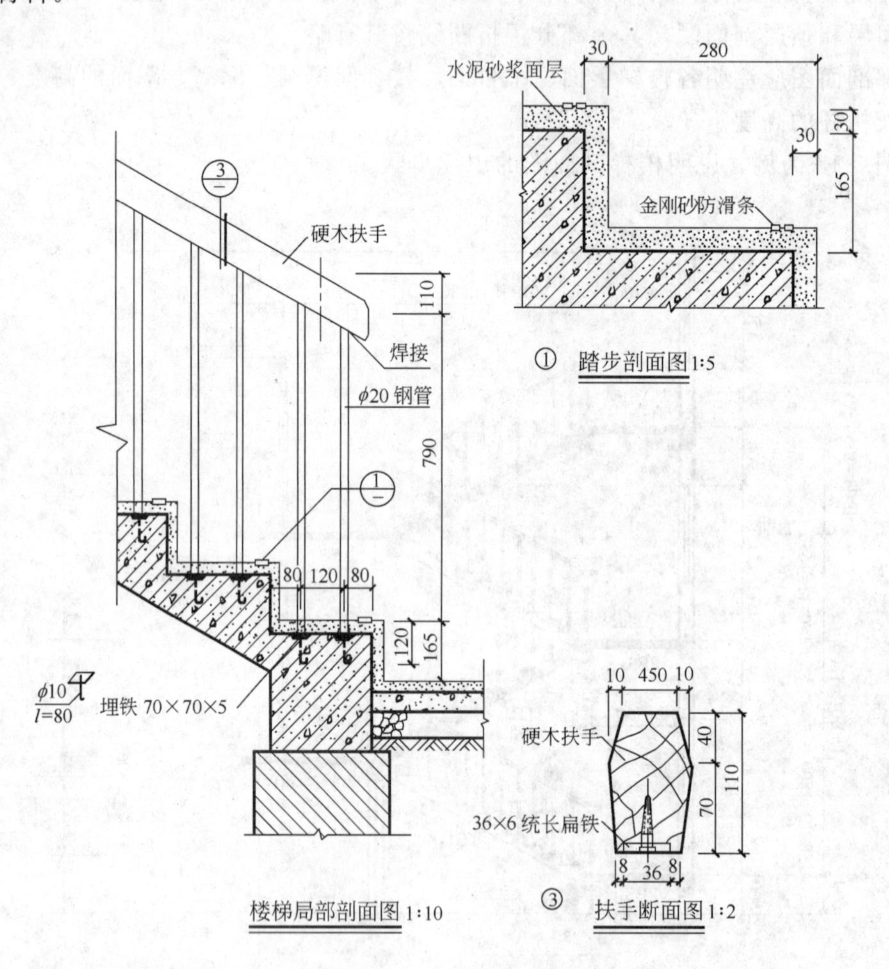

图 9-16　楼梯节点详图

3. 门窗详图

门和窗是建筑中两个重要的围护配件。门窗各部分名称如图 9-17 所示。

建筑常用的门窗，各省都有预先绘制好的各种不同规格的标准图，以供设计者选用。因此，在施工图中，只要说明该详图所在标准图集中的编号，就不必另画详图。

门窗详图一般由门窗的立面图、节点详图、断面图以及五金表和文字说明等组成。

门窗立面图表明门窗的组合形式、开启方式、主要尺寸及节点索引标志。立面图上

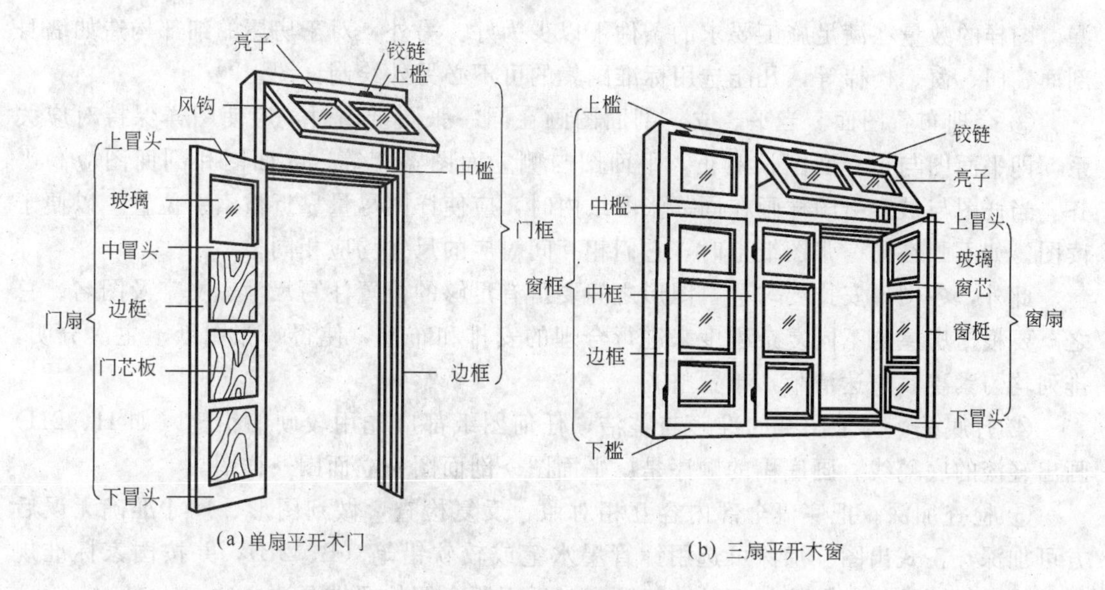

图 9-17　木门窗的组成与名称

标注三道尺寸，第一道尺寸（内侧）为门窗的组合尺寸，第二道尺寸为门窗樘的制作尺寸，第三道尺寸（外侧）为门窗洞口尺寸。

门窗的开启方式由开启线决定，开启线有实线和虚线之分。实线表示外开，虚线表示内开，开启线相交的一侧表示装铰链处。

门窗节点剖面图表示门窗某节点中各部件的用料和断面形状，还表示各部件的尺寸及其相互间的位置关系。查看节点剖面图时要注意和立面图配合，弄清剖面图的剖切位置和剖视方向。

门窗五金表表示每一樘门窗上所需的五金件和名称、规格、数量、要求等。

第八节　建筑施工图的绘制

一、绘制建筑施工图的目的和要求

通过前面各章的学习，已基本掌握了建筑施工图的内容、图示原理及识读方法，但还必须学会绘制施工图，才能把房屋的内容及设计意图正确、清晰、明了地表达出来。同时，通过施工图的绘制，还能进一步认识房屋的构造，提高识读建筑施工图的能力。

绘制施工图时，要认真细致，做到投影正确、表达清楚、尺寸齐全、字体工整、图样布置紧凑、图面整洁清晰、符合制图规定。

二、绘制建筑施工图的步骤及方法

① 绘图工具、图纸的准备。绘图工具一般要有圆规、分规和建筑模板。丁字尺和三角板要根据图幅的大小选用。图板一般选用 1# 或 2#。绘图铅笔一般选用 2B、HB、H 和 2H 四种。墨线笔一般选用粗、中、细三种型号的针管笔。图纸型号由绘制的比例及图形复杂程度而定，绘图练习以 2#、3# 图纸为宜。

② 熟悉房屋的概况、确定图样比例和数量。根据房屋的外形、层数、每层的平面布置和内部构造的复杂程度，确定图样的比例和数量，做到表达内容既不重复，也不遗

漏。图样的数量在满足施工要求的条件下以少为好。另外，对于房屋的细部构造如墙身剖面、门、窗、楼梯等，凡能选用标准图集的可不必另外绘制详图。

③ 合理布置图面。当平、立、剖面图画在同一张图纸内时，应使图样保持对应关系，即平面图与正立面图长对正，平面图与侧立面图宽相等，立面图和剖面图应高平齐。当详图与被索引图样画在同一张图纸内时，应使详图尽量靠近被索引位置，以便于读图。如不画在同一张图纸上时，它们相互间对应的尺寸均应相同。

此外，各图形安排要匀称，图形之间要留有足够的位置注写尺寸、文字及图名。总之，要根据房屋的不同复杂程度来进行合理的安排和布置，使得每张图纸上主次分明，排列均匀紧凑，表达清晰，布置整齐。

④ 打底稿。为了图纸的准确与整洁，任何图纸都应先用较硬的铅笔（如 H、2H）画出轻淡的底稿线。画底稿的顺序是：平面图→剖面图→立面图→详图。

⑤ 检查加深。把底稿全部内容互相对照、反复检查，做到图形、尺寸准确无误后方可加深，正式出图。加深可选用针管墨水笔或较软铅笔（B、2B），并按国家标准规定的线型加深图线。图线加深的一般顺序与后面所介绍的习惯画法一致。

⑥ 注写尺寸、图名、比例和各种符号（剖切符号、索引符号、标高符号等）。

⑦ 填写标题栏。

⑧ 清洁图面，擦去不必要的作图线和脏痕。

三、绘图中的习惯画法

① 相同方向、相同线型尽可能一次画完，以免三角板、丁字尺来回移动。上墨或描图时，同一粗细的线型一次画完，这样可使线型一致，并能减少换笔次数。

② 相等的尺寸尽可能一次量出，如平面图中同样宽度尺寸的门窗洞，立面图中同样高度尺寸的门窗洞、阳台、雨篷等，可以用分规一次量出。

③ 同一方向的尺寸一次量出。如画平面图时一次性量出纵向尺寸，一次性量出横向尺寸；画剖面图时一次性量出从地坪到檐口的垂直方向尺寸。

④ 铅笔加深或描图上墨时，一般顺序是：先画上部、后画下部；先画左边、后画右边；先画水平线，后画垂直线或倾斜线；先画曲线，后画直线。

绘图方式没有固定的模式，只要把以上几点有机地结合起来，就会获得满意的效果。

四、建筑施工图画法举例

现举例说明建筑平面图、剖面图、立面图、详图的画法和步骤。

1. 平面图的画法步骤

① 画定位轴线，墙、柱轮廓线［图 9-18（a）］。

② 定门窗洞的位置，画细部，如楼梯、台阶、卫生间、散水、明沟、花池等［图 9-18（b）］。

③ 按前述绘图方法中的要求检查、加深图线。

④ 画剖切位置线、尺寸线、标高符号、门的开启线并标注定位轴线、尺寸、门窗编号，注写图名、比例及其他文字说明［图 9-18（c）］。

2. 剖面图的画法步骤

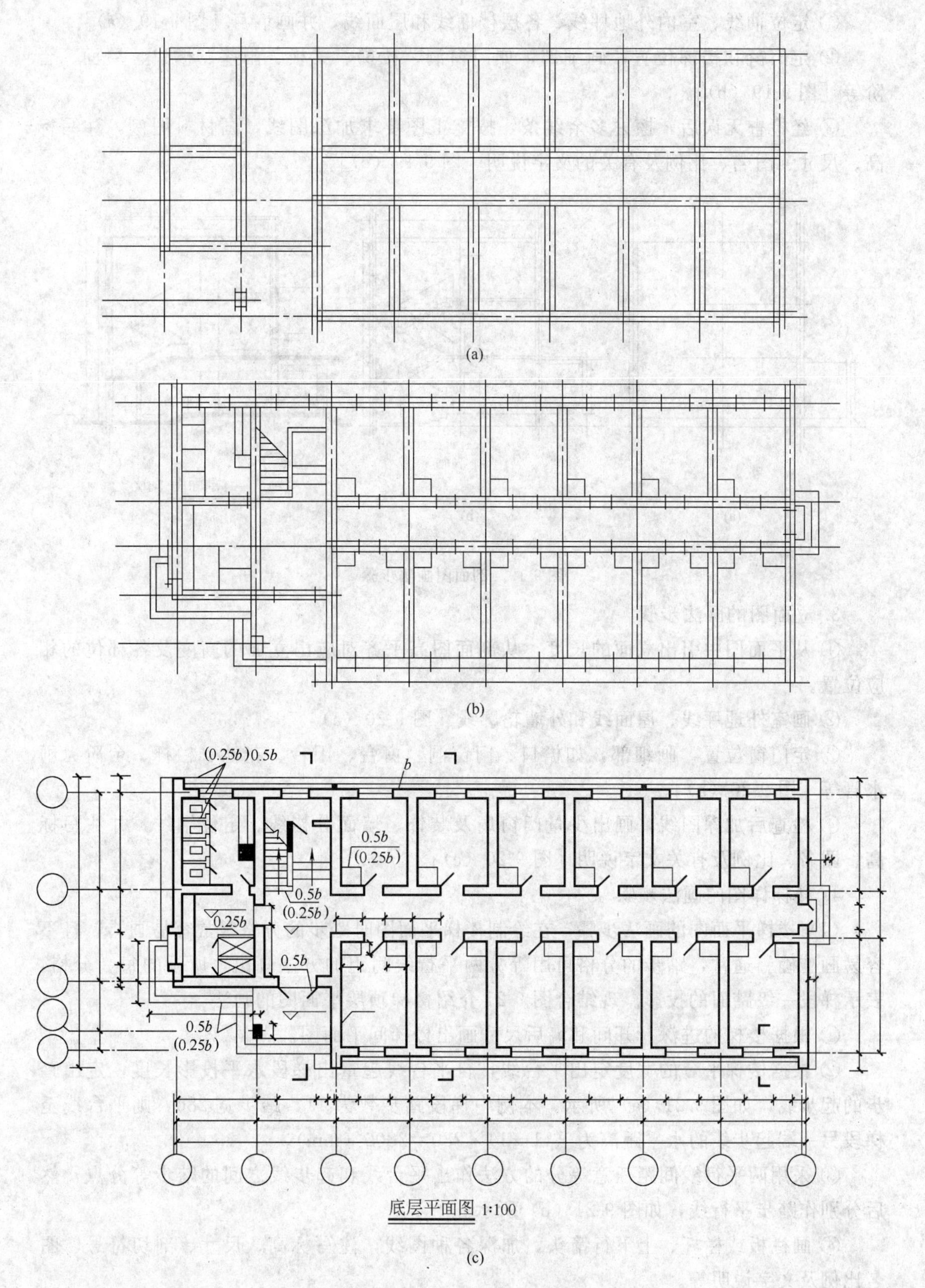

图 9-18　平面图画法步骤

① 定位轴线、室内外地坪线、各层楼面线和屋面线，并画墙身［图 9-19（a)］。

② 定门窗和楼梯位置，画细部，如门窗洞、楼梯、梁板、雨篷、檐口、屋面、台阶等［图 9-19（b)］。

③ 经检查无误后，擦去多余线条，按施工图要求加深图线，画材料图例，注写标高、尺寸、图名、比例及有关的文字说明［图 9-19（c)］。

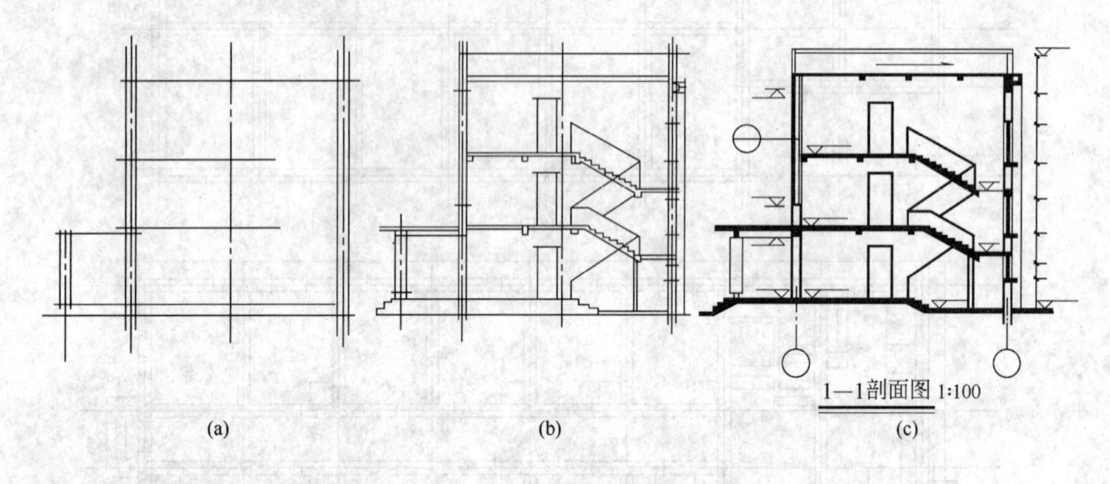

图 9-19　剖面图画法步骤

3. 立面图的画法步骤

① 从平面图中引出立面的长度，从剖面图高平齐对应出立面的高度及各部位的相应位置。

② 画室外地坪线、屋面线和外墙轮廓线［图 9-20（a)］。

③ 定门窗位置，画细部，如檐口、门窗洞、窗台、阳台、花池、栏杆、台阶、雨水管等［图 9-20（b)］。

④ 检查后加深图线，画出少量门窗扇及装饰、墙面分格线、定位轴线，并注写标高、图名、比例及有关文字说明［图 9-20（c)］。

4. 楼梯详图的画法步骤

(1) 楼梯平面图的画法步骤　在绘制楼梯平面图时踏步的分格常常容易画错，且不容易画准确。通常，踏步的分格可用等分两平行线间距的方法画出，所画的每一分格，表示梯段一级踏面的投影。现结合图 9-21 介绍楼梯顶层平面图的画法。

① 根据楼梯的进深、开间和墙后尺寸画出楼梯间平面图。

② 根据楼梯平台的宽度定出平台线，自平台线起量出梯段水平投影长度，定出踏步的起步线，如图 9-21（a）所示。本例中梯段踏步数为 11，踏步宽 280，则平台线至梯段另一端起步线的水平距离为 (11－1)×280＝2800 (mm)。

③ 采用两平行线间距任意等分的方法作出平台线和起步线之间的踏步等分点，然后分别作踏步平行线，如图 9-21（b）所示。

④ 画栏板或栏杆、上下行箭头，加深各种图线，注写标高、尺寸、剖切符号、图名比例及文字说明等。

(2) 楼梯剖面图的画法步骤　楼梯剖面图的绘制可按下面步骤进行。

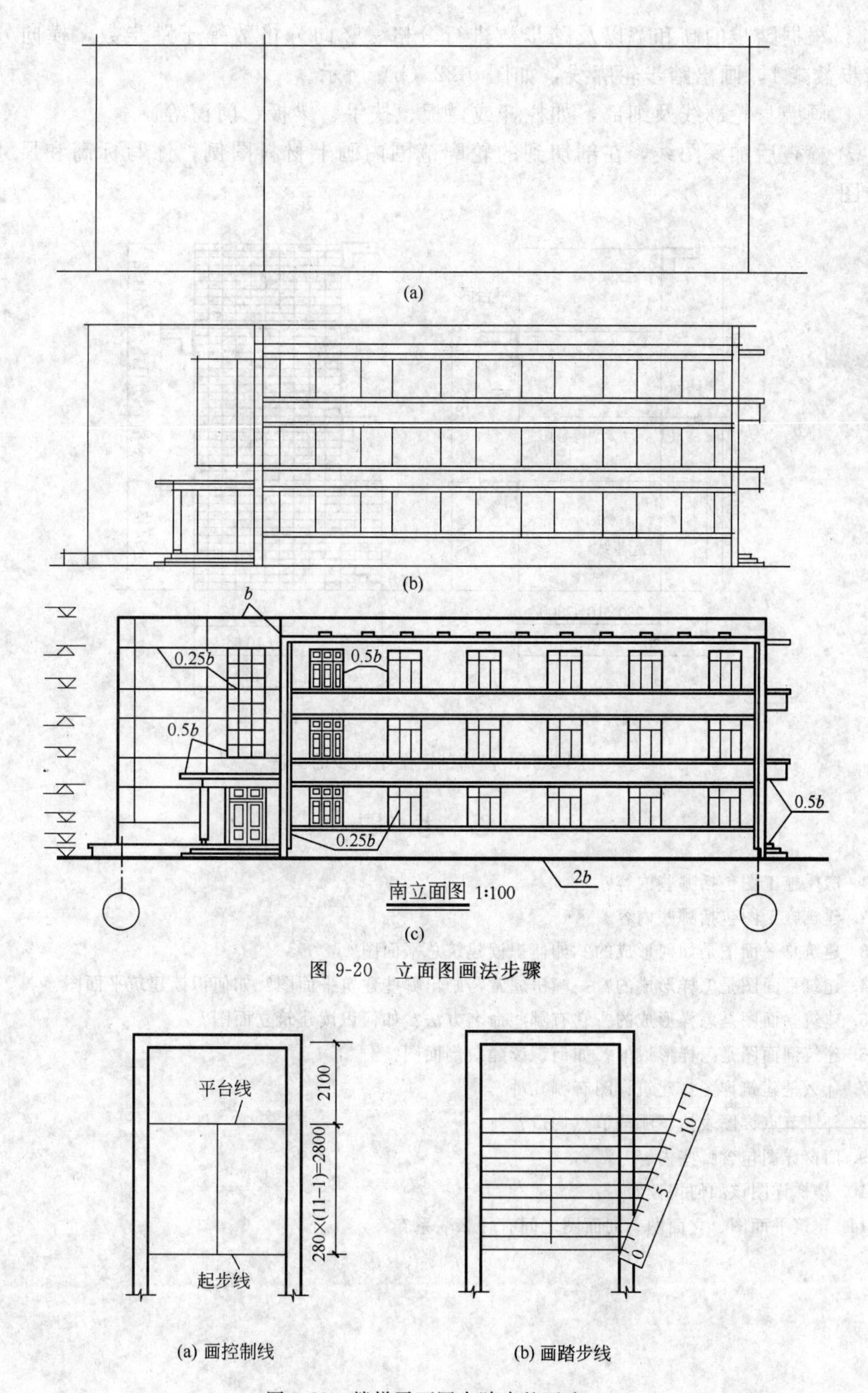

图 9-20 立面图画法步骤

图 9-21 楼梯平面图中踏步的画法

① 画轴线，定地面、各层楼面和平台面的高度线（即控制线）。

② 定出楼面、梯段、平台的宽度，确定起步线、平台线的位置，如图 9-22（a）所示。

③ 根据踏步的高和宽以及踏步数进行分格，竖向分格数等于踏步数，横向分格数为踏步数减 1，画出踏步轮廓线，如图 9-22（b）所示。

④ 画墙身轮廓线及细部，如栏杆或栏板、扶手、梁板、门窗等。

⑤ 检查后加深图线，在剖切到的轮廓范围内画上材料图例，注写标高和尺寸，完成全图。

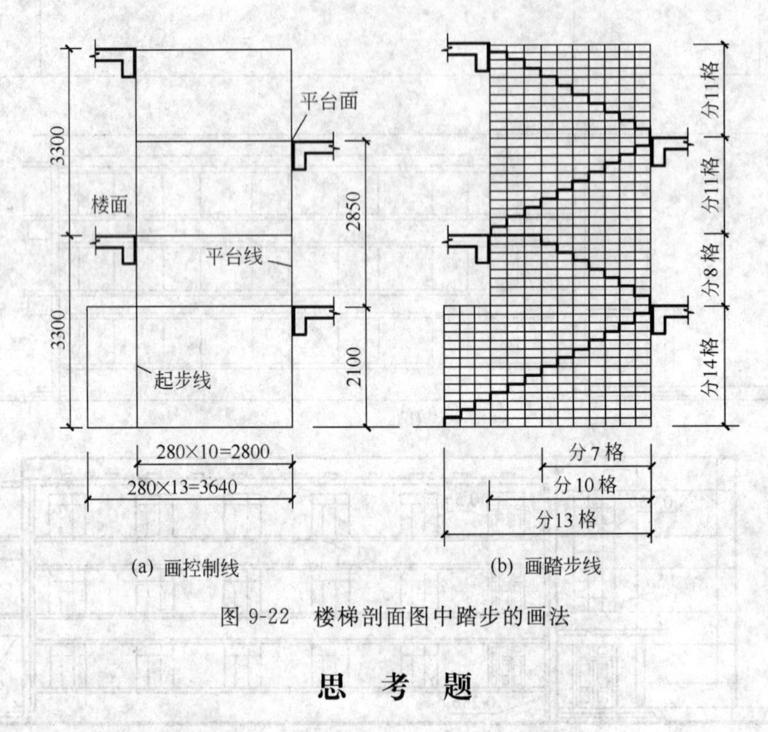

图 9-22　楼梯剖面图中踏步的画法

思　考　题

1. 房屋施工图包括哪些内容？
2. 建筑施工图包括哪些内容？
3. 建筑总平面图是如何形成的？如何识读建筑总平面图？
4. 建筑平面图是怎样形成的？一幢房屋常需画出哪些建筑平面图？如何识读建筑平面图？
5. 建筑立面图是怎样形成的？它有哪些命名方法？如何识读建筑立面图？
6. 建筑剖面图是怎样形成的？如何识读建筑剖面图？
7. 什么是建筑详图？建筑详图有哪几种？
8. 外墙节点详图表达了哪些节点构造？
9. 门窗详图包含哪些内容？
10. 楼梯详图该如何识读？
11. 建筑平面图、立面图、剖面图之间有什么联系？

第十章　结构施工图

第一节　概　　述

建筑物的外部造型千姿百态，无论其造型如何，都需要靠承重部件组成的骨架体系将其支撑起来，这种承重骨架体系称为建筑结构，组成建筑结构的各个部件称为结构构件，如板、梁、柱、屋架、基础等。

结构施工图是在建筑设计的基础上，对房屋各承重构件的布置、形状、大小、材料、构造及其相互关系等进行设计而画出来的图样，主要用来作为施工放线、开挖基槽、支模板、绑扎钢筋、设置预埋件、浇捣混凝土和安装梁、板、柱等构件及编制预算和施工组织计划等的依据。

一、结构施工图的分类及内容

1. 结构设计说明

结构设计说明以文字叙述为主，主要说明设计的依据，如地基情况、风雪荷载、抗震情况；选用材料的类型、规格、强度等级；施工要求；选用标准图集等。

2. 结构布置图及钢筋图

结构布置图是房屋承重结构的整体布置图，主要表示结构构件的位置、数量、型号及相互关系。常用的结构平面布置图有基础平面图、楼层结构布置平面图、屋面结构布置平面图等。

因我国目前混凝土结构施工图设计方法的改革，推出了国家标准图集《混凝土结构施工图平面整体表示方法制图规则和构造详图》，其表达形式是把结构构件的尺寸和配筋等，按照施工顺序和平面整体表示法制图规则，整体地直接表达在各类构件的结构平面布置图上，再与标准构造详图相配合，即构成一套新型完整的结构施工图。故对一般的房屋常将结构布置图和配筋图合二为一，分为柱平面配筋图、楼面板配筋图、屋面板配筋图、楼面梁配筋图、屋面梁配筋图，如梁较多，则分楼（屋）面水平梁配筋图和楼（屋）面垂直梁配筋图。它改变了传统的将构件从结构平面图中索引出来，再逐个绘制配筋详图的烦琐方法，从而使结构设计方便，表达全面、准确，易随机修正，大大地简化了绘图过程。

《混凝土结构施工图平面整体表示方法制图规则和构造详图》图集包括两大部分内容：平面整体表示方法制图规则和标准构造详图。

3. 构件详图

构件详图是表示单个构件形状、尺寸、材料、构造及工艺的图样。其包括：梁、柱、板及基础结构详图；楼梯结构详图；屋架结构详图；其他详图，如天沟、雨篷等。

二、施工图中的有关规定

由于房屋结构中的构件繁多，布置复杂，为了图示简明，方便识图，国家《建筑结构制图标准》（GB/T 50105—2001）对结构施工图的绘制进行了明确的规定。

① 常用构件代号用各构件名称的汉语拼音的第一个字母表示，详见表 10-1。

表 10-1 常用构件代号

序号	名称	代号	序号	名称	代号	序号	名称	代号
1	板	B	19	圈梁	QL	37	承台	CT
2	屋面板	WB	20	过梁	GL	38	设备基础	SJ
3	空心板	KB	21	连系梁	LL	39	桩	ZH
4	槽形板	CB	22	基础梁	JL	40	挡土墙	DQ
5	折板	ZB	23	楼梯梁	TL	41	地沟	DG
6	密肋板	MB	24	框架梁	KL	42	柱间支撑	ZC
7	楼梯板	TB	25	框支梁	KZL	43	垂直支撑	CC
8	盖板或沟盖板	GB	26	屋面框架梁	WKL	44	水平支撑	SC
9	挡雨板或檐口板	YB	27	檩条	LT	45	梯	T
10	吊车安全走道板	DB	28	屋架	WJ	46	雨篷	YP
11	墙板	QB	29	托架	TJ	47	阳台	YT
12	天沟板	TGB	30	天窗架	CJ	48	梁垫	LD
13	梁	L	31	框架	KJ	49	预埋件	M
14	屋面梁	WL	32	刚架	GJ	50	天窗端壁	TD
15	吊车梁	DL	33	支架	ZJ	51	钢筋网	W
16	单轨吊车梁	DDL	34	柱	Z	52	钢筋骨架	G
17	轨道连接梁	DGL	35	框架柱	KZ	53	基础	J
18	车挡	CD	36	构造柱	GZ	54	暗柱	AZ

注：1. 预制钢筋混凝土构件、现浇钢筋混凝土构件、钢构件和木构件，一般可直接采用本表中的构件代号。在绘图中需要区别上述构件的材料种类时，可在构件代号前加注材料代号，并在图纸中加以说明。

2. 预应力钢筋混凝土构件的代号，应在构件代号前加注“Y-”，如图 Y-DL 表示预应力钢筋混凝土吊车梁。

表 10-2 结构施工图中的图线

名称	线型	线宽	一般用途
粗实线	————————	b	螺栓、钢筋线，结构平面布置图中单线结构构件线及钢、木支撑线
中实线	————————	$0.5b$	结构平面图中及详图中剖到或可见墙身轮廓线、钢木构件轮廓线
细实线	————————	$0.25b$	钢筋混凝土构件的轮廓线、尺寸线，基础平面图中的基础轮廓线
粗虚线	- - - - - - - -	b	不可见的钢筋、螺栓线，结构平面布置图中不可见的钢、木支撑线及单线结构构件线
中虚线	- - - - - - - -	$0.5b$	结构平面图中不可见的墙身轮廓线及钢、木构件轮廓线
细虚线	- - - - - - - -	$0.25b$	基础平面图中管沟轮廓线，不可见的钢筋混凝土构件轮廓线
粗点画线	—·—·—·—	b	垂直支撑、柱间支撑线
细点画线	—·—·—·—	$0.25b$	中心线、对称线、定位轴线
粗双点画线	—··—··—··—	b	预应力钢筋线
折断线	——∧/——	$0.25b$	断开界线
波浪线	∿∿∿∿	$0.25b$	断开界线

② 结构图上的轴线及编号应与建筑施工图一致。

③ 结构图上的尺寸标注应与建筑施工图相符合，但结构图所注尺寸是结构的实际尺寸，即不包括表层粉刷或面层的厚度。

④ 结构图应用正投影法绘制。

⑤ 结构施工图的图线、线型、线宽应符合表 10-2 的规定。

三、钢筋混凝土结构图的图示方法

钢筋混凝土构件只能看见其外形，内部的钢筋是不可见的。为了清楚地表明构件内部的钢筋，可假设混凝土为透明体，使包含在混凝土中的钢筋成为“可见”，这种能显示混凝土内部钢筋配置的投影图称为配筋图。配筋图包括有平面图、立面图、断面图等，它们主要表示构件内部的钢筋配置、形状、数量和规格，是钢筋混凝土构件图的主要图样。必要时，还可把构件中的各种钢筋抽出来绘制钢筋详图并列出钢筋表。

对于形状比较复杂的构件，或设有预埋件的构件，还需画模板图（表达构件形状、尺寸及预埋件位置的投影图）和预埋件详图，以便于模板的制作和安装及预埋件的布置。

第二节　钢筋混凝土结构基本知识

一、钢筋混凝土简介

钢筋混凝土是土木工程中应用极为广泛的一种建筑材料。它由钢筋和混凝土组合而成，主要利用混凝土的抗压性能以及钢筋的抗拉性能。

混凝土是由水泥、砂、石子和水按一定比例配合搅拌后，把它灌入定型模板，经振捣密实和养护凝固后就形成坚固如同天然石材的混凝土构件。混凝土构件的抗压性能好，但抗拉性能差，受拉容易断裂。钢筋的抗拉和抗压能力都很好，但价格较贵，且易腐蚀。为了解决这一矛盾，充分发挥混凝土的抗压能力，常在混凝土的受拉区域或相应部位加入一定数量的钢筋，使这两种材料有机地结合成一个整体，共同承受外力，这种配有钢筋的混凝土，称为钢筋混凝土。用钢筋混凝土制成的构件，称为钢筋混凝土构件。

图 10-1 所示为梁的受力示意图。图 10-1（a）所示为素混凝土（不含钢筋的混凝土）梁，其在承受向下的荷载作用时，由于抗拉能力差而容易断裂；图 10-1（b）所示

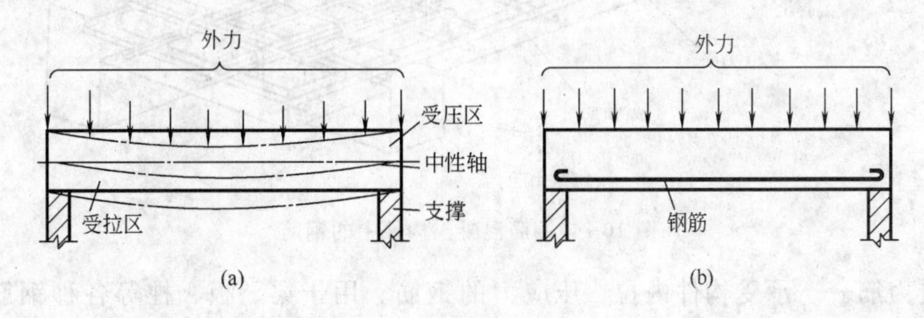

图 10-1　梁的受力示意

为钢筋混凝土梁，其在承受向下的荷载作用时，表现为下部受拉，上部受压。

钢筋混凝土构件，如果是在施工现场直接浇筑的，称为现浇钢筋混凝土构件；如果是预先制作的，称为预制钢筋混凝土构件。此外，有一些钢筋混凝土构件，在制作时通过张拉钢筋预先对混凝土施加一定的压力，以提高构件的抗拉和抗裂性能，这种构件称为预应力钢筋混凝土构件。

二、混凝土的等级和钢筋的品种与代号

混凝土强度等级是指用边长为150mm的标准立方体试块在标准养护室（温度20℃±3℃，相对湿度不小于90%）养护28天以后，用标准方法所测得的抗压强度，如20N/mm^{2}的混凝土称为混凝土强度等级为C20。普通混凝土的强度等级有C7.5、C10、C15、C20、C25、C30、C35、C40、C45、C50、C55、C60共12级。

钢筋的品种与代号见表10-3。

表10-3　钢筋的品种与代号

钢筋品种	代号	钢筋品种	代号
Ⅰ级钢筋 HPB235	Φ	Ⅳ级钢筋 RRB400	Φ^R
Ⅱ级钢筋 HRB335	Φ	冷拔低碳钢丝	Φ^b
Ⅲ级钢筋 HRB400	Φ	冷拉Ⅰ级钢筋	Φ^L

三、钢筋的分类和作用

如图10-2所示，配置在钢筋混凝土构件中的钢筋，按其作用不同可分为下列几种。

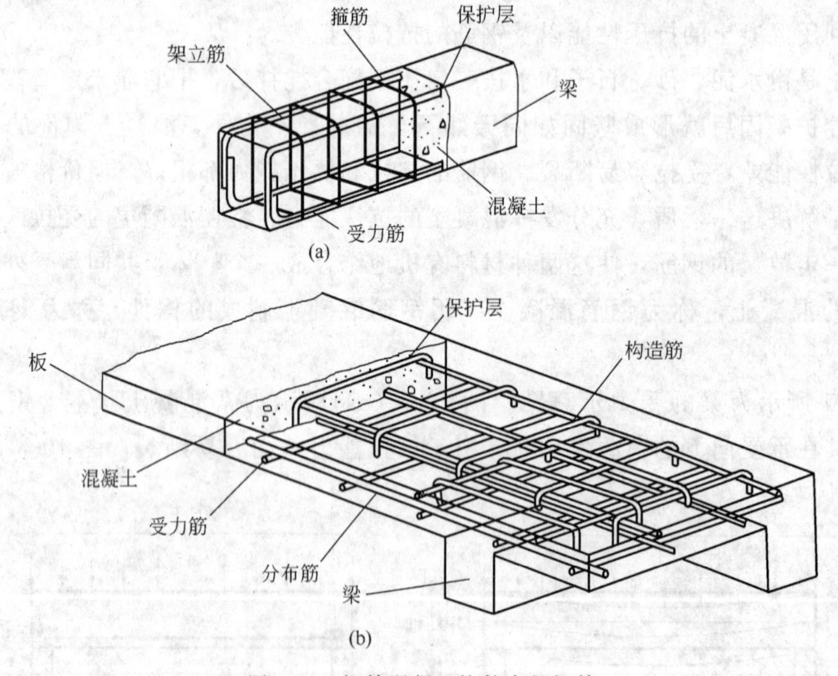

图10-2　钢筋混凝土构件中的钢筋

① 受力筋——承受构件内拉、压应力的钢筋。用于梁、板、柱等各种钢筋混凝土构件中。

② 钢箍（箍筋）——承受剪力或扭力的钢筋，并同时用来固定受力筋的位置，构成钢筋骨架。一般多用于梁和柱内。

③ 架立筋——用于固定梁内箍筋位置，与受力筋、箍筋一起构成梁内的钢筋骨架。

④ 分布筋——多用于板式结构，与板中的受力筋垂直布置，将承受的荷载均匀地传给受力筋，并固定受力筋的位置，以及抵抗热胀冷缩所引起的温度变形。

⑤ 构造筋——因构件的构造要求或施工安装需要而配置的钢筋。如腰筋、吊环、预埋锚固筋等。

四、钢筋的弯钩和保护层

为了提高钢筋与混凝土的黏结力，避免钢筋在受拉时滑动，光圆钢筋的两端需做成弯钩。钢筋的弯钩有半圆弯钩和直弯钩等形式，其形状和尺寸如图 10-3（a）～(c)。钢箍两端在交接处也要做出弯钩，弯钩的形式如图 10-3（d）所示。

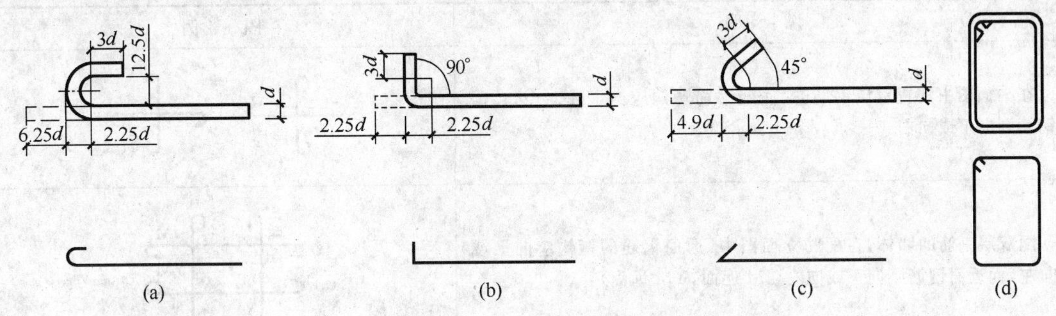

图 10-3　常见的钢筋弯钩形式

为了保护钢筋，防锈、防火、防腐蚀，以及加强钢筋与混凝土的黏结力，钢筋的外缘到构件表面之间应留有一定厚度的混凝土保护层。各种构件混凝土保护层的最小厚度见表10-4。

表 10-4　钢筋混凝土构件钢筋保护层的厚度　　单位：mm

环境条件	构件类别	混凝土强度等级		
		≤C20	C25 及 C30	≥C35
室内正常环境	板、墙、壳	15		
	梁和柱	25		
露天或室内高温环境	板、墙、壳	35	25	15
	梁和柱	45	35	25

五、钢筋的一般表示方法

在结构图中，通常用单根的粗实线表示钢筋的立面，用黑圆点表示钢筋的横断面，常见的具体表示方法见表 10-5。在结构施工图中钢筋的常规画法见表 10-6。

表 10-5　一般钢筋常用图例

名　　称	图　　例	说　　明
钢筋横断面	●	
无弯钩的钢筋端部		下图表示长短钢筋投影重叠时，可在短钢筋的端部用 45°短画线表示

续表

名　称	图　例	说　明
带半圆形弯钩的钢筋端部		
带直钩的钢筋端部		
带丝扣的钢筋端部		
无弯钩的钢筋搭接		
带半圆弯钩的钢筋搭接		
带直钩的钢筋搭接		
套管接头（花篮螺钉）		

表 10-6　钢筋常规画法

说　明	图　例
在平面图中配置双层钢筋时，底层钢筋弯钩应向上或向左，顶层钢筋则向下或向右	底层　顶层
配双层钢筋的墙体，在配筋立面图中，远面钢筋的弯钩应向上或向左，而近面钢筋则向下或向右（JM 近面，YM 远面）	JM　YM　JM　YM
如在断面图中不能表示清楚钢筋布置，应在断面图外面增加钢筋大样图	
图中所表示的箍筋、环筋，如布置复杂，应加画钢筋大样图及说明	或
每组相同的钢筋、箍筋或环筋，可以用粗实线画出其中一根来表示，同时用横穿的细实线表示其余的钢筋、箍筋或环筋，横线的两端带斜短画线表示该号钢筋的起止范围	

第三节　钢筋混凝土结构施工图识读

一、先看结构总说明

图 10-4 所示为结构总说明，从一般说明、设计依据、抗震设计、地基及基础、钢筋混凝土结构部分、砌体部分、其他七个方面进行了说明。

二、基础图

建在地基（支撑建筑物的土层称为地基）以上至房屋首层室内地坪（±0.000）以下的承重部分称为基础。基础的形式、大小与上部结构系统、荷载大小及地基的承载力有关，一般有条形基础、独立基础、桩基础、筏形基础、箱形基础等形式，如图 10-5 所示。

基础图是表达基础结构布置及详细构造的图样。它包括基础平面图和基础详图。它是施工时放线、开挖基槽、砌筑基础的依据。

1. 独立基础

(1) 基础平面图

1）基础平面图的形成　基础平面图是假想用贴近首层地面并与之平行的剖切平面把整个建筑物切开，移走上层的房屋和基础周围的回填土，向下投影所得到的水平剖面图。在基础平面图中，只画出基础墙、柱及基础底面的轮廓线，基础的细部轮廓（如条形基础的大放脚、独立基础的锥形轮廓线等）则省略不画。

2）基础平面图的识读　以图 10-6 为例，说明基础平面图的识读步骤。

① 了解图名、比例。从图中可知是基础平面图，比例为 1∶100。

② 了解纵横定位轴线及其编号。基础横向定位轴线及轴线尺寸同建筑平面图，纵向定位轴线有 C、D 两根，其间距为 4200mm。

③ 了解基础的平面布置，即基础墙、柱以及基础底面的形状、大小及其与轴线的关系。图中基础的类型为柱下独立基础，图中的大正方形表示独立基础的外轮廓线，即垫层边线（也是基坑边线），用细实线绘制；涂黑的小正方形是钢筋混凝土柱的断面；基础沿定位轴线布置，其代号及编号为 ZJ1、ZJ2、ZJ3、……、ZJ7，从图中可以看出其与轴线的关系，如 ZJ1 有 2 个，分别布置在①、C 轴线相交处和②、D 轴线相交处。

④ 了解基础梁的位置及代号。因我国目前采用钢筋混凝土构件的平面整体表示法，故图 10-7 中没有表示出梁的位置及代号，而是用另外一个图（图 10-8），不仅表示了基础梁的位置及代号，而且把梁的尺寸和配筋全部表示出来。其识读方法见后面钢筋混凝土构件的平面整体表示法。

⑤ 了解施工说明。

(2) 基础详图　基础详图是将基础垂直切开所得到的断面图（对独立基础，有时还附一单个基础的平面详图）。基础详图主要表达基础的形状、尺寸、材料、构造及基础的埋置深度等。不同类型的基础其图示方法有所不同。图 10-8 列举了常见的条形基础和独立基础的详图，而独立基础大样图除了画出垂直剖视图外还画了平面图，垂直剖视图清晰地反映了基础柱、基础及垫层三部分，平面图采用局部剖面方式表示基础的网状配筋。

图 10-6 中独立基础大样图，因有 ZJ1、ZJ2、ZJ3、……、ZJ7 七种不同尺寸的基础，故还在大样图下画了一表格，分别说明各基础的平面尺寸、基础高度和底板配筋。看图时要将基础大样图、表格及说明结合起来识读。

2. 条形基础

1）条形基础平面图（以图 10-7 为例）。

结　构

一、一般说明

1. 本设计为昌北工商行政管理办公楼，结构形式为底框结构。

2. 全部尺寸单位除注明外，均以毫米(mm)为单位，标高则以米(m)为单位。

3. 本说明仅对本工程而言。

4. 设计基准期：50 年。

5. 安全等级：二级。

二、设计依据

1.《建筑结构可靠度设计统一标准》　GB 50068—2001

2.《混凝土结构设计规范》　GB 50010—2010

3.《砌体结构设计规范》　GB 50003—2001

4.《建筑结构荷载规范》　GB 50009—2001

5.《建筑抗震设计规范》　GB 50011—2001

6.《建筑地基基础设计规范》　GB 50007—2002

7.《混凝土结构施工图平面整体表示法制图规则和构造详图》　03G101

8. 广东省建筑设计研究院编制的广厦多层及高层建筑结构三维分析与设计软件。

三、抗震设计

1. 本工程按抗震设防结构进行设计，设防烈度为 6 度，框架抗震等级为三级。

2. 基本风压标准值：0.45kN/m^2，楼梯间活载为 2.5kN/m^2，屋面活载为 0.5kN/m^2，办公室活载为 2.0kN/m^2，厨房活载为 2.5kN/m^2，会议室活载为 2.5kN/m^2，其余荷载均按 GB 50009—2001《建筑结构荷载规范》取值。

四、地基及基础

1. 地基及基础说明详结施 2。

2. 基础形式为柱下独立基础。

五、钢筋混凝土结构部分

1. 结构构件主筋保护层厚度(已注明者除外)

位置	地下	地上		
构件名称	柱基	板	梁	柱
厚度(mm)	40	15	25	30

2. 现浇结构各部件设计用料

① 混凝土：基础垫层采用 C10 素混凝土，其余均为 C25。

② 钢筋：钢筋强度设计值 HPB235 级，其抗拉强度为 f_y=210N/mm^2；HRB335 级，其抗拉强度为 f_y=300N/mm^2。

3. 楼板

① 板分布筋，除结构图中注明外，均为Φ6@200。

② 所有受力或非受力筋其搭接部位：正筋于支座处，负筋于跨中 $L/3$ 范围内。在同一截面内搭接的钢筋截面面积不得超过钢筋总面积的 25%。

③ 跨度大于 4m 的板，要求板跨中起拱 $L/400$。

④ 开洞楼板除注明做法外，当洞宽小于或等于 300mm 时不设附加筋，板筋绕过洞边，不需切断，当楼板孔洞 300mm $<D(B)<$800mm 时，孔洞周边加强筋布置详图一。

⑤ 除注明外，所有 $D<$150mm(或 $B<$150mm)的板上孔洞均需按设施图纸或建施图纸预留，不得后凿(土建预埋管径应满足水施要求)。

4. 梁(有关构造要求详 96G101)

① 梁内箍筋采用封闭式，梁上集中荷载处附加箍筋的形状及肢数，均与梁内箍筋相同，未注明时，在次梁每侧另加两组。

② 吊筋及悬臂梁内的抗剪鸭筋，其端部直线长度为 $20d$，鸭筋伸入梁、柱的长度为 $45d$。

图 10-4　结

总 说 明

③ 弯起筋的弯折角度：当梁高 $h<800\text{mm}$ 或 $h=800\text{mm}$ 时为 45°，当梁高 $h>800\text{mm}$ 时为 60°。

④ 架立钢筋与受力钢筋的搭接长度，对次梁为 $36d$，对框架为 $48d$（d 为架立钢筋直径）。

⑤ 梁跨度大于 4m 时，模板应按跨度的 0.3%起拱，悬臂构件均应按跨度的 0.5%起拱，且起拱高度不小于 20mm。

⑥ 设备管线需要在梁侧开洞或设预埋件时，应严格按结施图纸要求设置，在浇灌混凝土之前经检查符合设计要求后方可施工，孔洞不得后凿。

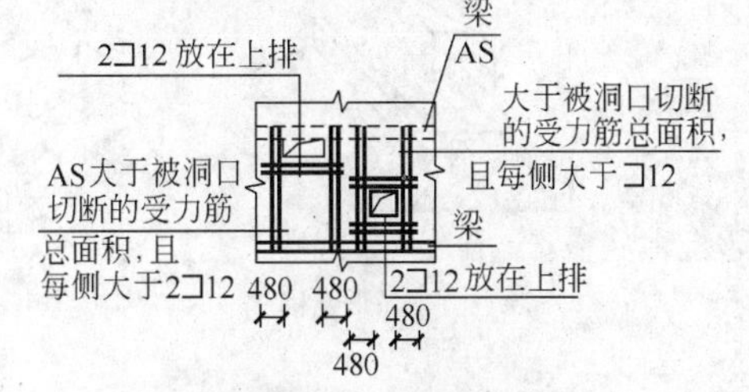

当楼板孔洞300mm< D (B) < 800mm时

孔洞周边加筋示意（图一）

5. 钢筋混凝土柱（有关构造要求详 03G101）

① 钢筋混凝土构造柱 GZ 布置详各层结构平面图，构造柱施工时须先砌墙体而后浇注。砌墙时，墙与构造柱连接处要砌成马牙槎，构造柱支撑于钢筋混凝土梁或基础上时，钢筋应锚入梁 $40d$，钢筋可以在梁面或基础面处搭接，但有条件时尽量不搭接，做法详图二。

② 框架柱构造要求详 03G101。

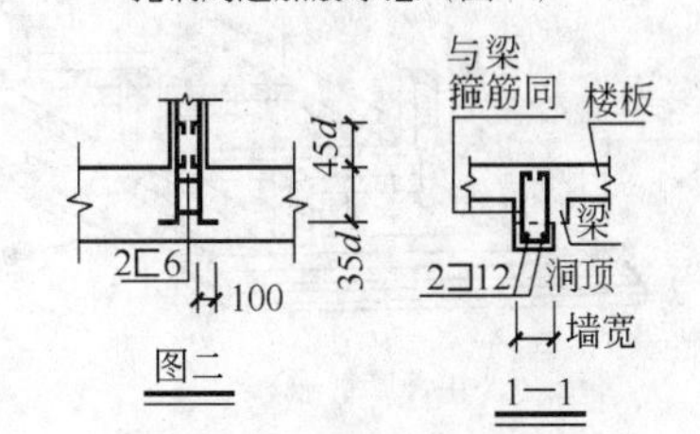

图二　　1—1

六、砌体部分

1. 本工程墙体±0.000 以上均采用 MU10 烧结多孔砖，M5 混合砂浆砌筑，±0.000 以下采用 MU10 烧结多孔砖，M7.5 水泥砂浆砌筑。

2. 墙体与混凝土柱可靠拉结，沿柱高每隔 500mm 用 2 Φ 6 钢筋与柱拉结，拉结筋锚入柱内 200mm，伸入墙内不小于 1000mm，若墙垛长度不足上述长度，则伸至墙垛长度，而末端须弯直钩。

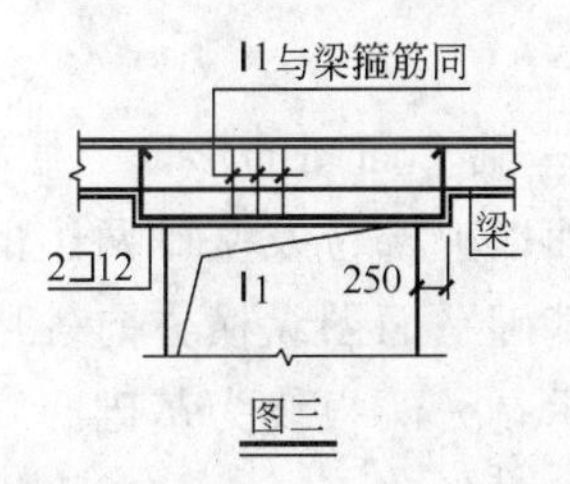

图三

3. 砌体墙中的门、窗洞及设备预留孔洞，其洞顶均需设钢筋混凝土过梁，过梁除图中另有注明外，一般按如下规定处理（L 为洞口净宽）。

① 当 $L\leqslant1500\text{mm}$ 时，过梁宽度同墙厚，梁高取 180mm，梁底放 2 Φ 12 钢筋，梁面配 2 Φ 8 架立筋，箍筋 Φ 6@200，梁支座长度不小于 240mm。

② 当 $1500\text{mm}\leqslant L<2400\text{mm}$ 时，过梁宽度同墙厚，梁高取 240mm，梁底筋当 $L\leqslant1800\text{mm}$ 时，用 2 Φ 12，当 $L>1800\text{mm}$ 时，用 2 Φ 16。架立筋均用 2 Φ 10，箍筋 Φ 6@200，梁支座长度不小于 240mm。

③ 当洞边为混凝土柱时，须在过梁标高处的柱内预埋过梁钢筋，待施工过梁时，将过梁底筋及架立筋与之焊接。

④ 当洞顶与结构梁（或板）底的距离小于上述各类过梁高度时，过梁须与结构梁浇成整体，梁宽同墙厚，如图三。

4. 填充墙应在主体结构全部施工完毕后由下而上逐层砌筑，以防下层梁承受上层墙重，填充墙砌至板梁附近后，应待砌体沉实，再用固定件把砌体与板梁卡紧，做法详 CG329（一）—19 页(9)(10)。

5. 凡墙与墙交角处，沿墙高每 500mm 设 2 根拉结筋，每边伸入墙内长度为 1000mm。

七、其他

1. 结构标高为建筑标高−0.030m。

2. 凡本图未尽事宜请遵照国家有关现行规范执行。

3. 如有疑问与设计人员联系处理。

××××建筑设计所				建设单位	编号	
				工程名称	图号	
所 长		审 定			比例	
总 工		校 对			图别	结 施
专业负责人		设 计		设计说明	图	第 1 页
工程负责人		描 图			页	总 11 页
设计证号	1420023-Sb				日期	

构总说明

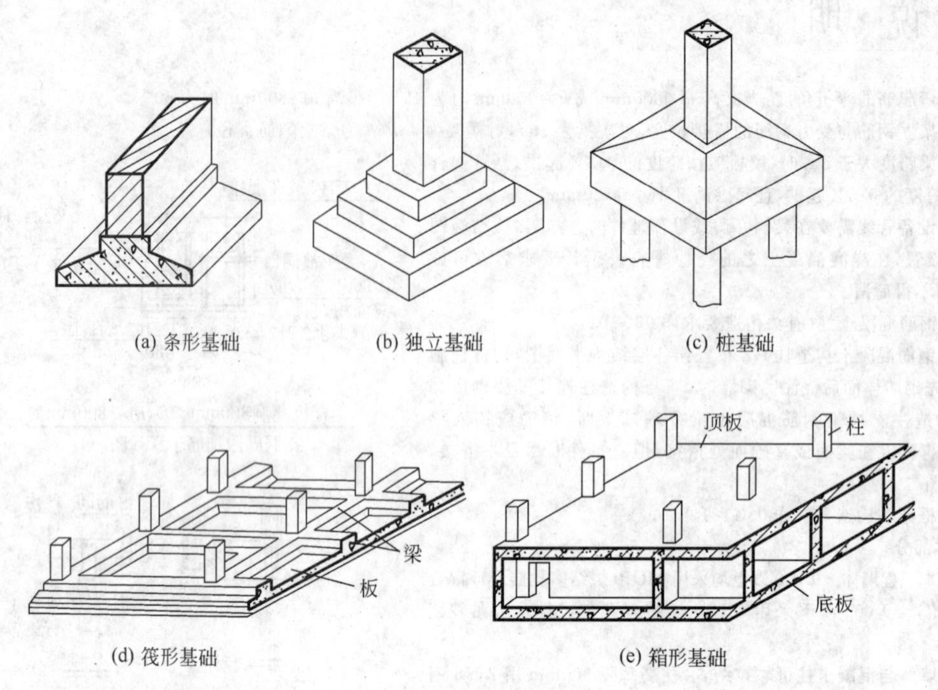

图 10-5　常见基础类型

① 基础平面图的形成　假设用一水平的截平面沿室内地坪以下位置水平剖切，移去截平面以上部位及基础两边的回填土，然后从上向下作一水平投影，即为条形基础平面图。基础平面图纵横方向各用了四根线表示，其中间两根线为剖切到的基础墙，用粗实线表示；另两根线为基础底宽边线，用细实线表示；其余（如大放脚出挑线、垫层轮廓线等）可省略不画。基础平面图是施工时放灰线挖基槽的主要依据。

② 基础平面图的识读

a. 了解图名，比例。从图中可知，该图为基础平面图，比例为 1∶100。

b. 了解基础平面布置，轴线尺寸。该基础为墙下条形基础，纵墙Ⓐ～Ⓔ轴线尺寸分别为 2700mm、3600mm、2400mm、6300mm；横墙①～⑥轴线尺寸分别为 3600mm、3600mm、4200mm、9000mm、9000mm。

c. 了解基槽的宽度，基础墙的厚度，以及与轴线的关系。从图中可知，纵横方向的基础底宽均为 1000mm、基础墙厚均为 240mm、所有轴线居中。

2) 条形基础详图（以图 10-8 为例）

基础详图主要表示基础的宽度、基础墙的厚度、基础的埋深、大放脚的出挑情况、以及垫层、地圈梁等各部位材料、尺寸、构造做法等。

基础详图的识读方法如下。

① 先了解该详图的剖切位置及投影方向，从平面图中可知，1—1 详图在Ⓐ轴线（或Ⓑ、Ⓔ轴线）纵墙位置垂直剖切，再从右向左作正投影，即为 1—1 基础详图。

② 了解基础各部位的构造做法。基础垫层为 100mm 厚素混凝土，两侧宽出基础 100mm；基础墙厚 240mm，底部大放脚进行了六次出挑，等高式，最上一级出挑尺寸为宽 80mm，其余每次出挑尺寸均为宽 60mm，高均为 120mm（等高式）。基础地圈梁

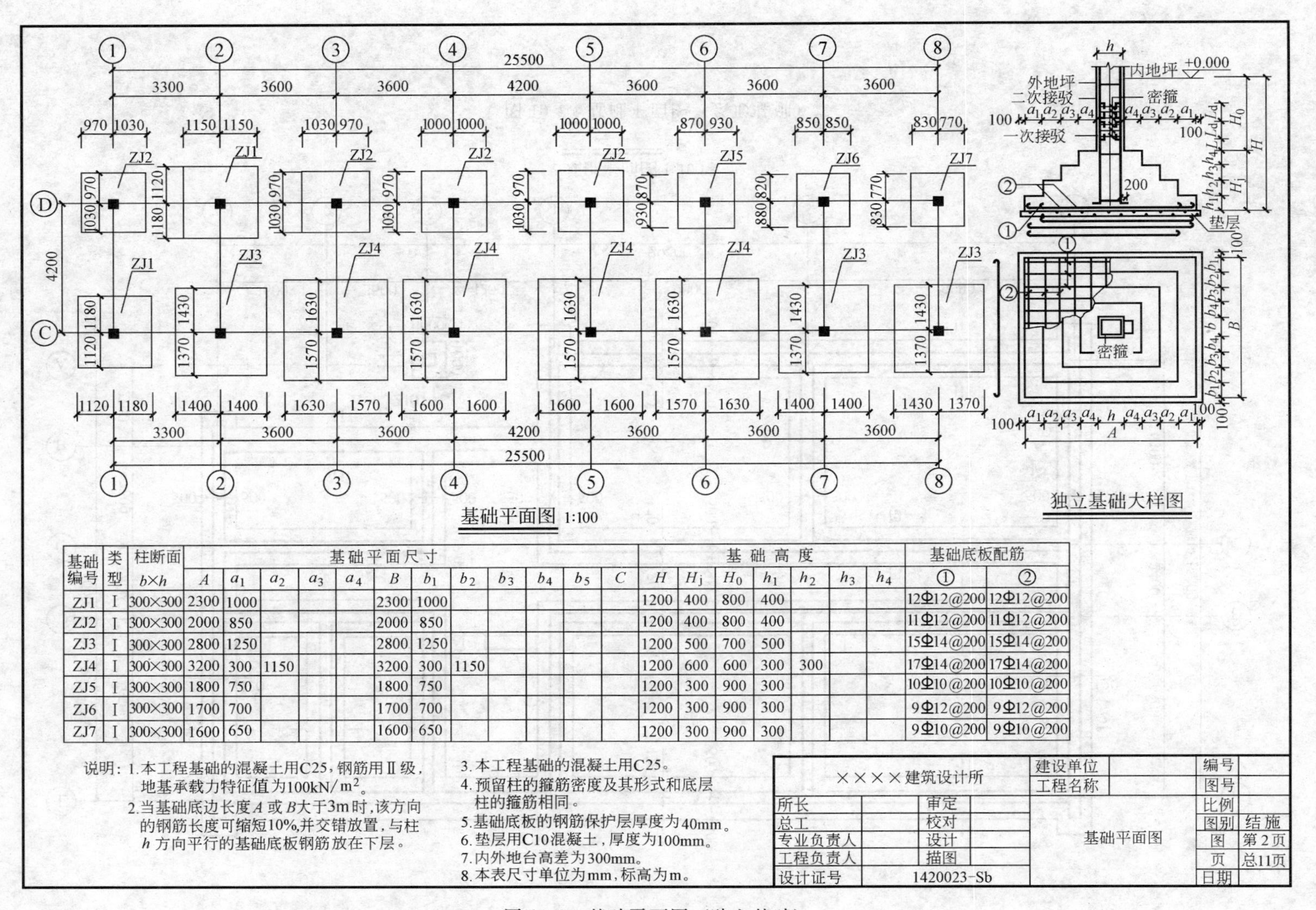

基础编号	类型	柱断面 $b\times h$	基础平面尺寸 A	a_1	a_2	a_3	a_4	B	b_1	b_2	b_3	b_4	b_5	C	基础高度 H	H_j	H_0	h_1	h_2	h_3	h_4	基础底板配筋 ①	②
ZJ1	I	300×300	2300	1000				2300	1000						1200	400	800	400				12Φ12@200	12Φ12@200
ZJ2	I	300×300	2000	850				2000	850						1200	400	800	400				11Φ12@200	11Φ12@200
ZJ3	I	300×300	2800	1250				2800	1250						1200	500	700	500				15Φ14@200	15Φ14@200
ZJ4	I	300×300	3200	300	1150			3200	300	1150					1200	600	600	300	300			17Φ14@200	17Φ14@200
ZJ5	I	300×300	1800	750				1800	750						1200	300	900	300				10Φ10@200	10Φ10@200
ZJ6	I	300×300	1700	700				1700	700						1200	300	900	300				9Φ12@200	9Φ12@200
ZJ7	I	300×300	1600	650				1600	650						1200	300	900	300				9Φ10@200	9Φ10@200

说明：1.本工程基础的混凝土用C25，钢筋用Ⅱ级，地基承载力特征值为100kN/m²。

2.当基础底边长度A或B大于3m时，该方向的钢筋长度可缩短10%，并交错放置，与柱h方向平行的基础底板钢筋放在下层。

3.本工程基础的混凝土用C25。

4.预留柱的箍筋密度及其形式和底层柱的箍筋相同。

5.基础底板的钢筋保护层厚度为40mm。

6.垫层用C10混凝土，厚度为100mm。

7.内外地台高差为300mm。

8.本表尺寸单位为mm，标高为m。

××××建筑设计所		建设单位	编号	
		工程名称	图号	
所长	审定	基础平面图	比例	
总工	校对		图别	结施
专业负责人	设计		图	第2页
工程负责人	描图		页	总11页
设计证号	1420023-Sb		日期	

图 10-6 基础平面图（独立基础）

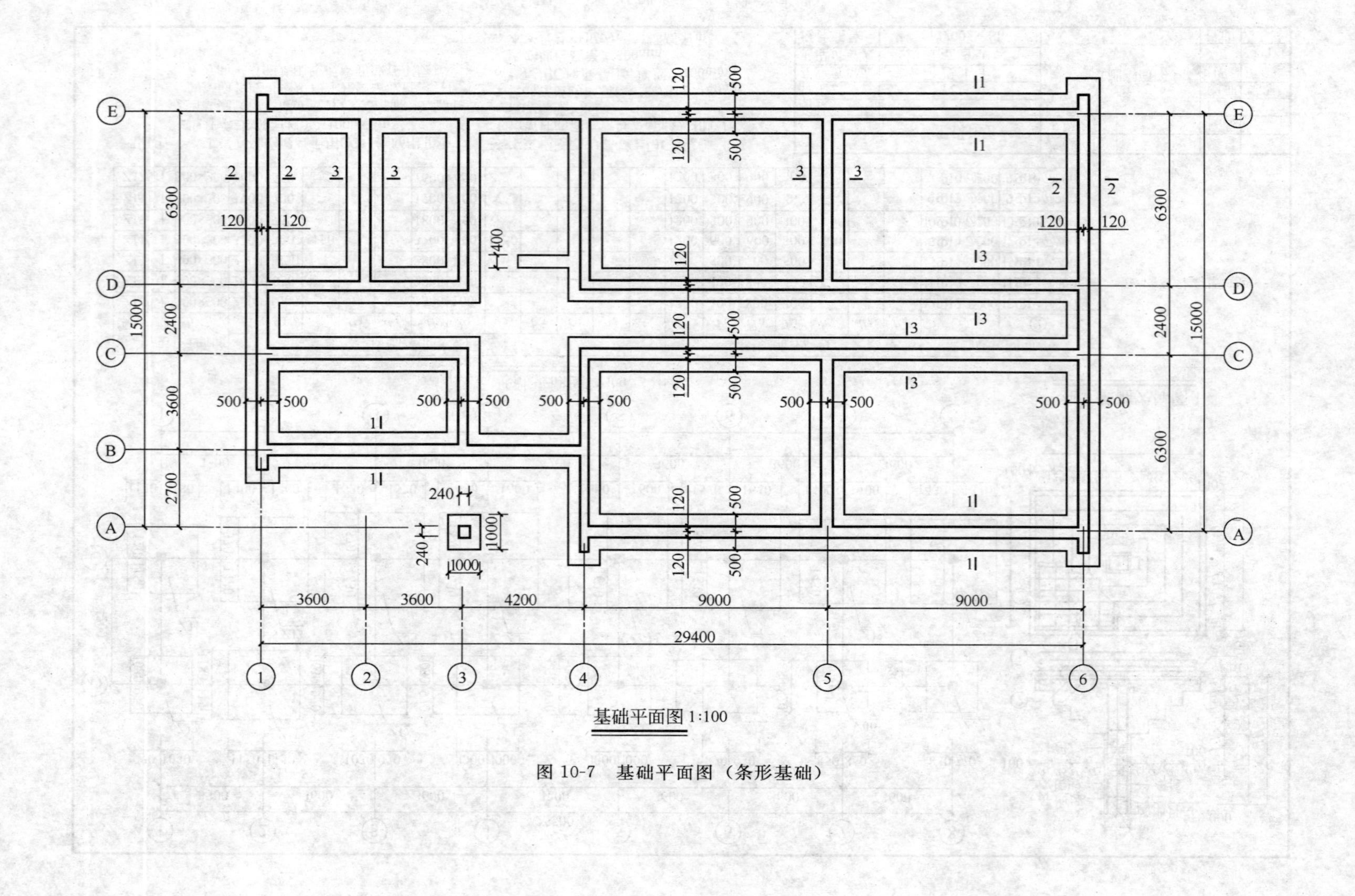

图 10-7 基础平面图（条形基础）

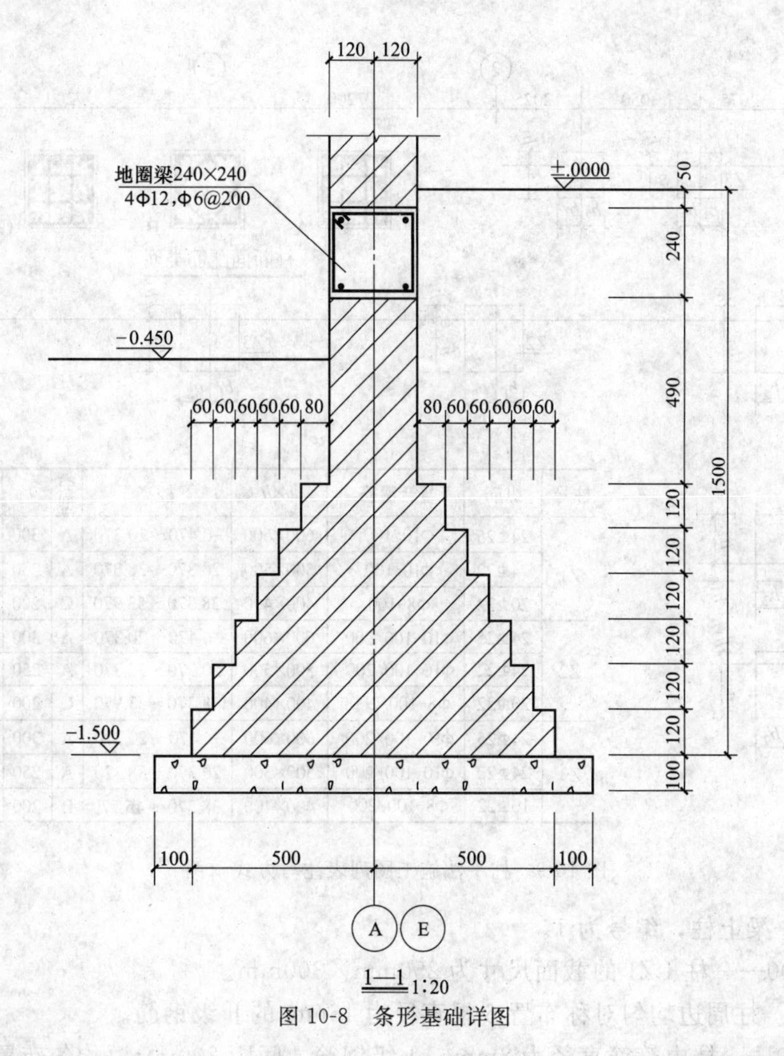

图 10-8　条形基础详图

设在室内地坪以下 500mm 处，断面尺寸为 240mm×240mm，以增加建筑物的整体性及减少地基不均匀沉降，并兼作防潮层。

③ 了解基础底标高及埋深。基础底标高为－1.500m，室内外高差为 450mm，整个基础埋置深度为 1050mm。

三、配筋图

1. 平面整体配筋图的表示方法及识读

柱平面整体配筋图是在柱平面布置图上，采用列表注写方式或截面注写方式表达配筋情况的。图 10-9 是用双比例法画柱平面配筋图。各柱断面在柱所在平面位置经放大后，在两个方向上分别注明同轴线的关系，将柱配筋值、配筋随高度变化值及断面尺寸、尺寸高度变化值与相应的柱高范围成组对应在图上列表注明。柱箍筋加密区与非加密区间距值用“/”线分开。

多层框架柱的柱断面尺寸和配筋值变化不大时，可将断面尺寸和配筋值直接注在断面上。图 10-10 所示为柱平法施工图截面注写方式。从图中柱的编号可知，LZ1 表示梁上柱，KZ1、KZ2、KZ3 则表示框架柱。

LZ1 柱旁的标注意义为：

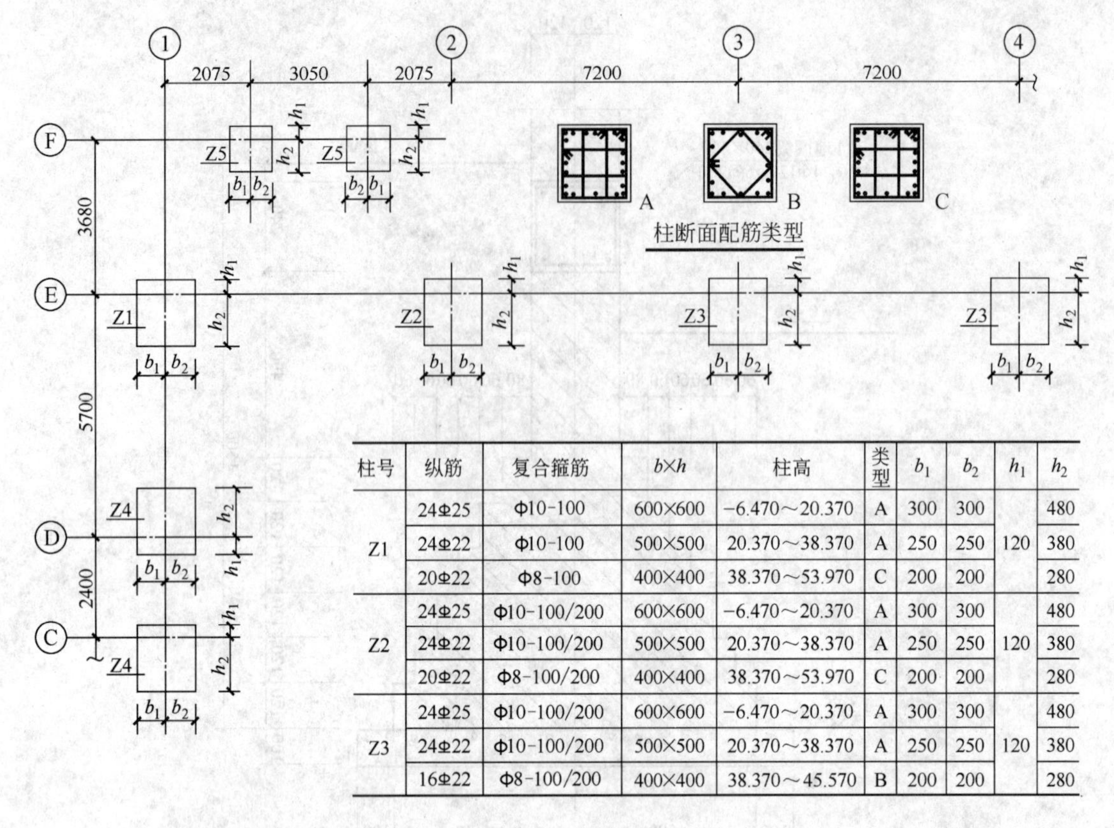

柱号	纵筋	复合箍筋	b×h	柱高	类型	b_1	b_2	h_1	h_2
Z1	24Φ25	Φ10-100	600×600	−6.470～20.370	A	300	300	120	480
	24Φ22	Φ10-100	500×500	20.370～38.370	A	250	250		380
	20Φ22	Φ8-100	400×400	38.370～53.970	C	200	200		280
Z2	24Φ25	Φ10-100/200	600×600	−6.470～20.370	A	300	300	120	480
	24Φ22	Φ10-100/200	500×500	20.370～38.370	A	250	250		380
	20Φ22	Φ8-100/200	400×400	38.370～53.970	C	200	200		280
Z3	24Φ25	Φ10-100/200	600×600	−6.470～20.370	A	300	300	120	480
	24Φ22	Φ10-100/200	500×500	20.370～38.370	A	250	250		380
	16Φ22	Φ8-100/200	400×400	38.370～45.570	B	200	200		280

图 10-9　柱平法施工图列表注写方式示例

LZ1——梁上柱，编号为 1。

250×300——柱 LZ1 的截面尺寸为 250mm×300mm。

6Φ16——柱周边均匀对称布置 6 根直径为 16mm 的Ⅱ级钢筋。

Φ8@200——柱内箍筋直径为 8mm，Ⅰ级钢筋，间距 200mm，均匀布置。

KZ3 柱旁的标注意义为：

KZ3——框架柱，编号为 3。

650×600——柱 KZ3 的截面尺寸为 650mm×600mm。

24Φ22——柱周边均匀对称布置 24 跟直径为 22mm 的Ⅱ级钢筋。

Φ10@100/200——柱内箍筋直径为 10mm，Ⅰ级钢筋，加密区间距为 100mm，非加密区间距为 200mm。

图 10-11 所示为柱布置图。从图中可知，在底层有 Z1 和 Z2 两种柱子，其截面尺寸均为 300mm×300mm；Z1 纵向在四个角处各配置一根直径为 22mm 的Ⅱ级钢筋，前后两侧各配置一根直径为 22mm 的Ⅱ级钢筋，配置横向箍筋为直径 8mm 的Ⅰ级钢筋，加密区箍筋中心距离 100mm，非加密区箍筋中心距离 200mm；Z2 纵向在四个角处各配置一根直径为 18mm 的Ⅱ级钢筋，配置横向箍筋为直径 8mm 的Ⅰ级钢筋，加密区箍筋中心距离 100mm，非加密区箍筋中心距离 200mm。在 2～3 层，对应 Z1 和 Z2 处为 GZ1 和 GZ2，其截面尺寸均变为 240mm×240mm；GZ1 纵向在四个角处各配置一根直径为 16mm 的Ⅱ级钢筋，配置横向箍筋同 Z2。在二层平面图雨篷处增加三个 GZ6，其截面尺寸均为 120mm×120mm，柱高为 3.60～4.45m。

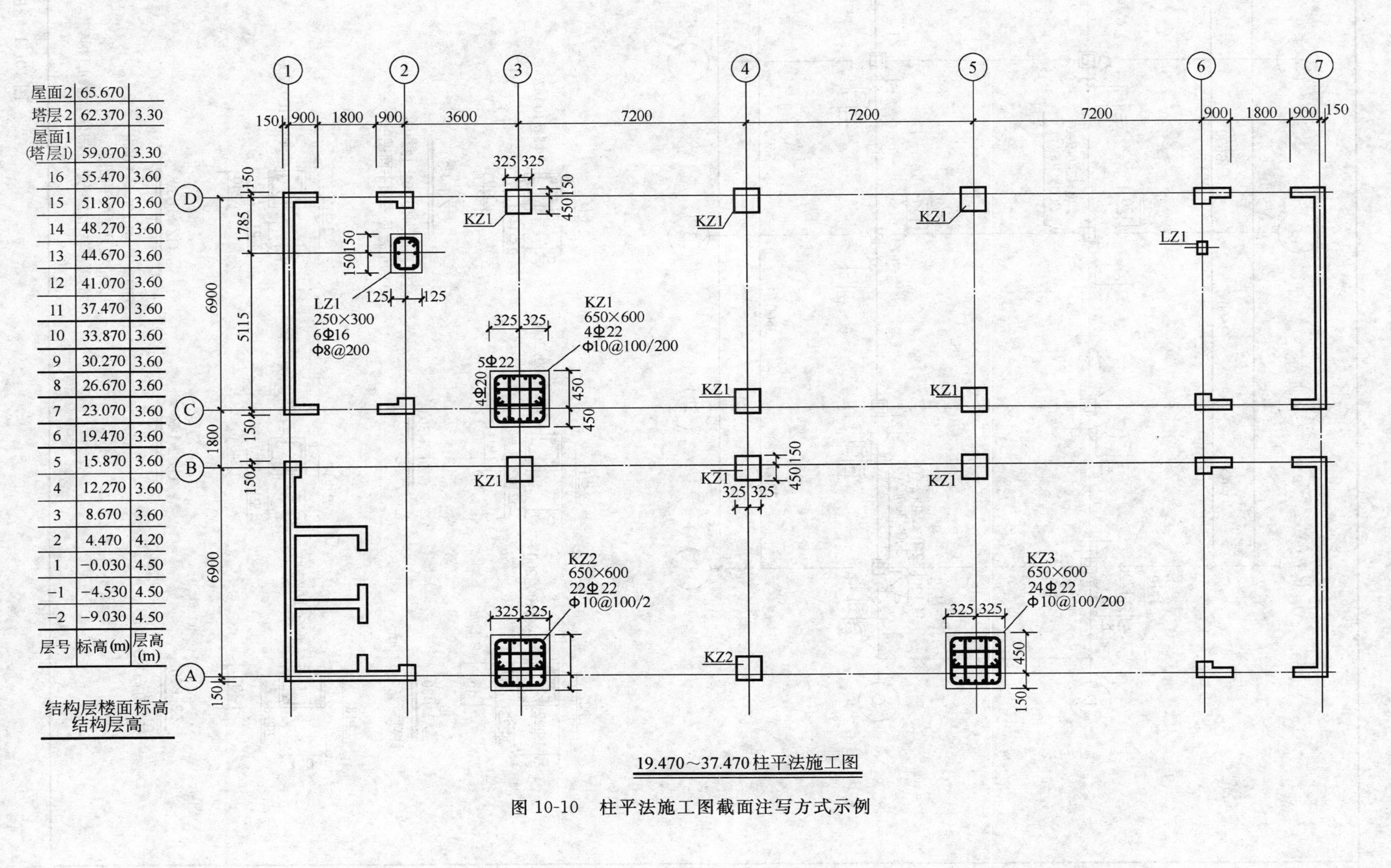

层号	标高(m)	层高(m)
屋面2	65.670	
塔层2	62.370	3.30
屋面1(塔层1)	59.070	3.30
16	55.470	3.60
15	51.870	3.60
14	48.270	3.60
13	44.670	3.60
12	41.070	3.60
11	37.470	3.60
10	33.870	3.60
9	30.270	3.60
8	26.670	3.60
7	23.070	3.60
6	19.470	3.60
5	15.870	3.60
4	12.270	3.60
3	8.670	3.60
2	4.470	4.20
1	-0.030	4.50
-1	-4.530	4.50
-2	-9.030	4.50

图 10-10 柱平法施工图截面注写方式示例

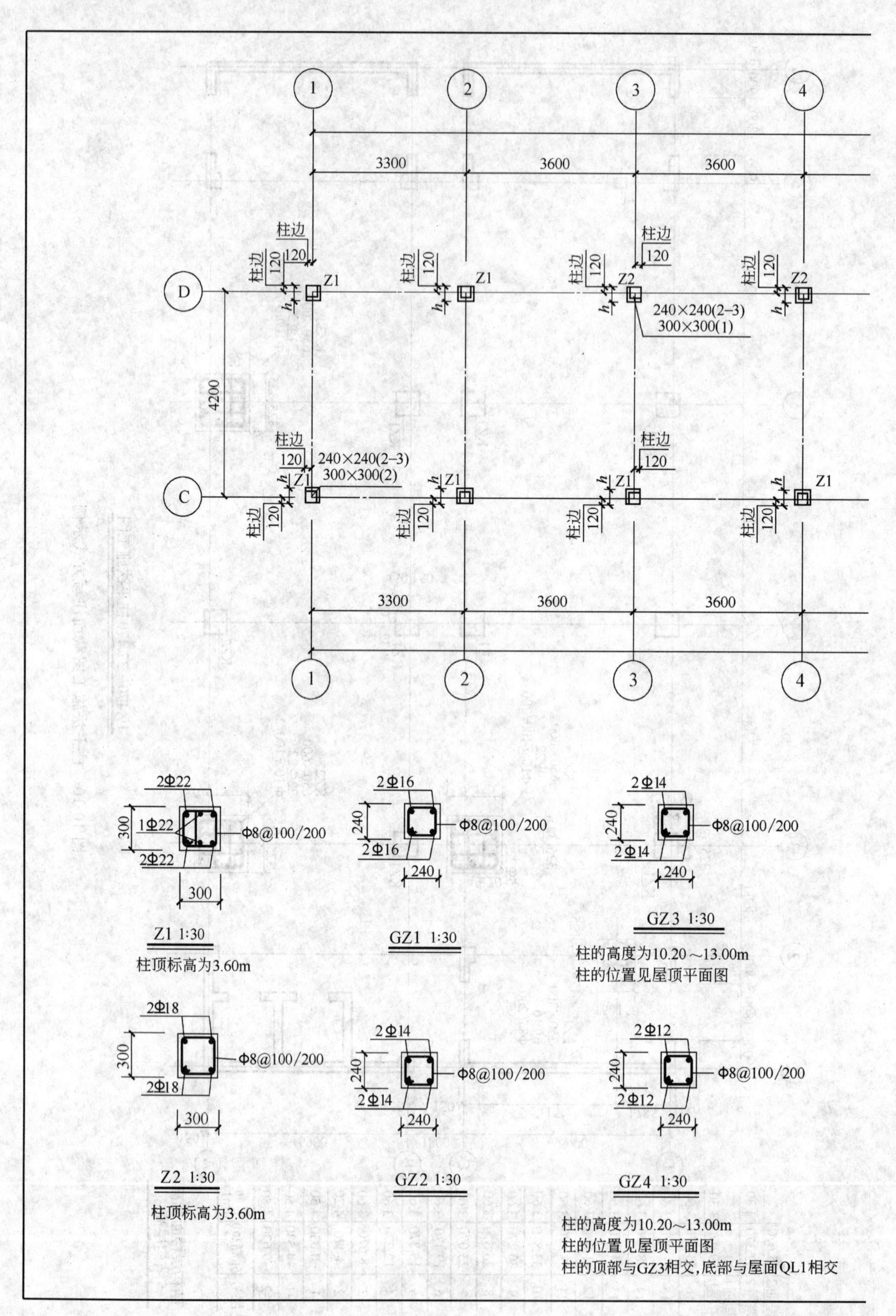
1
2
3
4
3300
3600
3600
柱边
120
Z1
Z2
D
C
h
240×240(2–3)
300×300(1)
4200
240×240(2–3)
300×300(2)
2Φ22
1Φ22
300
Φ8@100/200
Z1 1:30
柱顶标高为3.60m
2Φ16
240
GZ1 1:30
2Φ14
GZ3 1:30
柱的高度为10.20～13.00m
柱的位置见屋顶平面图
2Φ18
Z2 1:30
GZ2 1:30
2Φ12
GZ4 1:30
柱的顶部与GZ3相交,底部与屋面QL1相交

图 10-11　柱

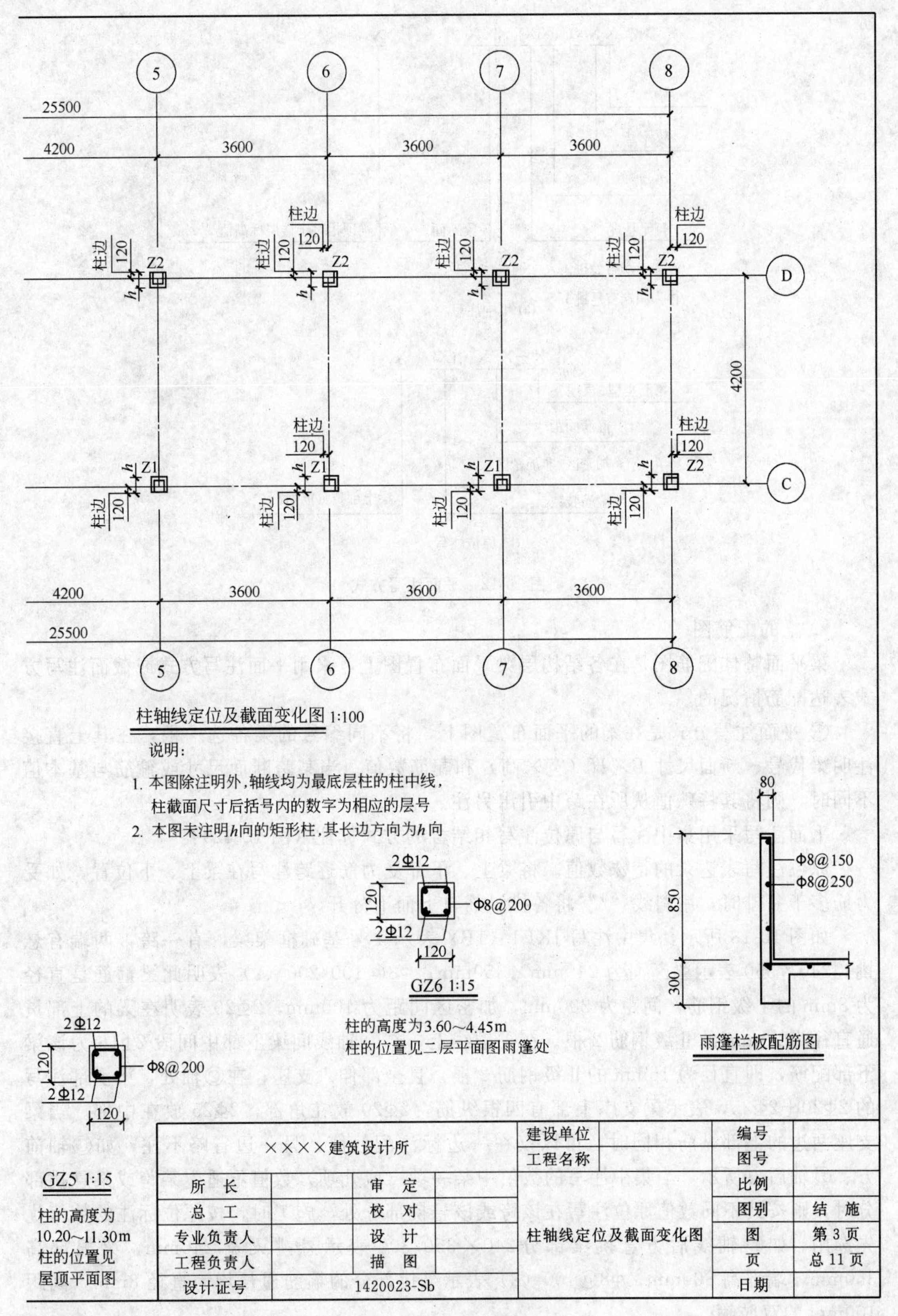

××××建筑设计所				建设单位		编号	
				工程名称		图号	
所　长		审　定		柱轴线定位及截面变化图		比例	
总　工		校　对				图别	结　施
专业负责人		设　计				图	第 3 页
工程负责人		描　图				页	总 11 页
设计证号		1420023-Sb				日期	

布置图

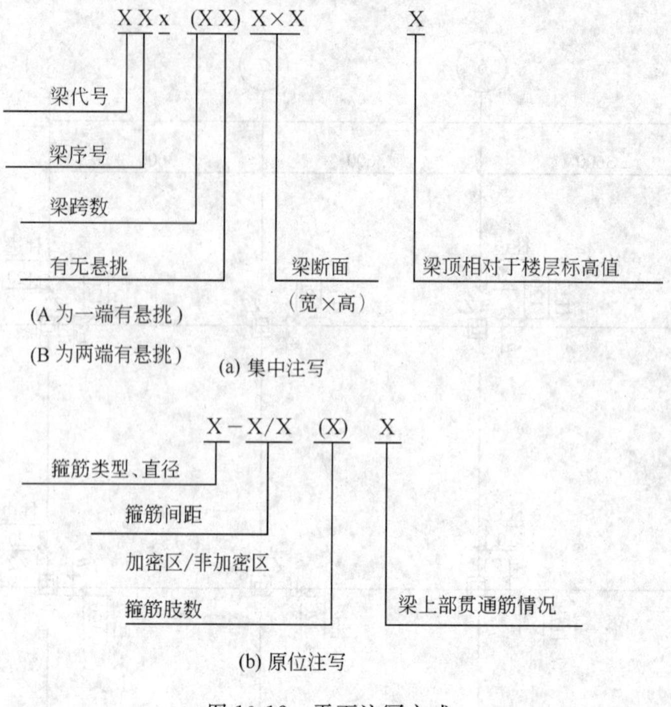

图 10-12　平面注写方式

2. 梁的配筋图

梁平面整体配筋图是在各结构层梁平面布置图上，采用平面注写方式或截面注写方式表达配筋情况的。

① 平面注写方式是在梁的平面布置图上，将不同编号的梁各选一根，在其上直接注明梁代号、断面尺寸 $B\times H$（宽×高）和配筋数值。当某跨断面尺寸或箍筋与基本值不同时，则将其特殊值从所在跨中引出另注。

平面注写采用集中注写与原位注写相结合的方式标注（图 10-12）：

原位注写表达梁的特殊数值。将梁上、下部受力筋逐跨注写在梁上、下位置，如受力筋多于一排时，用斜线“/”将各排纵筋自上而下分开。

如图 10-13 所示，集中注写 JKL1（1B）表示 1 号基础框架梁，有一跨，两端有悬挑；240×350 表示梁断面为 240mm×350mm；φ8@100/200（2）表明此梁箍筋是直径为 8mm 的Ⅰ级钢筋，间距为 200mm，加密区间距为 100mm，2Φ20 表明在梁的上部贯通直径为 20mm 的Ⅱ级钢筋 2 根。在①轴线上，©Ⓓ轴线间梁下部中间段 2Φ16 为该梁下部配筋，即直径为 16mm 的Ⅱ级钢筋 2 根，且全部伸入支座；在©轴处，梁上部注写的 2Φ20＋2Φ25，表示梁支座上部有四根纵筋，2Φ20 放在角部，2Φ25 放在中部。当梁支座两边的上部纵筋相同时，可以仅在一边标注配筋值，另一边省略不注，如©轴前方、Ⓓ轴后方所示。当集中注写的数值中某一项（或几项）数值不适应某跨或某悬挑部分时，则按其不同数值原位注写在该跨或该悬挑部分处，施工时，按原位标注的数值优先选用。如Ⓓ轴线后方悬挑梁部分 240×350/300 表示悬挑梁宽 240mm，梁根部高 350mm，端部高 300mm；φ8@100（2）表示悬挑部分的箍筋通长均为直径 8mm，间距 100mm 的双肢箍。

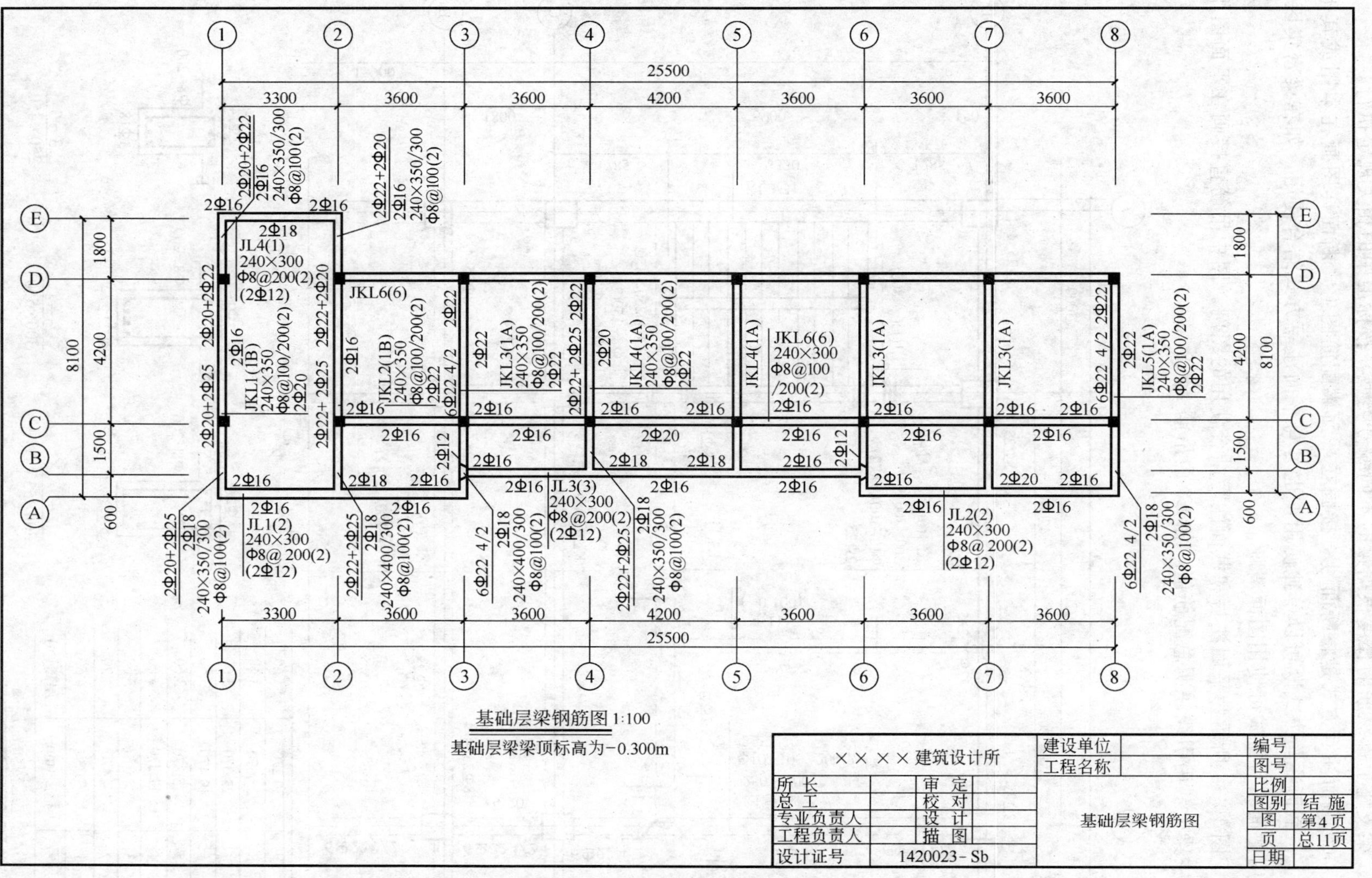

图 10-13 基础层梁配筋图

梁支座上部纵筋的长度根据梁的不同编号类型，按标准中的相关规定执行。

② 截面注写方式是将断面号直接画在平面梁配筋图上，断面详图画在本图或其他图上。截面注写方式既可以单独使用，也可与平面注写方式结合使用，如在梁密集区，采用截面注写方式可使用图面清晰。

图 10-14 所示为平面注写和截面注写结合使用的图例。图中吊筋直接画在平面图中的主梁上，用引线注明总配筋值，如 L3 中吊筋 2Φ18。

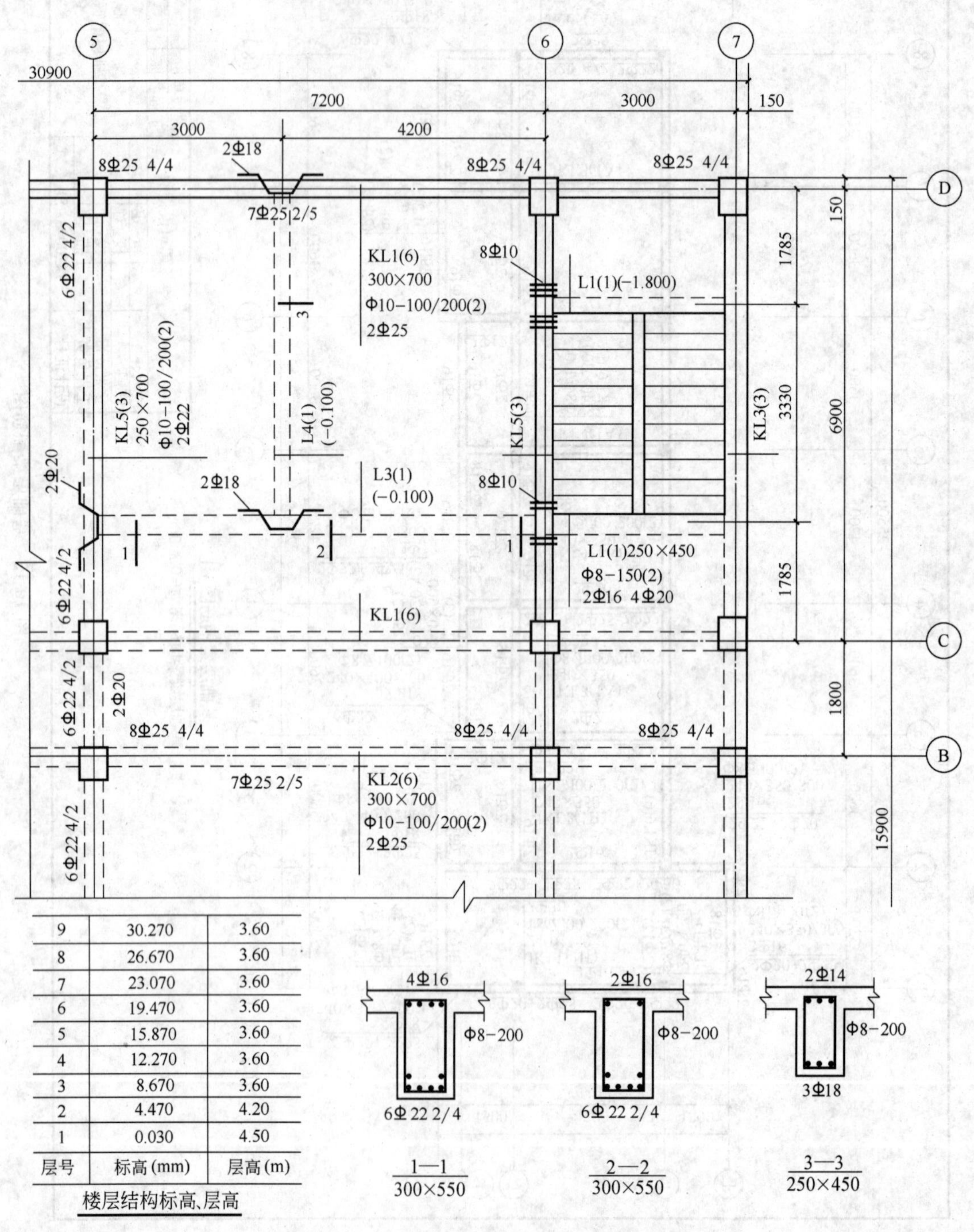

9	30.270	3.60
8	26.670	3.60
7	23.070	3.60
6	19.470	3.60
5	15.870	3.60
4	12.270	3.60
3	8.670	3.60
2	4.470	4.20
1	0.030	4.50
层号	标高(mm)	层高(m)

楼层结构标高、层高

图 10-14　梁平面注写和截面注写结合使用举例

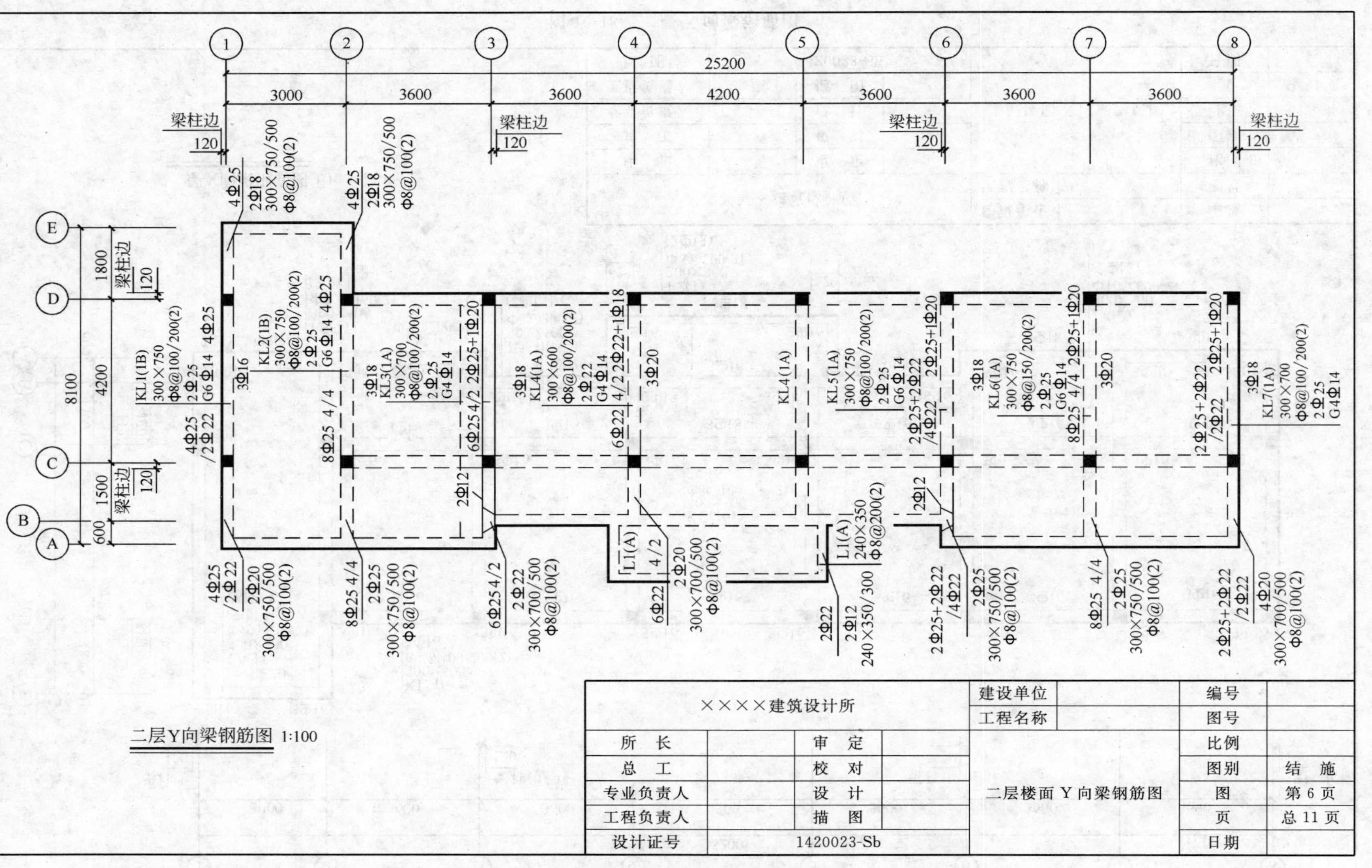

图 10-15 二层 Y 向梁配筋图

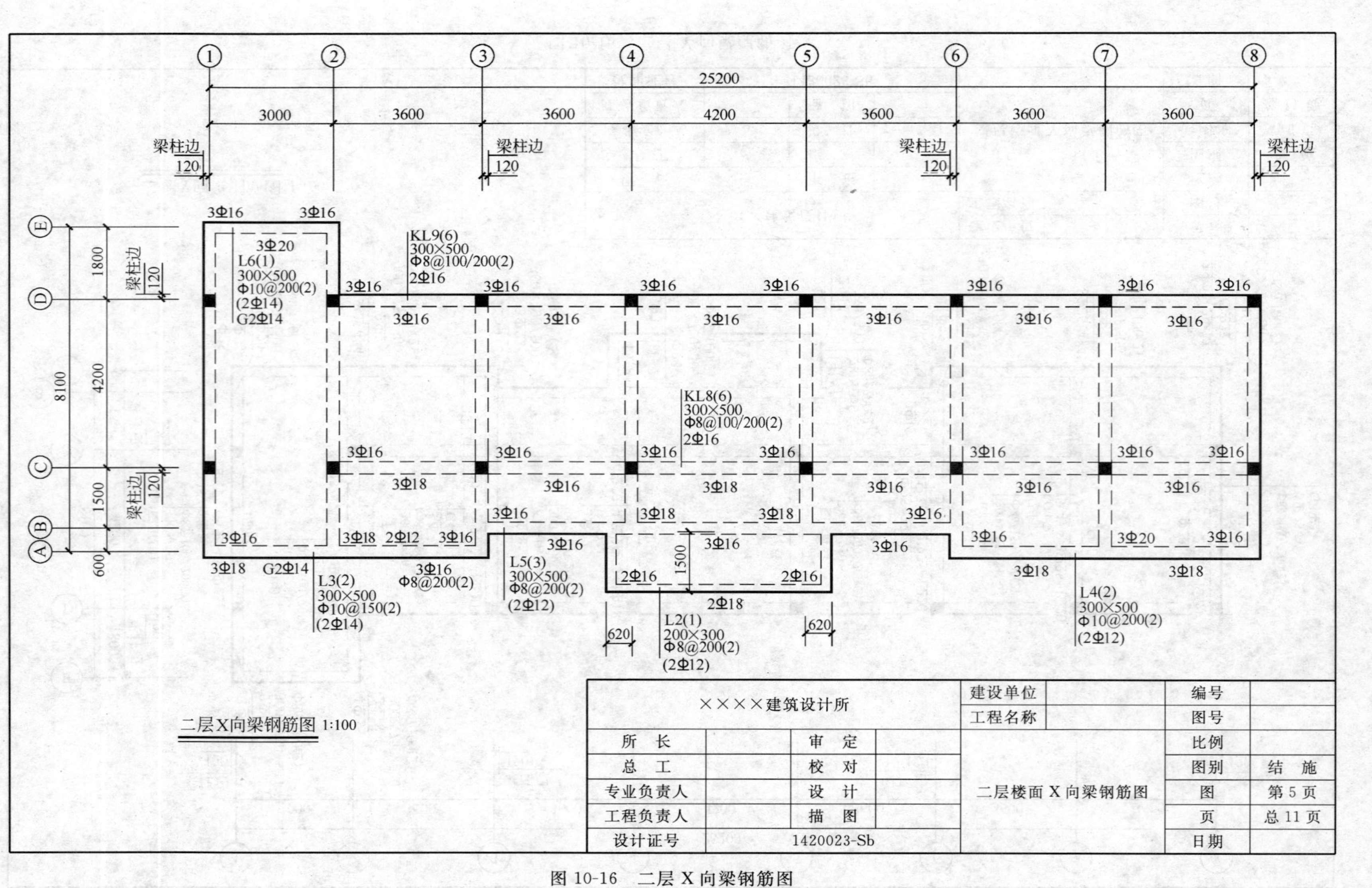

图 10-16 二层X向梁钢筋图

当楼面梁数量较多时，往往将其布置和配筋图按纵横两个方向分别画，形成横向（或 Y 向）梁配筋图和纵向（或 X 向）梁配筋图，如图 10-15 和图 10-16 所示。

梁除了采用平面整体配筋图外，常常还辅以配筋构造详图，图 10-17 所示为梁 L 配筋构造。

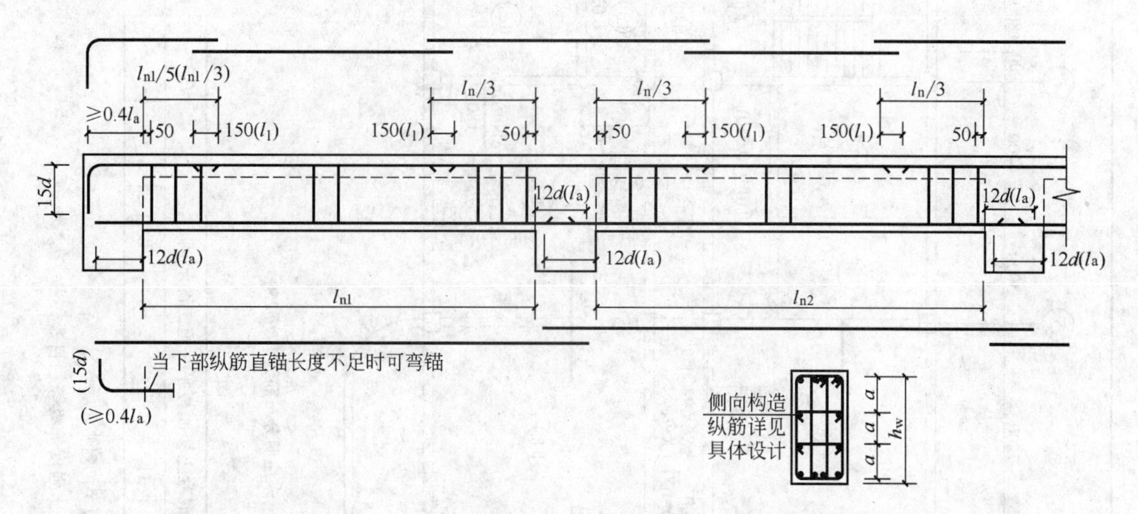

图 10-17　梁 L 配筋构造

上图中括号内的数字用于弧行非框架梁，当端支座为柱、剪力墙、框支梁或深梁时，梁端部上部筋取 $l_n/3$（l_n 为相邻左右两跨中跨度较大一跨的跨度值）。图中锚固长度 l_a 见表 10-7。梁下部肋形钢筋的直锚长度见图注，当为光圆钢筋时，直锚长度为 $15d$。

表 10-7　受拉钢筋的最小锚固长度 l_a

钢筋种类		混凝土强度等级									
		C20		C25		C30		C35		≥C40	
		$d \leqslant 25$	$d>25$	$d \leqslant 25$	$d>25$	$d \leqslant 25$	$d>25$	$d \leqslant 25$	$d>25$	$d \leqslant 25$	$d>25$
HPB235	普通钢筋	$31d$	$31d$	$27d$	$27d$	$24d$	$24d$	$22d$	$22d$	$20d$	$20d$
HRB335	普通钢筋	$39d$	$42d$	$34d$	$37d$	$30d$	$33d$	$27d$	$30d$	$25d$	$27d$
	环氧树脂涂层钢筋	$48d$	$53d$	$42d$	$46d$	$37d$	$41d$	$34d$	$37d$	$31d$	$34d$
HRB400 RRB400	普通钢筋	$46d$	$51d$	$40d$	$44d$	$36d$	$39d$	$33d$	$36d$	$30d$	$33d$
	环氧树脂涂层钢筋	$58d$	$63d$	$50d$	$55d$	$45d$	$49d$	$41d$	$45d$	$37d$	$41d$

注：1. 当弯锚时，有些部位的锚固长度大于或等于 $0.4l_a+15d$，见各类构件的标准构造详图。

2. 当钢筋在混凝土施工过程中易受扰动（如滑模施工）时，其锚固长度应乘以修正系数 1.1。

3. 在任何情况下，锚固长度不得小于 250mm。

4. HPB235 钢筋为受拉时，其末端应做成 180°弯钩。弯钩平直段长度不应小于 $3d$。当为受压时，可不做弯钩。

3. 板的配筋图

钢筋混凝土现浇板的配筋通常用平法施工图来表示，即在楼面板和屋面板布置图上，采用平面注写的表达方式，如图 10-18 所示。

板平面注写主要包括板（带）集中标注和板（带）支座原位标注。

从图 10-18 中可以看出这是楼面标高为 15.870～26.670 四层楼面板的板平法施工图。

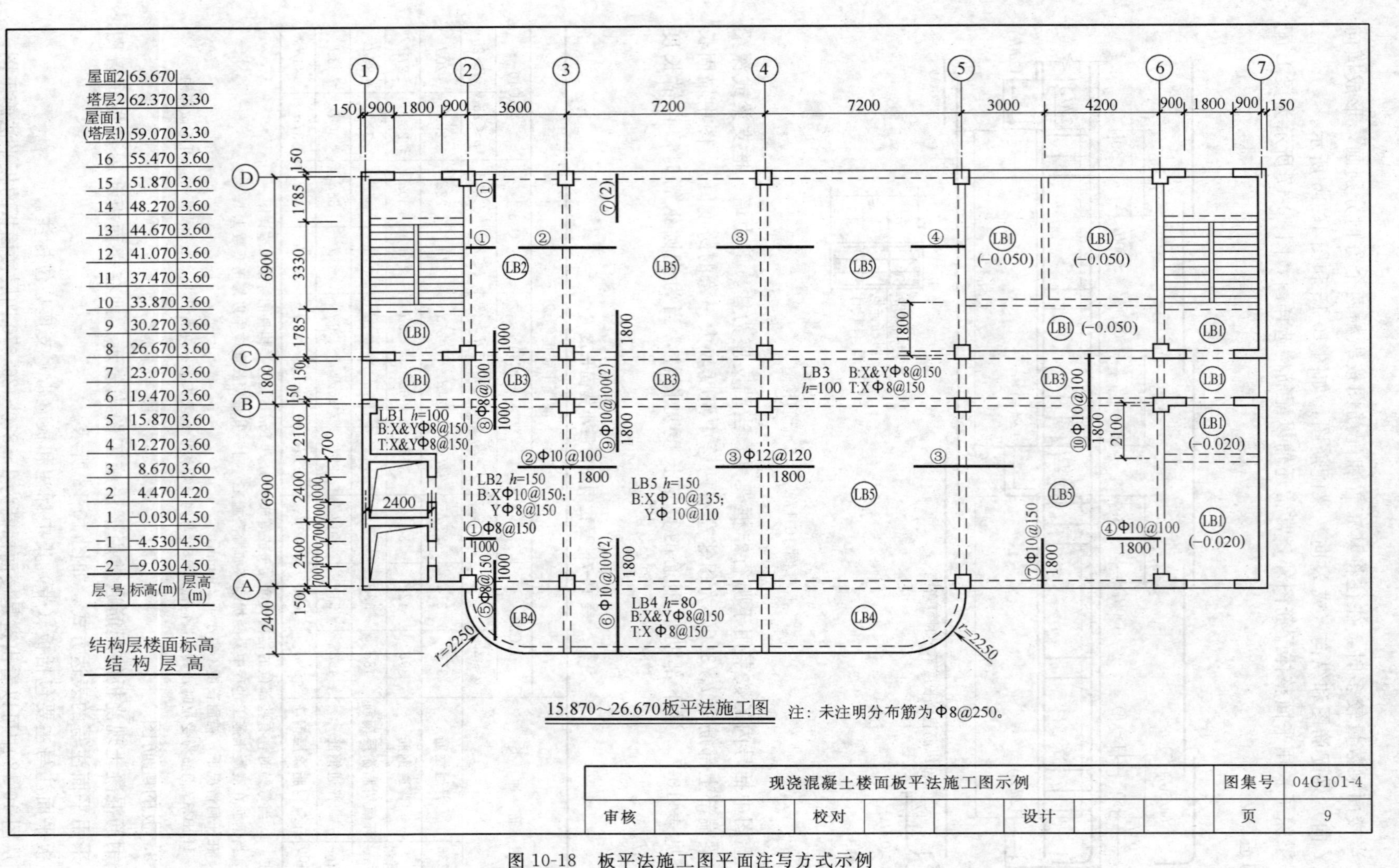

图 10-18 板平法施工图平面注写方式示例

注：可在结构层楼面标高、结构层高表中加设混凝土强度等级等栏目。

图中集中标注：

LB1 $h=100$ “LB1”表示1号楼面板，“$h=100$”表示板厚为100mm。

B：X&Yϕ8@150 “B”表示下部配筋，“X&Yϕ8@150”表示在X和Y方向上均配置直径为8mm的Ⅰ级钢筋，其中心间距为150mm的贯通纵筋。

T：X&Yϕ8@150 “T”表示上部配筋，“X&Yϕ8@150”意义同上。

LB2 $h=150$ “LB2”表示2号楼面板，“$h=150$”表示板厚为150mm。

B：Xϕ10@150 Yϕ8@150 表示板下部X方向配ϕ10@150的贯通纵筋，Y方向配置ϕ8@150的贯通纵筋。

图中板支座原位标注：

②ϕ10@100 / 1800 表示支座上部②号非贯通筋为ϕ10@100，自支座中线向两边跨内的

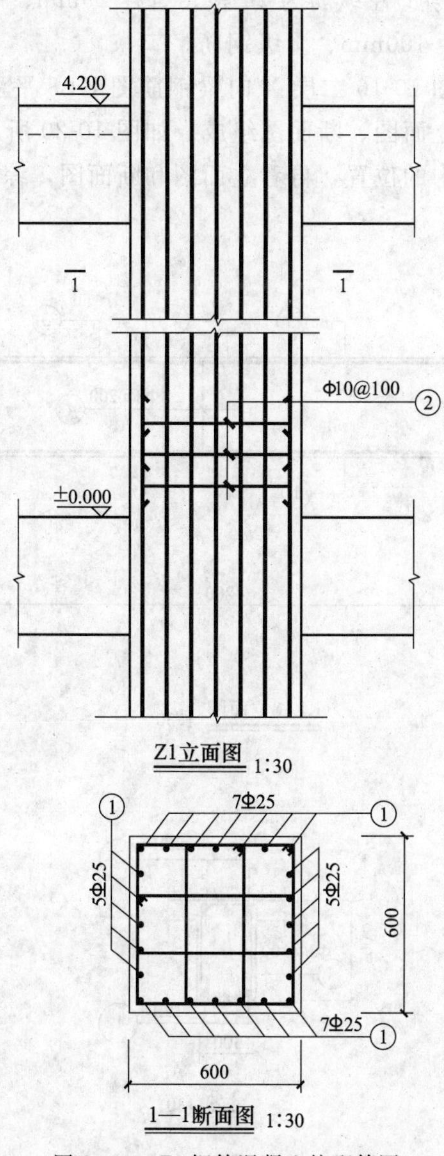

图 10-19 Z1钢筋混凝土柱配筋图

延伸长度均为 1.8m。

$\frac{⑨Φ10@100\ (2)}{1800\quad 1800}$ 表示支座上部⑨号非贯通筋为Φ10@100，沿支撑梁连续布置 2 跨，自支座中线向两边跨内的延伸长度均为 1.8m。

⑦（2)表示该筋同⑦号纵筋，沿支座梁连续布置 2 跨。

4. 传统配筋图表示方法及识读

(1) 柱的配筋图　以图 10-19Z1 柱平法表示为例改用传统方法表达：该柱的配筋图由柱立面图、断面图组成。如图 10-19 所示。读图时先看图名，了解柱在平面图中的位置，再看立面图和断面图、综合了解柱的外形、尺寸及柱的配筋情况等。

图中 Z1 表示编号为 1 的钢筋混凝土柱。综合立面图和断面图的阅读，可知该柱为正方形柱，断面尺寸为 600×600，柱高±0.00 以下为－6.470m，以上为 20.370m，该段柱全长为 26.840m；编号①柱纵筋为 24 根、直径 25mm、Ⅱ级钢筋，编号②为柱复合箍筋，直径 10mm，间距 100mm、Ⅰ级钢筋。

(2) 梁的配筋图　以图 10-16 二层 X 向梁钢筋图 KL8 平法表示为例改用传统方法表达：该梁的配筋图由梁立面图、断面图组成。如图 10-20 所示。读图时先看图名，了解该梁在楼层结构平面图中的位置，再看立面图和断面图，综合了解该梁的外形、尺寸及梁的配筋情况等。

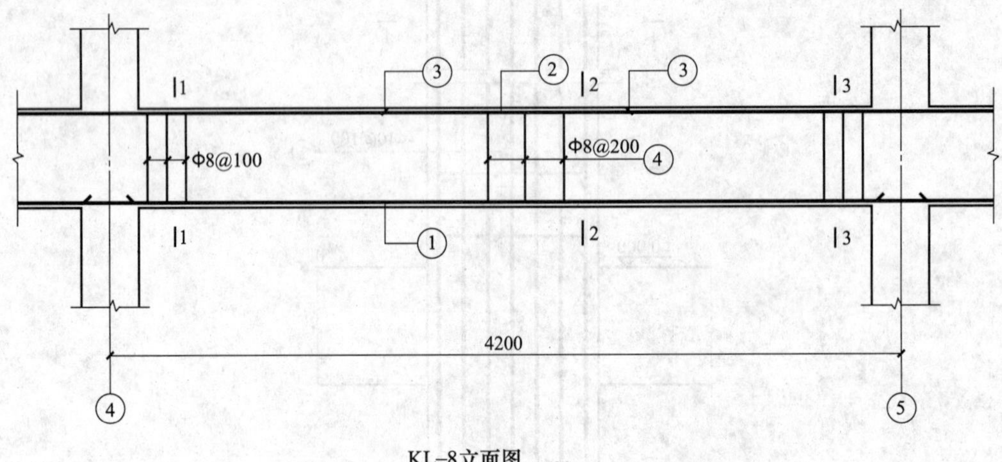

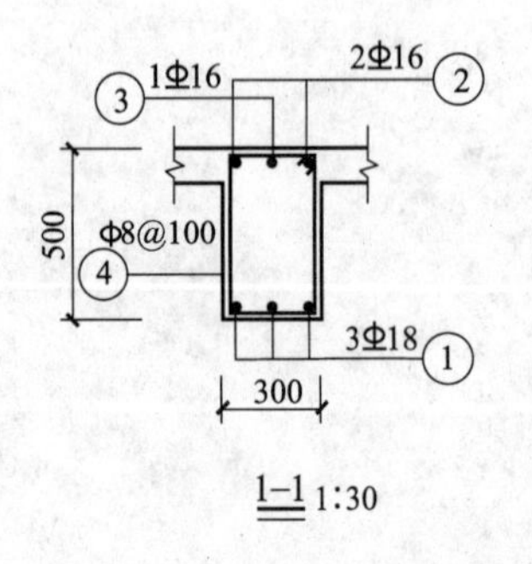

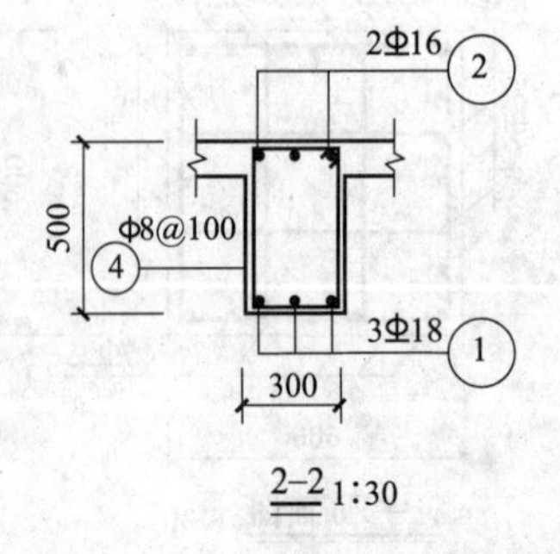

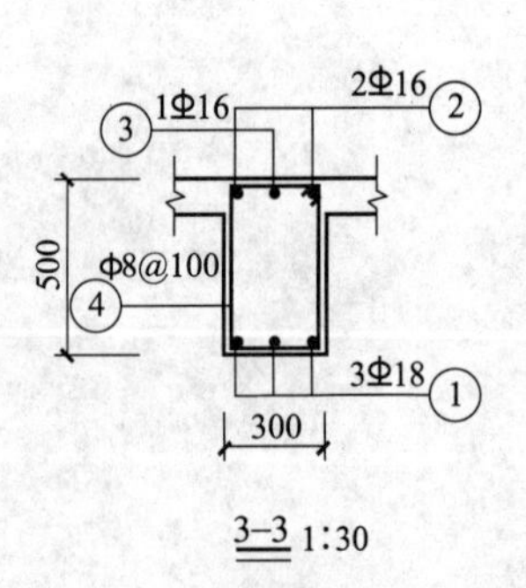

图 10-20　KL8 钢筋混凝土梁配筋图

图中 KL8 表示框架梁，编号为 8，综合立面图和断面图阅读，可知该梁为矩形梁，梁长为 420mm、梁宽为 300mm、梁高为 500mm。梁下部为受力筋，编号为①，共 3 根直径 18mm 的Ⅱ级钢筋；梁上部为架立筋，编号为②，共 2 根直径 16mm 的Ⅱ级钢筋；编号④为梁箍筋，直径 8mm，Ⅰ级钢筋，跨中间距为 200mm，两端支座处加密区间距为 100mm。梁上部两端支座处各加配了 1 根直径 16mm 的端支座钢筋，编号为③，主要抵抗梁上部产生的负弯矩。

（3）板的配筋图　以图 10-18 LB5 板配筋图平法表示为例改用传统方法表达：该板的配筋图由平面图和重合断面图组成。一般将板的配筋直接画在平面图上，每种钢筋只画一根，用粗实线表示。板的断面图直接画在平面图上，称为重合断面图，主要表示板的形状，板厚及板的标高等。如图 10-21 所示。

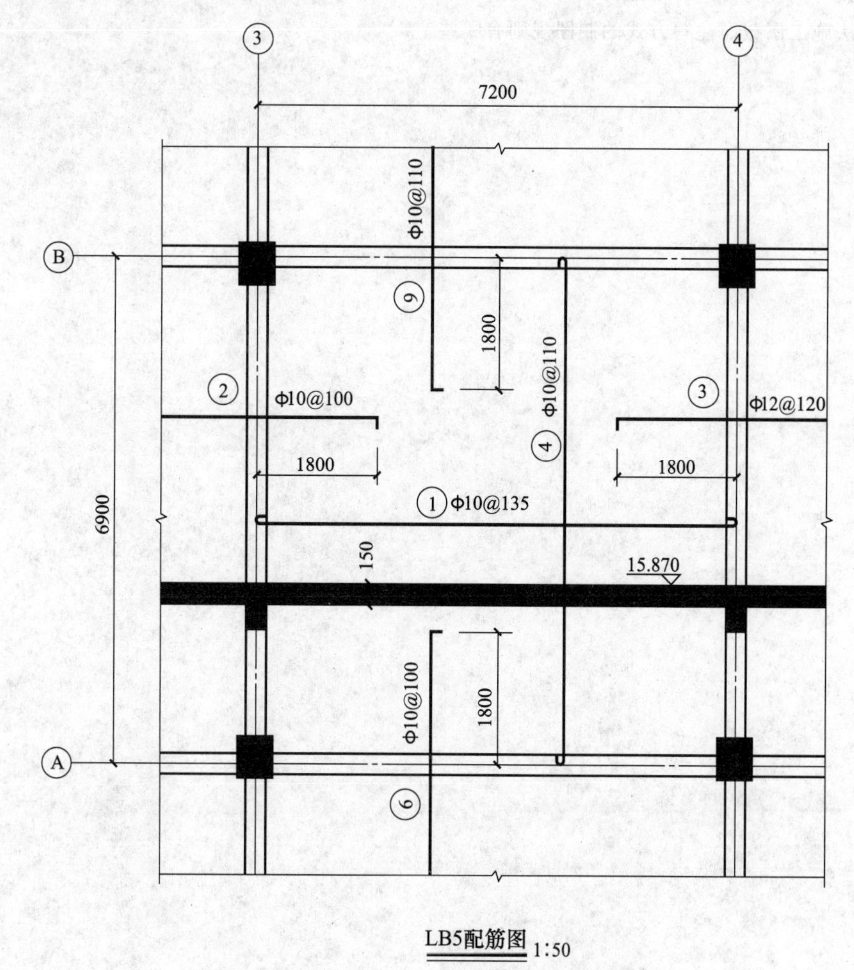

图 10-21　LB5 钢筋混凝土板配筋图

读图时先看图名，了解板在平面图中的位置，再看板平面图，综合了解该跨板的尺寸、配筋、板标高等。从平面图中可知，LB5（双向板）板跨③～④轴线尺寸为 7200mm，Ⓐ～Ⓑ轴线尺寸为 6900mm，板厚为 150mm，板标高为 15.870m。

编号①长跨配筋为直径 10mm，中心距为 135mm 的Ⅰ级钢筋；编号④短跨配筋为直径 10mm，中心距为 110mm 的Ⅰ级钢筋，称为受力钢筋，均放在板的下部；板四边支座处，编号②、⑥、⑨配筋为直径10mm，中心距为100mm，③配筋为直径12mm，中心距为120mm，自支座中轴线向板跨两边内的延伸长度均为1800mm，称为非贯通筋，均放在板上部，主要抵抗板上部产生的负弯矩以及防止板边沿出现开裂。

思 考 题

1. 什么是结构施工图？结构施工图有哪些内容？
2. 基础平面图表达哪些内容？基础详图表达哪些内容？两者在施工中各起什么作用？
3. 结构平面图主要表达哪些内容？
4. 钢筋混凝土构件详图由哪些组成？
5. 平法设计的意义是什么？它与传统的结构设计表示方法有什么不同？
6. 平法设计的注写方式有哪几种？
7. 柱平法施工图截面注写方式的制图规则有哪些？

第十一章　设备施工图

第一节　室内给水排水施工图

给水也称上水，排水也称下水，分室内、室外两种，这里只介绍室内。室内给水排水施工图，是针对房屋建筑内需要供水的厨房、卫生间等房间，以及工矿企业中的锅炉房、浴室、实验室、车间内的用水设备等给水和排水工程，主要包括设计说明、材料统计表、管道平面布置图、管路系统轴测图以及详图。

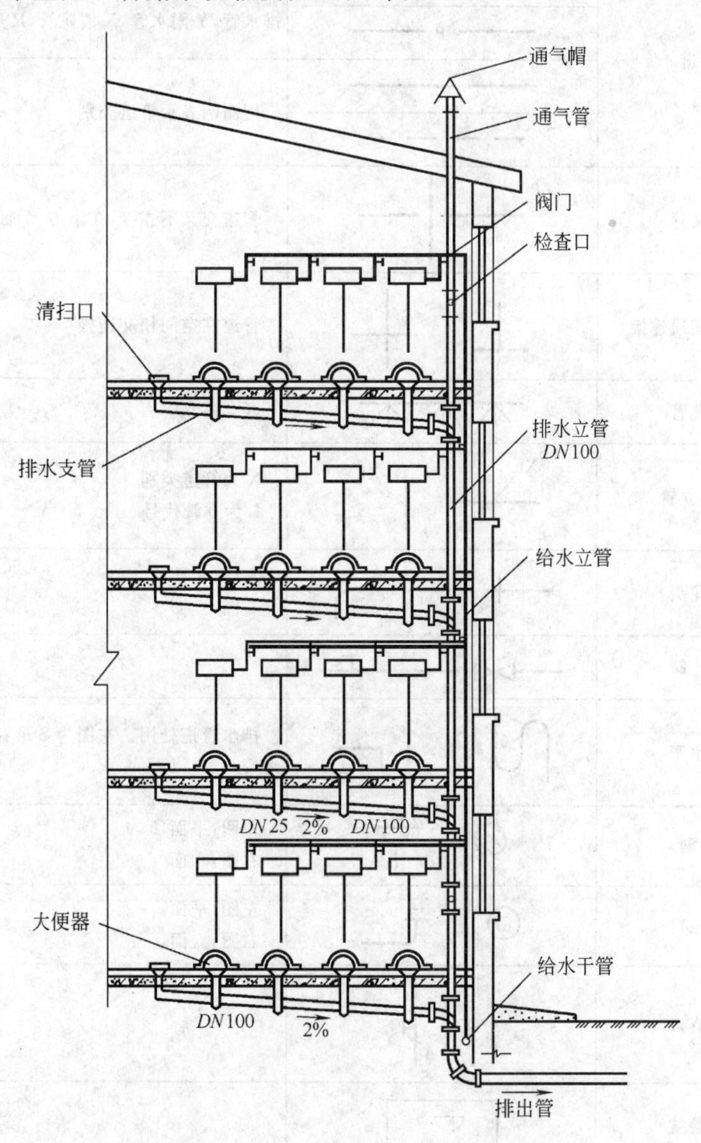

图 11-1　室内给水排水管网的组成

室内给水系统由房屋引入管、水表节点、给水管网（由干管、立管、横支管组成）、给水附件（水龙头、阀门）、用水设备（卫生设备）、水泵、水箱等附属设备组成。室内排水系统由污废水收集器、排水横支管、排水立管、排水干管和排出管组成。室内给水排水管网的组成如图 11-1 所示。

一、室内给水排水施工图的特点

① 给水排水施工图中的管道设备常常采用统一的图例和符号表示，这些图例和符号并不能完全表示管道设备的实样。因此在绘制和识读给水排水施工图前，应首先熟悉和阅读常用的图例符号所表示的内容（表 11-1）。

表 11-1　给水排水施工图常用图例

序号	名　称	图　例	说　明
1	管道	—— J ——	用汉语拼音字头表示管道类别:J(G)给水管,P(W)排水管,Y 雨水管,X 消防管,R 热水管
		—— P ——	
			用图例表示管道类别
2	交叉管		管道交叉不连接,在下方、后面的要断开
3	三通或四通连接		管道在空间相交连接
4	多孔管		开孔淋水管
5	管道立管	XL　XL	X 为管道类别 L 为立管代号
6	水龙头		左图:平面 右图:立面
7	截止阀		
8	存水弯		排水管道处用。左图为 S 形存水弯;右图为 P 形存水弯
9	地漏		左图:平面 右图:立面
10	清扫口		左图:平面 右图:立面
11	检查口		
12	洗脸盆		

续表

序号	名　称	图　例	说　明
13	浴盆		
14	盥洗台	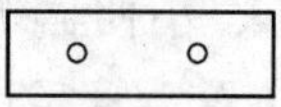	
15	污水池		
16	小便槽		
17	蹲式大便器		
18	坐式大便器	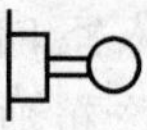	
19	淋浴喷头	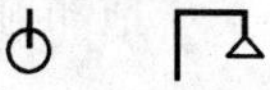	左图:平面 右图:立面
20	水管坡度		
21	通气帽		左图:通气罩 右图:通气帽

② 给水排水管道系统图的图例线条较多，绘制识读时，要根据水源的流向进行，一般情况如下。

室内给水系统：进户管（房屋引入管）→水表井（阀门井）→干管→立管→横支管→用水设备。

室内排水系统：污水收集器→横支管→立管→干管→排出管。

如有分流（合流）时，沿一个方向看到底，然后看其他方向。

③ 给水排水管道的空间布置往往是纵横交叉，用平面图难以表达。因此，在给水排水施工图中常用轴测投影的方法画出管道的空间位置情况，这种图称为管道系统轴测图，简称管道系统图。绘图时，要根据管道的各层平面图绘制，识读时要与平面图一一对应。

④ 给水排水施工图与土建施工图有紧密的联系，尤其是留洞、打孔、预埋件等对土建的要求必须在图纸上明确表示和注明。

二、室内给水排水施工图的内容

1. 设计说明

设计说明用于反映设计人员的设计思路及用图无法表示的部分，同时也反映设计者对施工的具体要求，主要包括设计范围、工程概况、管材的选用、管道的连接方式、卫生洁具的安装、标准图集的代号等。

2. 主要材料统计表

主要材料统计表是设计者为使图纸能顺利实施而规定的主要材料的规格型号。小型施工图可省略此表。

3. 平面图

平面图表示建筑物内给水排水管道及卫生设备的平面布置情况，它包括如下内容。

① 用水设备（如盥洗槽、大便器、拖布池、小便器等）的类型及位置。

② 各立管、水平干管、横支管的各层平面位置、管径尺寸、立管编号以及管道的安装方式。

③ 各管道零件如阀门、清扫口的平面位置。

④ 在底层平面图上，还反映给水引入管、污水排出管的管径、走向、平面位置及与室外给水排水管网的组成联系。

图 11-2 所示为某工程集体宿舍楼室内给水排水管道平面布置图实例。各层均设有盥洗槽一个，拖布池两个，小便槽一个，蹲式大便器四个，地漏一个，淋浴喷头两个，各水龙头之间的距离为 600mm，给水引入管进入室内后，分三根给水立管分别供水，从图 11-2（b）中可以看到 JL-1 供小便槽、一个拖布池及一个盥洗槽用水，JL-2 供四个大便器高位水箱用水，JL-3 供两个淋浴喷头及一个拖布池用水。

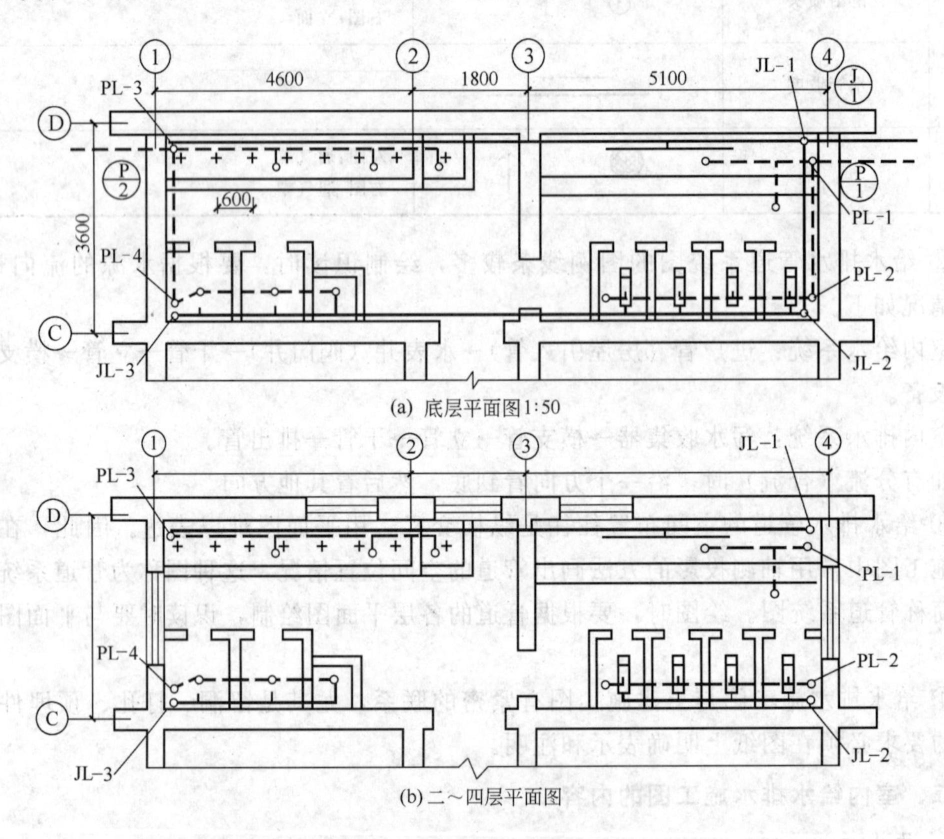

图 11-2　给水排水管道平面图

各层的地漏、大便器、小便槽污水通过各层的排水横支管，流到排水立管 PL-1、PL-2，汇流到排出管 $\frac{P}{1}$，从底层穿基础，通过排出管进入检查井。各层的盥洗槽、拖布池、淋浴间污水通过各层的排水横支管，进入排水立管 PL-3、PL-4，汇流到排出管

$\frac{P}{2}$，从底层穿基础，通过排出管流向市政污水井。

4. 系统轴测图

系统轴测图可分为给水系统轴测图和排水系统轴测图，它是用轴测投影的方法，根据各层平面图中卫生设备、管道及竖向标高绘制而成的，分别表示给水排水管道系统的上、下层之间，前、后、左、右之间的空间关系。在系统图中除注有各管径尺寸及立管编号外，还注有管道的标高和坡度，如图 11-3、图 11-4 所示，识图时只有把系统图与平面图互相对照起来阅读，才能了解整个室内给水排水系统的全貌。

① 识读给水系统轴测图时，从引入管开始，沿水流方向经过干管、立管、支管到用水设备。如图 11-3 所示，引入管（管径 70mm）进户位置在 JL-1 下部标高－1.300m 处穿基础，进入室内管径 70mm 的主管 JL-1 同弯头返高至－0.300m 处，由三通分出管径为 40mm 的水平干管和 *DN*50 的 JL-1，由水平干管引出管径为 40mm 和 32mm 的两根支管 JL-2、JL-3，在各立管上引出各层的水平支管至用水设备。

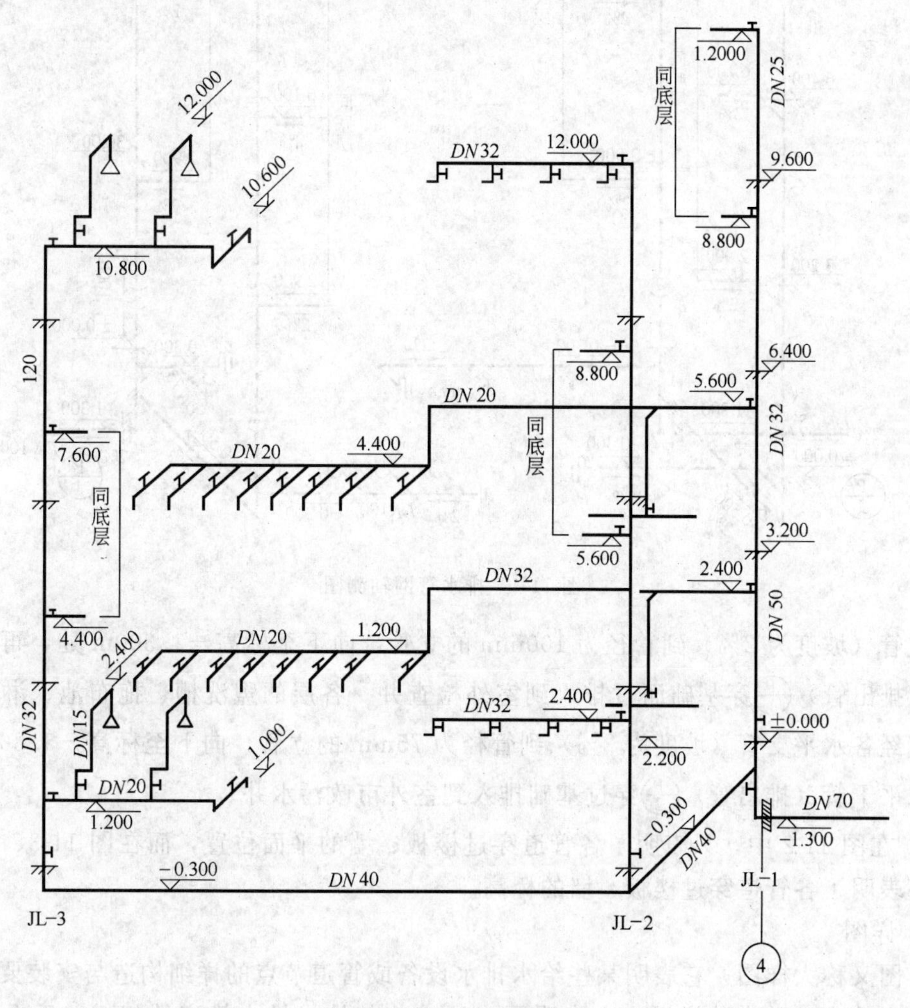

图 11-3　给水管网轴测图

② 识读排水系统轴测图时，可从上而下自下排水设备开始，沿污水流向经横支管、立管、干管到总排出管。如图 11-4 所示，各层地漏、大便器、小便槽污水是流经各水

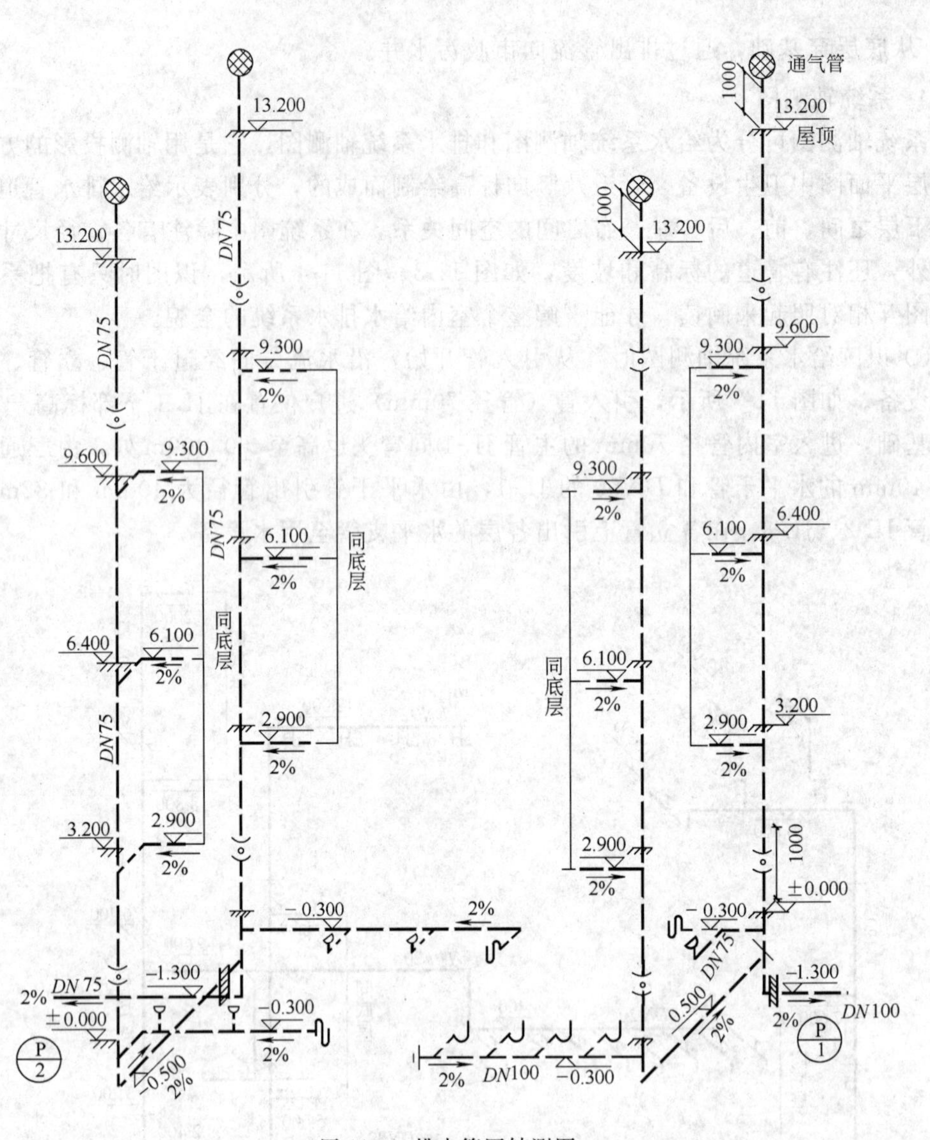

图 11-4 排水管网轴测图

平横支管（坡度为 2%）到管径为 100mm 的立管，向下至标高－1.300m 处，再经水平干管（排出管）(P/1)穿基础而过排入到室外检查井。各层的盥洗槽、拖布池、淋浴间污水是流经各水平支管（坡度为 2%）到管径为 75mm 的立管，向下至标高－1.300m 处，再经水平干管（排出管）(P/2)穿过基础排入到室外市政污水井。

③ 在图 11-2 中，只表明了各管道穿过楼板、墙的平面位置，而在图 11-3、图 11-4 中，还表明了各管道穿过楼板、墙的标高。

5. 详图

详图又称大样图，它表明某些给水排水设备或管道节点的详细构造与安装要求。图 11-5 所示拖布池的安装详图，它表明了水池安装与给水排水管道的相互关系及安装控制尺寸。有些详图可直接查询有关标准图集或室内给水排水设计手册，如水表安装详图、卫生设备安装详图等。

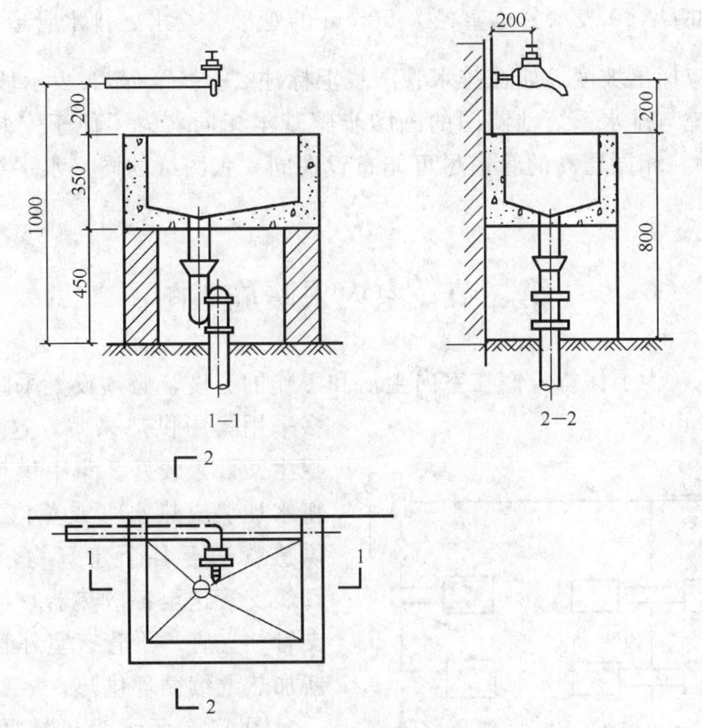

图 11-5　拖布池安装详图

三、画图步骤

1. 平面布置图

① 室内给水排水平面布置图，是从房屋建筑施工图中将用水房间部分抄绘而成的平面图，采用的比例可与建筑平面图相同，也可以根据需要将比例放大绘成，其中定位轴线编号、尺寸一定要与建筑平面图相同，墙身和门窗等一律画成 $b/3$ 的细线，门只需画出门洞位置，室内外地面、楼面、屋顶等均需注出标高，这些标高可从房屋建筑平面图、立面图、剖面图中查到。

② 各层的卫生设备在房屋建筑平面图中一般都已布置好，只须用宽度 $b/2$ 的中实线直接抄绘到平面图上，不标注尺寸，如果有特殊要求则可注上安装时的定位尺寸。

③ 平面布置图中的管道，无论管径大小一律用宽度为 b 的粗实线表示。如图 11-2 所示，给水管道用粗实线，排水管用粗虚线，立管用小圆圈，闸阀、地漏、清扫口、淋浴喷头等均是用中实线（中虚线）图例表示。为便于识图，管道须按系统给予标记、编号，给水管道的标记和编号为 $\frac{J}{1}$、$\frac{J}{2}$ 或 $\frac{G}{1}$、$\frac{G}{2}$，排水管道为 $\frac{P}{1}$、$\frac{P}{2}$ 或 $\frac{W}{1}$、$\frac{W}{2}$，外圆直径为 10mm。

2. 系统轴测图

① 系统轴测图，一般按斜等轴测投影原理绘制，与坐标轴平行的管道在轴测图中反映实长。但有时为了绘图美观，也可不按实际比例制图。

② 当空间交叉的管道在系统轴测图中相交时，要判断前、后、上、下的关系，然后按给水排水施工图中常用图例交叉管的画法画出，即在下方、后面的要断开。

③ 系统轴测图中给水管道仍用粗实线表示，排水管道用粗虚线表示。管径一般用

"*DN*"标注，如 *DN*50 表示公称直径为 50mm 的管子。给水、排水管道均应标注标高。

④ 排水管应标出坡度，如在排水管图线上标注"$\xrightarrow{2\%}$"，箭头表示坡降方向。

⑤ 给水系统与排水系统轴测图的画图步骤基本相同，为了便于安装施工，给水与排水管道系统中，相同层高的管道尽可能布置在同一张图纸的同一水平线上，以便相互对照查看。

第二节 室内采暖施工图

在寒冷地区，为了保持人们在室内生活和工作的温度，必须设置采暖设备。城镇大多采用集中供热采暖，这种方式既经济、卫生又效果较好。集中供热，就是由锅炉将水加热成热水（或蒸汽），然后由室外供热管送至各个建筑物，由各干管、立管、支管送至各散热器，经散热降温后由支管、立管、干管、室外管道送回锅炉重新加热继续循环供热。

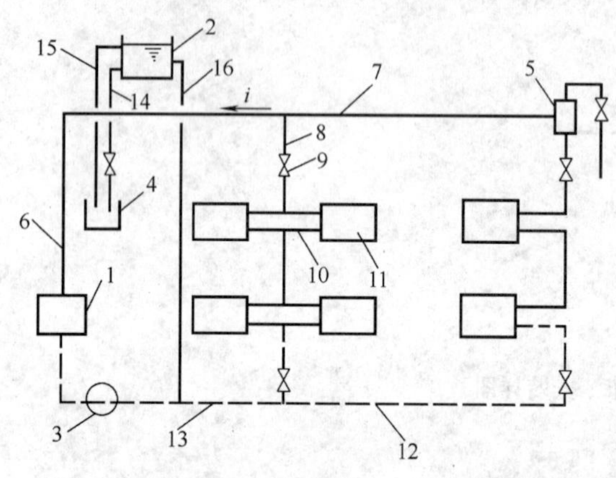

图 11-6 热水采暖系统工作原理简图

1—锅炉；2—膨胀水箱；3—循环水泵；4—排水池；5—集气罐；6—供水总立管；7—供水干管；8—供水立管；9—闸阀；10—供水支管；11—散热器；12—回水干管；13—回水总管；14—检查管；15—溢流管；16—膨胀管

图 11-6 所示为机械循环热水采暖系统工作原理简图。

热水采暖是以水为热媒的采暖系统。如图 11-6 中所示，当热水采暖系统全部充满水后，在循环水泵 3 的作用下，整个系统就会不断地循环流动。从循环水泵 3 出来的水被压入锅炉 1，水在锅炉中被加热至 90℃左右后，经供水总立管 6、供水干管 7、供水立管 8、供水支管 10 输送到散热器 11 散热，使室温升高，水温降低（一般为 70℃左右）后，又经支管、立管、回水干管 12、回水总管 13 被循环水泵抽出重新压入锅炉进行加热，形成一个完整的循环系统。

为了使系统充满水，不积存空气，保证热水采暖正常运行，在系统最高处设有集气罐 5。为了防止系统中的水因加热体积膨胀而胀裂，在系统中设有膨胀水箱 2，并用膨胀管 16 与回水管连接，使水对流，以防水箱中的水冻结，便于补充系统中漏失的少量水。膨胀水箱上设有溢流管 15 和检查管 14，使多余的水全部排入排水池 4。

一、采暖施工图的组成

采暖施工图一般分为室外和室内两部分，室外部分表示一个区域的采暖管网，包括总平面图、管道横剖面图与纵剖面图、详图及设计施工说明，室内部分表示一幢建筑物的采暖工程，包括采暖系统平面图、轴测图、详图及设计、施工说明。采暖施工图常用图例见表 11-2。

二、室内采暖施工图的内容

1. 采暖平面图

表 11-2　采暖施工图常用图例

序号	名　称	图　例	说　明
1	管道	——G——	用汉语拼音字头表示管道类别
		——H——	
			用图例表示管道类别
2	供水(汽)管		
	回(凝结)水管		
3	保温管		可用说明代
4	方形伸缩器		
5	圆形伸缩器		
6	套管伸缩器		
7	流向		
8	丝堵		
9	固定支架		左图:单管 右图:多管
10	截止阀		
11	闸阀		
12	止回阀		
13	散热器		左图:平面 右图:立面
14	散热放风门		
15	手动排气阀		
16	自动排气阀		
17	疏水器		
18	集气罐		
19	管道泵		
20	过滤器		
21	除污器		左图:平面 右图:立面
22	暖风机		

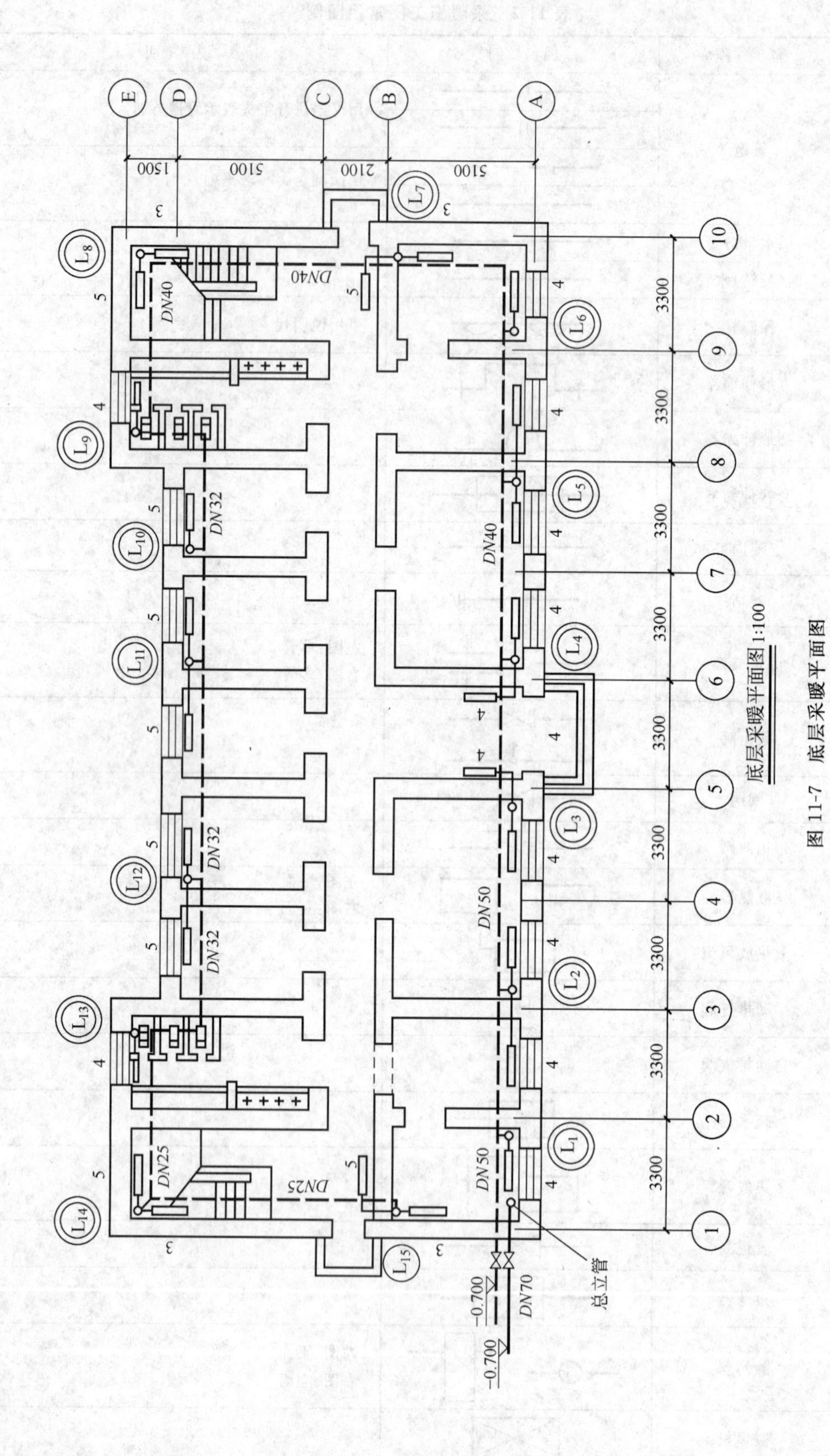

图 11-7 底层采暖平面图

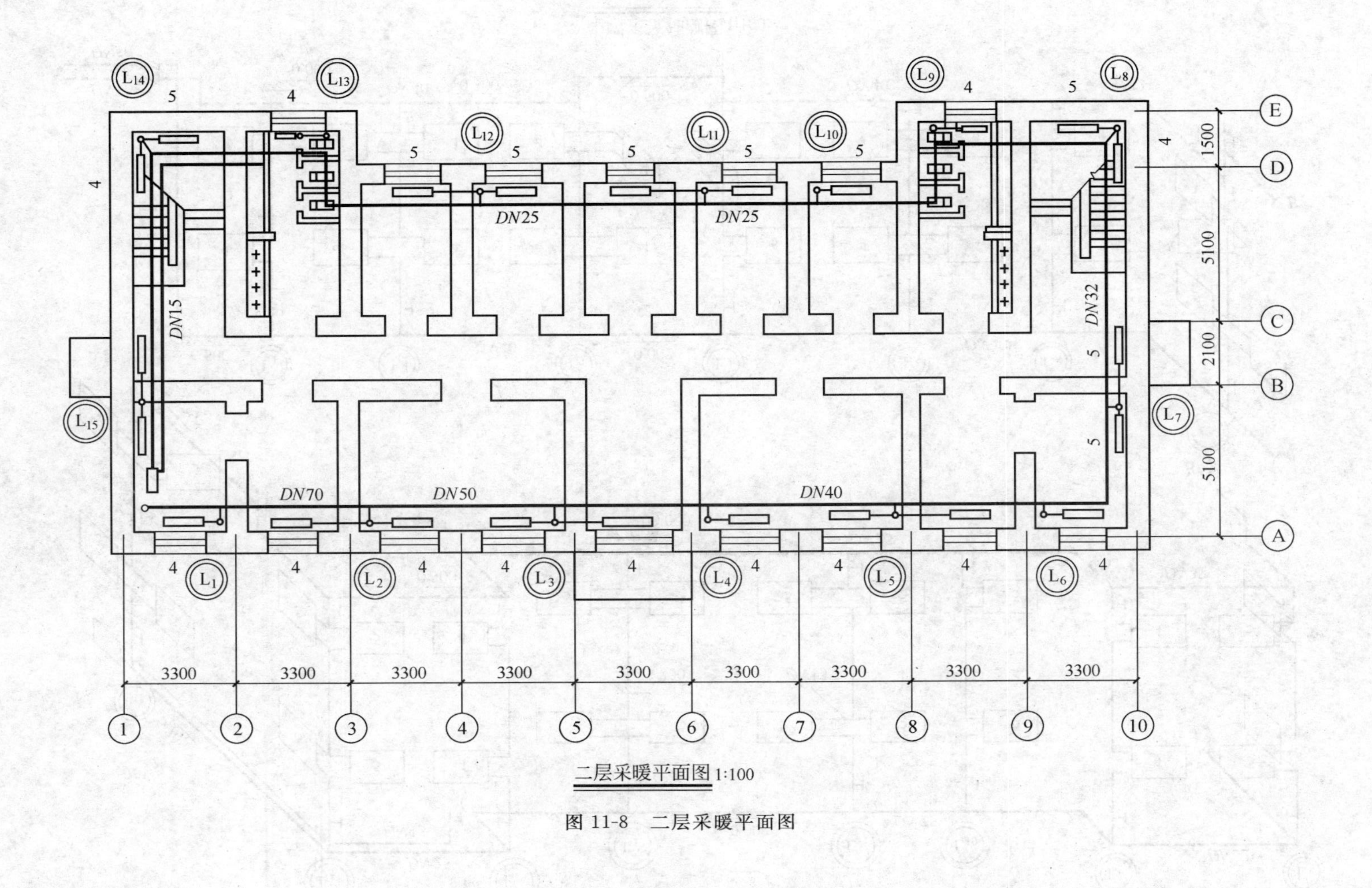

二层采暖平面图 1:100

图 11-8 二层采暖平面图

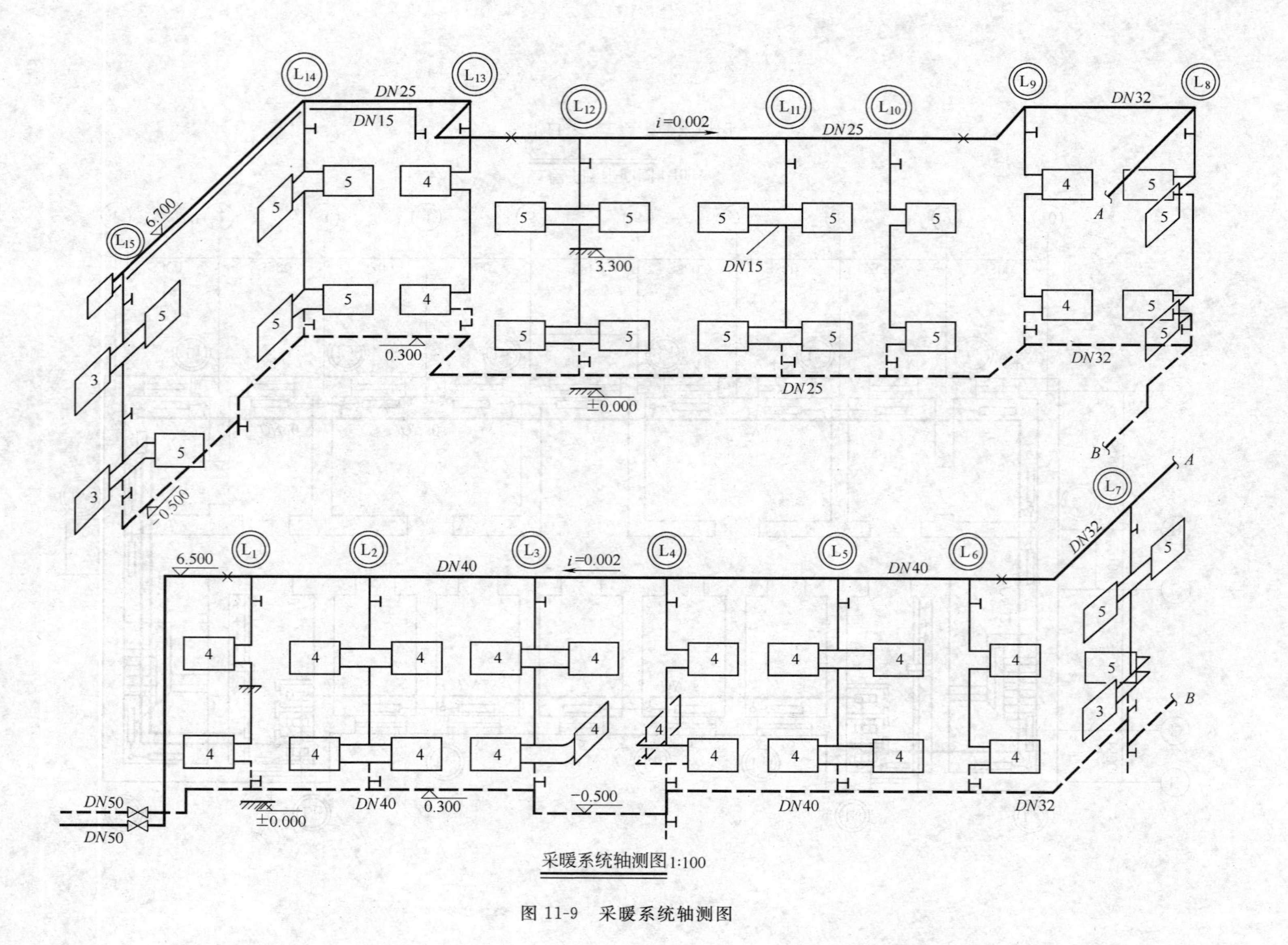

采暖系统轴测图 1:100

图 11-9 采暖系统轴测图

采暖平面图表示一幢建筑物内的所有采暖管道及设备的平面布置情况，包括如下内容。

(1) 首层平面图　包括如下内容。

① 供热总管和回水总管的进出口，并注明管径、标高及回水干管的位置，管径坡度、固定支架位置等。

② 立管的位置及编号。

③ 散热器的位置及每组散热器的片数，散热器的安装与立、支管的连接方式。

(2) 楼层平面图（即中间层平面图）　包括如下内容。

① 立管的位置及编号。

② 散热器的位置及每组散热器的片数，散热器的安装与立、支管的连接方式。

(3) 顶层平面图　包括如下内容。

① 供热干管的位置、管径、坡度、固定支架位置等。

② 管道最高处集气罐、放风装置、膨胀水箱的位置、标高、型号等。

③ 立管的位置及编号。

④ 散热器的位置及每组散热器的片数，散热器的安装与立、支管的连接方式。

图 11-7、图 11-8 所示为某工程办公楼室内的采暖平面图实例。该办公楼采用热水采暖，供水干管设在顶层天花板下，回水干管设在底层地面上，过门处均设有地沟，总立管一根，标高为 6.500m，系统为上行下给单管式，集气罐设在供水干管的最末端，且有一放气管接至卫生间，供水、回水出口标高为－0.700m，立管编号、散热器位置及片数均已标明。

2. 采暖系统轴测图

采暖系统轴测图表示整个建筑内采暖管道系统的空间关系，管道的走向及其标高、坡度，立管及散热器等各种设备配件的位置等。轴测图中的比例、标注必须与平面图一一对应。

图 11-9 所示为采暖系统轴测图，其比例与采暖平面图一致，将该图与其平面图对照，可以清楚地看到整个建筑采暖系统管路走向及其设备连接等空间关系。供热总管从建筑的西南角地下标高－0.700m 处进入室内上升至标高 6.500m 处，在天花板下，沿着 $i=0.002$ 的上升坡度走至建筑西面标高 6.700m 处，在供热干管的末端处装一卧式集气罐，每根立管上、下端均装有阀门，供热干管和回水干管终点也均装有阀门，回水总管标高－0.700m。为了图形表达清晰，不出现前后重叠，图中前后分开画出。

3. 详图

详图主要表明采暖平面图和系统轴测图中复杂节点的详细构造及设备安装方法。采暖施工图中的详图有散热器安装详图，集气罐的构造、管道的连接详图，补偿器、疏水器的构造详图。若采用标准详图，则可以不画详图，只标出标准图集编号。图 11-10 所示为散热器的安装详图。

三、画图步骤

1. 采暖平面图的画法

① 按比例用中实线抄绘房屋建筑平面图，图中只需绘出建筑平面的主要内容，如走廊、房间、门窗位置，定位轴线位置、编号。

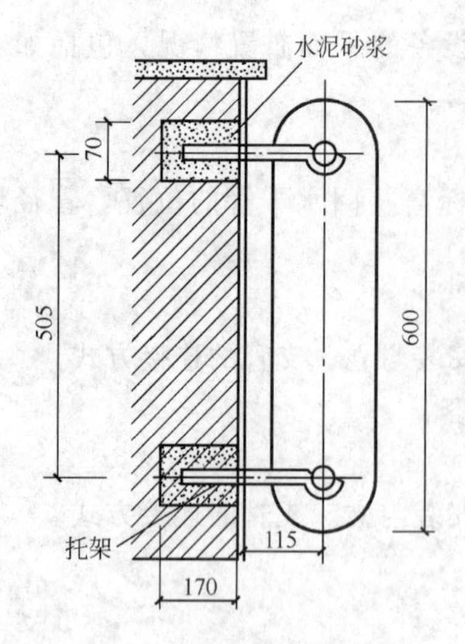

图 11-10　散热器的安装详图

② 用散热器的图例符号“▭”，绘出各组散热器的位置。

③ 绘出总立管及各个立管的位置，供热立管用“。”表示，回水立管用“•”表示。

④ 绘出立管与支管、散热器的连接。

⑤ 绘出供水干管、回水干管与立管的连接及管道上的附件设备，如阀门、集气罐、固定支架、疏水器等。

⑥ 标注尺寸，对建筑物轴线间的尺寸、编号、干管管径、坡度、标高、立管编号以及散热器片数等均须进行一一标注。

如图 11-7、图 11-8 所示，图中为了突出整个采暖系统，房屋建筑图、散热器、支管、立管均采用了中实线绘出，供热干管采用粗实线绘出，回水干管用粗虚线绘出，回水立、支管用中虚线绘出。

2. 系统轴测图的画法

① 以采暖平面图为依据，确定各层标高的位置，带有坡度的干管，绘成与 X 轴或与 Y 轴平行的线段，其坡度用“$\xrightarrow{i=}$”表示。

② 从供热入口处开始，先画总立管，后画顶层供热干管，干管的位置、走向一定与采暖平面图一致。

③ 根据采暖平面图，绘出各个立管的位置，以及各层的散热器、支管，绘出回水立管、回水干管以及管路设备（如集气罐）的位置。

④ 标明尺寸，对各层楼、地面的标高，管道的直径、坡度、标高，立管的编号，散热器的片数等均须标注，如图 11-9 所示。

第三节　建筑电气施工图

民用建筑电气包括室内照明、家用电气设备插座和电子设备系统（也称为弱电系统，主要有电信、有线电视、自动监控等）。室内照明与家用电器插座可以作为一个系统，而自动监控、电话、有线电视、宽带则是各自独立的系统。工业建筑还需要配备动力供电系统。用来表达以上电工和电子设备的施工图样称为建筑电气施工图。

一、概述

建筑电气设备系统一般可以分为供配电系统和用电系统，其中根据用电设备的不同又可将用电系统分为电气照明系统和动力系统。

建筑电气施工图主要用来表达建筑中电气工程的构成、布置和功能，描述电气装置的工作原理，提供安装技术数据和使用维护依据。

建筑电气施工图的种类包括照明工程施工图、变配电所工程施工图、动力系统施工图；另外还有电气设备控制电路图、防雷与接地工程施工图等。这里仅介绍室内照明施工图的有关内容和表达方法。

1. 室内电气照明系统的组成

室内建筑电气照明系统由灯具、开关、插座、配电箱和配电线路组成。

(1) 灯具　由电光源和控照器组合而成。电光源有白炽灯泡、荧光灯管等。控照器俗称灯罩，是光源的配套设备，用来控制和改变光源的光学性能并起到美化、装饰和安全的作用。

(2) 开关　用来控制电气照明。它的种类很多，按使用方式可分为拉线式和扳钮式开关；按安装方式可分为明装和暗装开关；按控制数量可分为单联、双联、三联开关；按控制方式可分为单控、双控、三控开关。

(3) 插座　主要用来插接移动电气设备和家用电气设备。插座按相数可分为单相和三相插座；按安装方式可分为明装和暗装。

(4) 配电箱　主要用来非频繁地操作控制电气照明线路，并能对线路提供短路保护或过载保护。配电箱按安装方式可分为明装（有落地式、悬挂式）、暗装（嵌入式）。

(5) 配电线路　在照明系统中配电线路所用的导线一般是塑料绝缘电线，按敷设方式分为明线和暗线，现代建筑室内最常用的是线管和桥架式配线。

2. 室内电气照明施工图的有关规定

(1) 图线　电气照明施工图对于各种图线的运用应符合表 11-3 中的规定。

表 11-3　电气施工图中常用的线型

名　称	线　型	用途说明
粗实线	————————	基本线、可见轮廓线、可见导线、一次线路、主要线路
细实线	————————	二次线路、一般线路
虚线	－－－－－－－－	辅助线、不可见轮廓线、不可见导线、屏蔽线等
单点长划线	——·——·——	控制线、分界线、功能图框线、分组围框线等
双点长划线	——··——··——	辅助图框线、36V 以下线路等

(2) 安装标高　在电气施工图中，线路和电气设备的安装高度需要标注标高，通常采用与建筑施工图统一的相对标高，或者对本层地面的相对标高。例如，某建筑电气施工图中标注的总电源进线安装高度为 5.0m，是指相对建筑基准标高±0.000 的高度；某插座安装高度 1.8m，是指相对于本层楼地面的高度。

(3) 指引线　在电气施工图中，为了标记和注释图样中的某些内容，需要用指引线在旁边加上简短的文字说明。指引线一般为细实线，指向被注释的部位，并且根据注释内容的不同，在指引线所指向的索引部位加上不同的标记：指向轮廓线内，加一个圆点，如图 11-11 (a) 所示；指向轮廓线上，加一个箭头，如图 11-11 (b) 所示；指向电路线上，加一短斜线，如图 11-11 (c) 所示。

(4) 图形符号和文字符号　在电气施工图中，各种电气设备、元件和线路都是用统一的图形符号和文字号表示的。应该尽量按照国家标准规定的符号绘制，如《电气简图用图形符号》(GB/T 4728)、《电气技术中文字符号制订通则》(GB 7159) 等，一般不允许随意进行修改，否则会造成混乱，影响图样的通用性。对于标准中没有的符号可以在标准的基础上派生出新的符号，但要在图中明确加注说明。图形符号的大小一般不影

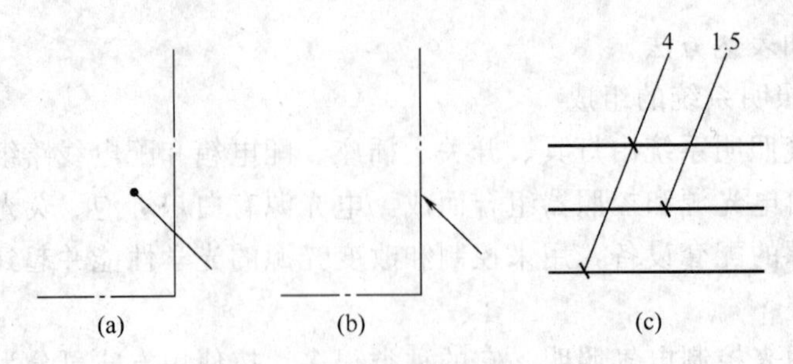

图 11-11　指引线的末端标记

响符号的含义，根据图面布置的需要也允许将符号按 90°的倍数旋转或成镜像放置，但文字和指向不能倒置。表 11-4 是一些室内电气照明系统中常用的文字符号及含义，表 11-5 是部分室内电气照明系统中常用的图形符号。

表 11-4　室内电气照明施工图常用文字符号

文字符号	含　义	文字符号	含　义	文字符号	含　义
			电光源种类		
IN	白炽灯	FL	荧光灯	Na	钠灯
I	碘钨灯	Xe	氙灯	Hg	汞灯
			线路敷设方式		
E	明敷	C	暗敷	CT	电缆桥架
SC	钢管配线	T	电线管配线	M	钢索配线
P	硬塑料管配线	MR	金属线槽配线	F	金属软管配线
			线路敷设部位		
B	梁	W	墙	C	柱
P	地面(板)	SC	吊顶	CE	顶棚
			导线型号		
BX(BLX)	钢(铝)芯橡胶绝缘线	BVV	钢芯塑料绝缘线	BV(BLV)	钢(铝)芯塑料绝缘线
BXR	铜芯橡胶绝缘软线	BVR	铜芯塑料绝缘软线	RVS	铜芯塑料绝缘绞型软线
			设备型号		
XRM	嵌入式照明配电箱	KA	瞬时接触继电器	QF	断路器
XXM	悬挂式照明配电箱	FU	熔断器	QS	隔离开关
			其他辅助文字符号		
E	接地	PE	保护接地	AC	交流
PEN	保护接地与中性线共用	N	中性线	DC	直流

(5) 多线表示和单线表示法　电气施工图按电路的表示方法可以分为多线表示法和单线表示法。单线表示法是指并在一起的两根或两根以上的导线，在图样中只用一条线表示，这样图样简单了，但需要深入分析其具体连接方式。在同一图样中，必要时可以将多线表示法和单线表示法组合起来使用，在需要表达复杂连接的地方使用多线表示法，在比较简单的地方使用单线表示法。在用单线表示法绘制的电气施工平面图上，一根线条表示多条走向相同的线路，在线条上划上短斜线表示根数（一般用于三根导线），或者用一根短斜线旁标注数字表示导线根数（一般用于三根以上的导线数），对于两根相同走向的导线则通常不必标注根数。

表 11-5　室内电气照明施工图中常用的图形符号

序号	名　称	图　例	序号	名　称	图　例
1	单根导线		13	一般灯	
2	2 根导线		14	壁灯	
3	3 根导线		15	防水防尘灯	
4	4 根导线		16	单相插座	
5	*n* 根导线		17	单联单控跷板开关(圆圈涂黑表示暗装,有几横表示几联)	
6	导线引上、引下		18	配电箱	
7	导线引上并引下		19	电表	A　kW·h
8	导线由上引来并引下		20	熔断器	
9	导线由下引来并引上		21	闸开关	
10	球形吸顶灯		22	接线盒	
11	荧光灯		23	接地线	
12	半圆球形吸顶灯				

(6) 标注方式　在室内电气照明施工图中，设备、元件和线路除采用图形符号绘制外，还必须在图形符号旁加文字标注，用以说明其功能和特点，如型号、规格、数量、安装方式、安装位置等。不同的设备和线路有不同的标注方式。

1) 照明灯具的文字标注方式　一般为

$$a\text{-}b\,\frac{c\times d\times l}{e}f$$

其中，a 为灯具数量；b 为灯具的型号或编号；c 为每盏照明灯具的灯泡数；d 为每个灯泡的容量（W）；e 为安装高度（m）；f 为灯具的安装方式；l 为电光源的种类，常省略不标。

灯具安装方式有：吸壁安装（W）、吊线安装（WP）、链吊安装（CH）、管吊安装（P）、嵌入式安装（R）、吸顶安装（—）等。

例如

$$10\text{-YG2-2}\,\frac{2\times 40\times \mathrm{FL}}{2.5}\mathrm{C}$$

表示 10 盏型号为 YG2-2 型号的荧光灯，每盏灯有 2 个 40W 灯管，安装高度为 2.5m，链吊安装。

2) 开关、熔断器及配电设备的文字标注方式　一般为

$$a\frac{b}{c/i}\text{或 } a\text{-}b\text{-}c/i$$

其中，a 为设备编号；b 为设备型号；c 为额定电流（A）或设备功率（kW），对于开关、熔断器标注额定电流，对于配电设备标注功率；i 为整定电流（A），配电设备不需要标注。

例如

$$2\frac{\text{HH3-100/3-100/80}}{\text{BX-3}\times\text{3.5-SC40-FC}}$$

表示 2 号设备是型号为 HH3，100/3 的三极铁壳开关，额定电流为 100A，开关内熔断器的额定电流为 80A，开关的进线是 3 根截面为 35mm^2 铜芯橡胶绝缘导线（BX），穿 40mm 的钢管（SC40），埋地（F）暗敷（C）。

3）线路的文字标注方式　一般为

$$a\text{-}b\text{-}c\times d\text{-}e\text{-}f$$

其中，a 为线路编号或线路用途；b 为导线型号；c 为导线根数；d 为导线截面（mm^2），不同截面要分别标注；e 为配线方式和穿线管径（mm）；f 为导线敷设方式及部位。

例如

$$\text{N1-BV-2}\times\text{2.5+PE2.5-T20-SCC}$$

表示 N1 回路，导线为塑料绝缘铜芯线（BV），2 根截面为 2.5mm^2、1 根截面为 2.5mm^2 的接零保护线（PE），穿直径 20mm 的电线管（T20），吊顶内（SC）暗敷（C）。

有时为了减少画图的标注量，提高图面清晰度，在平面图上往往不详细标注各线路，而只标注线路编号，另外提供一个线路管线表，根据平面图上标注的线路编号即可找出该线路的导线型号、截面、管径、长度等。

二、室内电气照明平面图识读

电气平面图是电气安装的重要依据，它是将同一层内不同高度的电器设备及管线都投影到同一平面上来表示的。

平面图一般包括变配电平面图、动力平面图、照明平面图、防雷接地平面图及弱电（电话、广播）平面图等。照明平面图实际上就是在建筑施工平面图上绘出的电气照明分布图，图上标有电源实际进线的位置、规格、穿线管径，配电箱的位置，配电线路的走向，干、支线的编号、敷设方法，开关、插座、照明器具的种类、型号、规格、安装方式和位置等。一般照明线路走向是电源从建筑物某处进户后，经总配电箱和分配电箱，由干线、支线连接起来，通向各用电设备。其中干线是由外线引入总配电箱，由总配电箱到分配电箱的连接线，支线是自分配电箱引至各用电设备的导线。图 11-12 所示为底层照明平面图。电源由二楼引入，用 2 根 BLX 型（耐压 500V）截面为 6mm^2 的电线，穿 VG20 塑料管沿墙暗敷，由配电箱引 3 条供电回路 N1、N2、N3 和一条备用回路。N1 回路照明装置有 8 套 YG2 单管 1×40W 日光灯，悬挂高度距地 3m，悬吊方式为链吊，2 套 YG2 日光灯为双管 40W，悬挂高度为 3m，悬持方式为链吊，日光灯均装有对应的开关。带接地插孔的单相插座有 5 个。N2 回路与 N1 回路相同。N3 回路装有

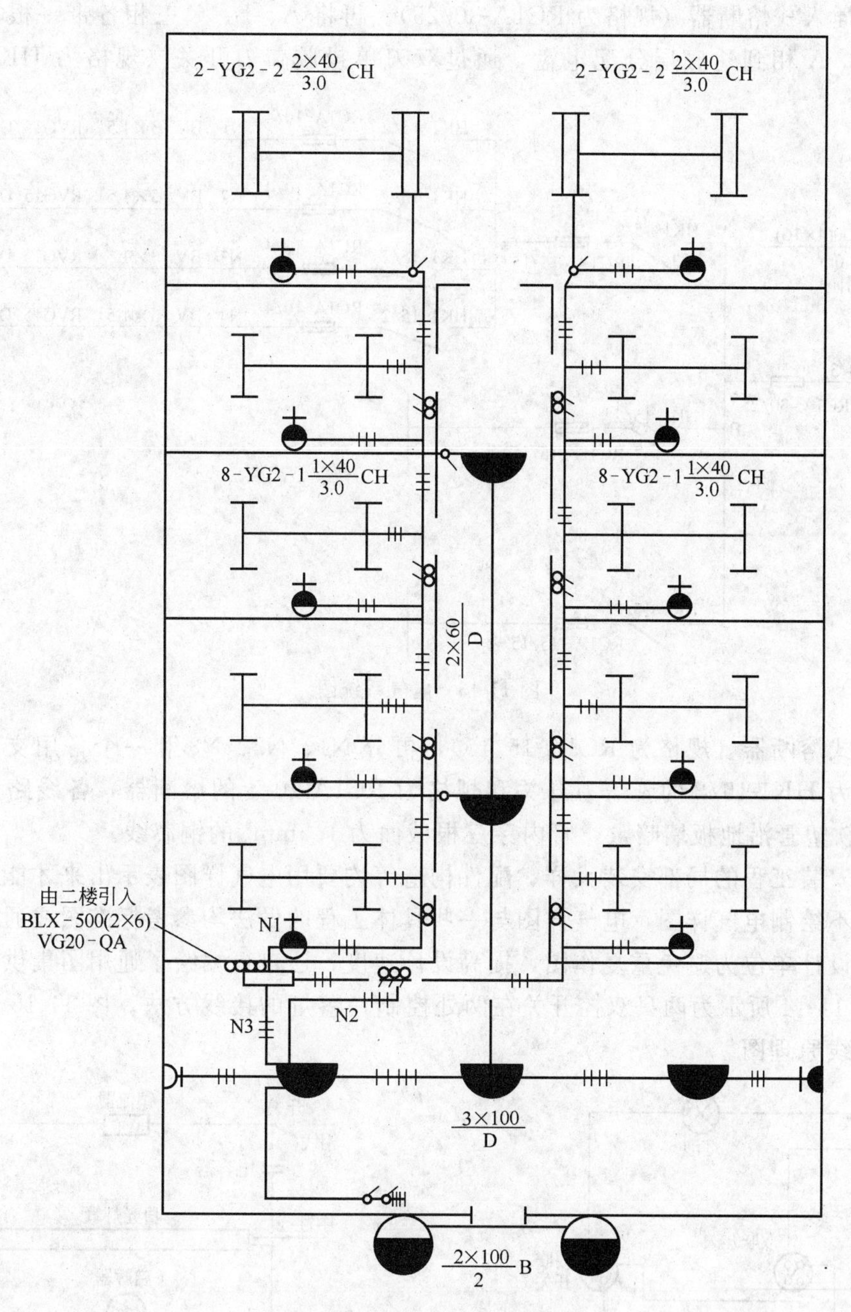

图 11-12　底层照明平面图

3 套 100W、2 套 60W 的大棚灯和 2 套 100W 壁灯，灯具装有相应的开关，带接地插孔的单相插座有 2 个。

三、室内电气照明系统图

电气系统图分为电力系统图、照明系统图和弱电（电话、广播等）系统图。电气系统图上标有整个建筑物内的配电系统和容量分配情况、配电装置、导线型号、截面、敷设方式及管径等。图 11-13 表明，进户线用 4 根 BLX 型、耐压为 500V、截面为 $16mm^2$ 的电线从户外电杆引入。三根相线接三刀单投胶盖刀开关（规格为 HK1-30/3），然后接入三个插入式熔断器（规格为 RC1A-30/25）。再将 A、B、C 三相各带一根零线引到分配电盘。A 相到达底层分配电盘，通过双刀单投胶盖刀开关（规格为 HK1-15/2），

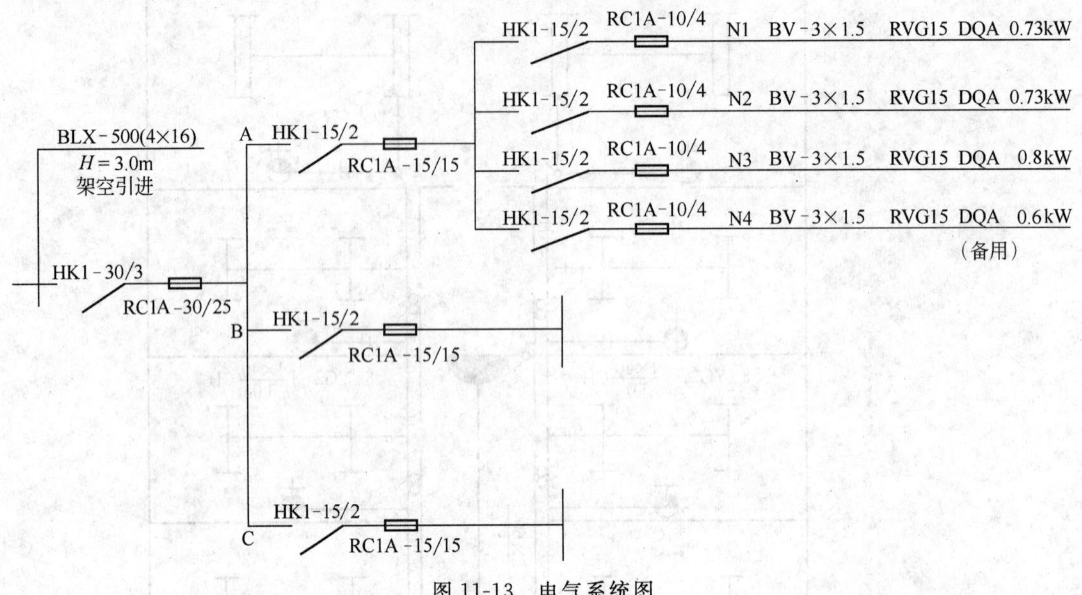

图 11-13 电气系统图

接入插入式熔断器（规格为 RC1A-15/15），再分 N1、N2、N3 和一个备用支路，分别通过规格为 HK1-15/2 的胶盖刀开关和规格为 RC1A-10/4 的熔断器，各线路用直径为 15mm 的软塑管沿地板墙暗敷。管内穿三根截面为 $1.5mm^2$ 的铜芯线。

电气安装工程的局部安装大样、配件构造等均要用电气详图表示出来才能施工。一般施工图不绘制电气详图，电气详图与一些具体工程的做法均参考标准图或通用图册施工。有些设计单位为避免重复作图，提高设计速度，还自行编绘了通用图集供安装施工使用。图 11-14 所示为两只双控开关在两处控制一盏灯的接线方法。图 11-15 所示为日光灯的接线原理图。

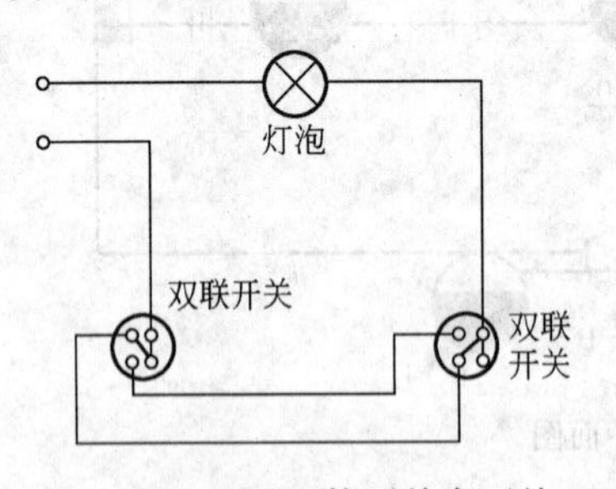

图 11-14 两只双控开关在两处控制一盏灯的接线方法详图

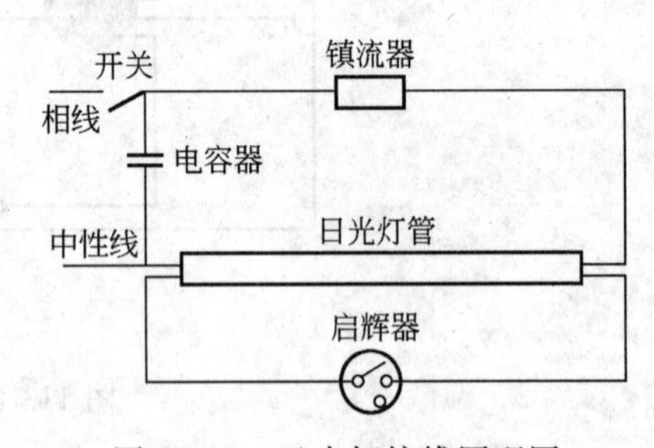

图 11-15 日光灯接线原理图

思 考 题

1. 试述室内给水排水施工图的特点和图示内容。
2. 室内电气施工图由哪些图纸组成？各反映哪些内容？
3. 室内采暖施工图由哪些图纸组成？各反映哪些内容？

第十二章　阴影与透视

第一节　阴影的基本知识

一、阴影的概念

物体在光线的照射下，直接受光的表面，称为阳面，光线照射不到的背光表面，称为阴面（简称阴）。阳面和阴面的分界线，称为阴线。

物体通常是不透光的。当光线照射物体时，照射在阳面上的光线受到阻挡，使在物体自身或其他的阳面上有一部分光线照射不到，这一部分称为物体的影。影的轮廓线称为影线，影所在的面，称为承影面。阴和影合称为阴影。图 12-1 所示为一个台阶在平行光线照射下所产生的阴影，其中影线 $AB_{V}D_{X}C_{H}D$，实际上就是阴线 AB、BC、CD 的影。

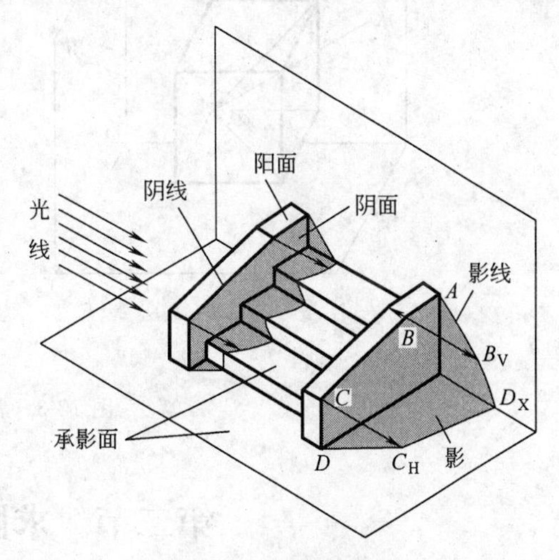

图 12-1　阴影的形成

二、阴影的作用

人们对周围的各种建筑物，凭借它们在光线照射下产生的阴影，可以更清楚地看出它们的形状和空间组合关系。因此，在房屋立面图上画出阴影，可以明显地反映出房屋的凹凸、深浅、明暗，使图面更富有立体感，对研究建筑造型是否优美、立面是否美观、比例是否恰当有很大的帮助。图 12-2 所示为一幢房屋立面图的两种画法，图 12-2（a）只用线条画出建筑正立面的投影轮廓，图 12-2（b）加上阴影后表达效果显然比较好。所以，在建筑设计的表现图中，经常采用

图 12-2　阴影的表达效果比较

在正立面中画上阴影的表现方法。

在投影中加画阴影，实际上是画出阴和影的正投影。

三、常用光线

产生阴影的光线有辐射光线（如灯光）和平行光线（如阳光）两种。在画建筑正立面图的阴影时，一般采用平行光线，平行光线和方向本来是可以任意定出的，但为了作图及度量上的方便，通常采用一种特定方向的平行光线，称为常用光线。常用光线是经正方体的对角线方向（从左前上方向右后下方）作为光线方向（图 12-3）。这个正方体的各侧面分别平行于相应的投影面，这时光线在三个投影面上的投影 k、k'、k''都与水平线成 45°角。

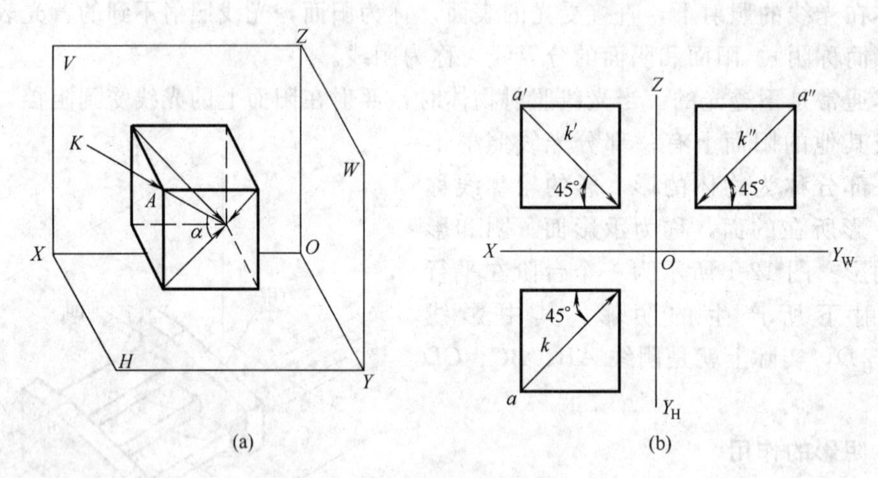

图 12-3　常用光线的指向

第二节　求阴影的基本方法

一、点的影

空间一点在承影面上的影，实际上就是通过这点的常用光线与承影面的交点。如图 12-4 所示，求作点 A 在承影面 H 上的影时，可通过点 A 作光线 K，则光线 K 与 H 面的交点（迹点）A_H 即为点 A 在 H 面上的影。

当以投影面为承影面时，点的影就是通过这点的光线在投影面上的迹点，如图 12-5 所示，求作过点 A 的光线与投影面的交点时，可通过点 A 的两投影 a、a'分别作出常用光线的投影，即过 a、a'分别作 45°斜线。由于点 A 距离 V 面比距离 H 面近，因此过 a 所 45°斜线与 OX 轴的交点 a_V，即为 A_V 的水平投影，过 a_V 作 OX 轴的垂线和过 a'所作的 45°斜线相交于 a'_V，为 A_V的正面投影，a'_V亦即为点 A 在 V 面上的影。这种作图方法，称为交点法。

从图 12-5（b）中可知，a'_V在 a'的右下方，它们之间在长度和高度方向的距离，都等于点 A 到 V 面的距离 l。因此，求点 A 在 V 面上的影时，可根据点 A 到 V 面的距离 l（即点 A 的 Y 坐标），在正面投影上直接作出。即在 a'右侧作相距为 l 的铅垂线与在 a'下方作相距为 l 的水平线相交，交点 a'_V即为点 A 在 V 面上的影，这种作图方法，称为

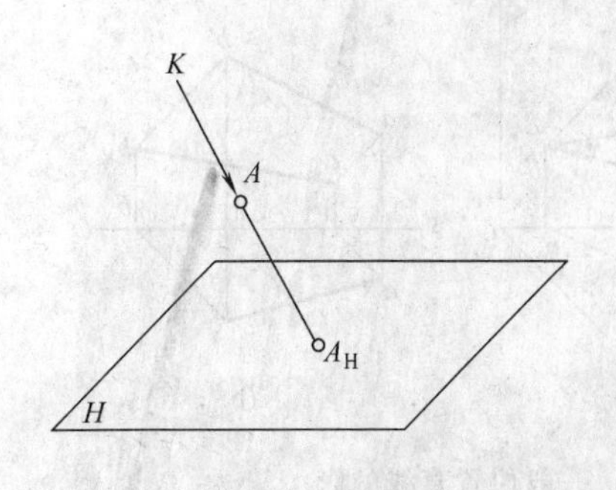

图 12-4　点的影

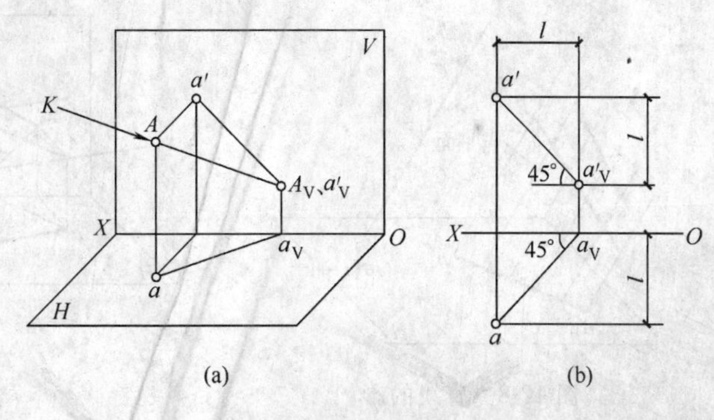

图 12-5　点在 V 面的投影

度量法。

如果点 A 距离 V 面比距离 H 面远，则点 A 的影在 H 面上（图 12-6）。求点在任意铅垂面 P 上的影，可用求一般线与铅垂面交点的方法作出（图 12-7）。

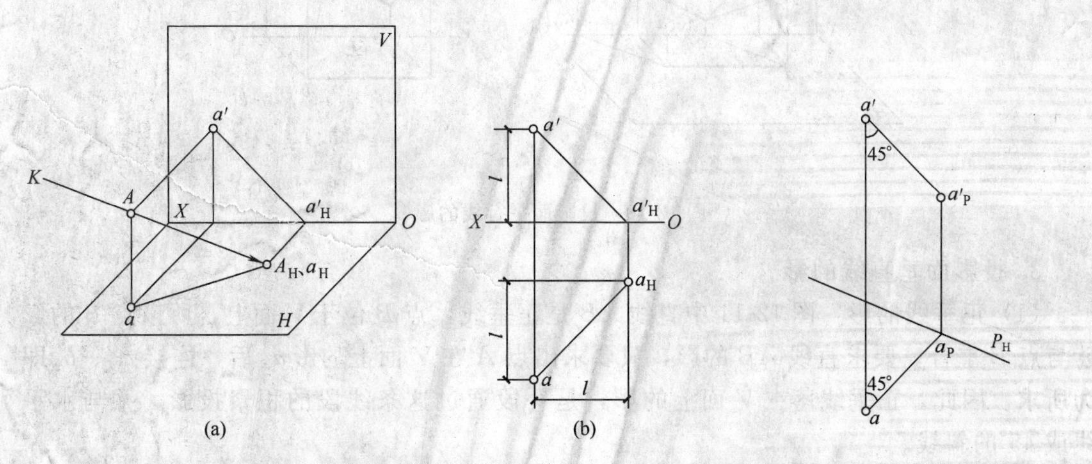

图 12-6　点在 H 面上的影　　　　图 12-7　点在任意铅垂面上的影

二、直线的影

直线在承影面上的影，实际上就是通过这条直线上各点的光线所形成的光平面延伸与承影面的交线。因此，直线在其中一个平面上的影一般仍然是直线。只有当直线平行于光线时，直线在承影面上的影是一点（图 12-8）。

求作直线段在一个承影面上的影，只要作出线段两端点的影，然后用直线相连即可。

1. 一般位置线的影

图 12-9 所示为一般位置线 AB 在 V 面上的影，其作图步骤是分别过直线上两端点 A 和 B 作光线的投影，求出这两条光线的正面迹点 A_V、B_V（其 V 面投影为 a'_V、b'_V），连接 a'_V、b'_V 即为直线 AB 在 V 面上的影。

2. 投影面平行线的影

图 12-10 所示为投影面平行线的影。直线 AB 平行于 V 面，直线在 V 面上的影与直线平行且相等。作图步骤同前。

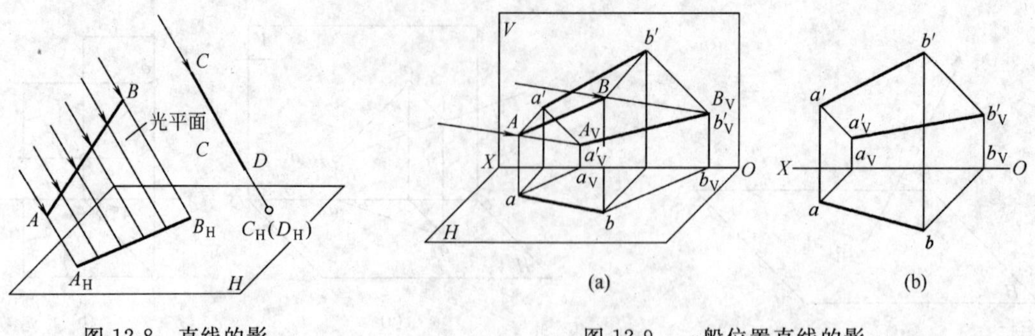

图 12-8　直线的影　　　　图 12-9　一般位置直线的影

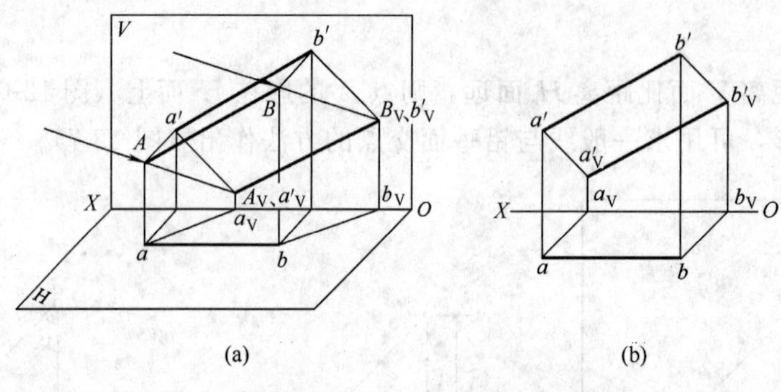

图 12-10　投影面平行线的影

3. 投影面垂直线的影

（1）正垂线的影　图 12-11 中直线 AB 是正垂线，点 B 位于 V 面上，所以点 B 的影 b'_V 与点 B 重合。要求直线 AB 的影，只要求出点 A 在 V 面上的影 a'_V 后，连接 a'_V、b'_V 即为所求。因此，正垂线落在 V 面上的影，是一段通过这条线段的积聚投影，并与水平线成 45°的斜线。

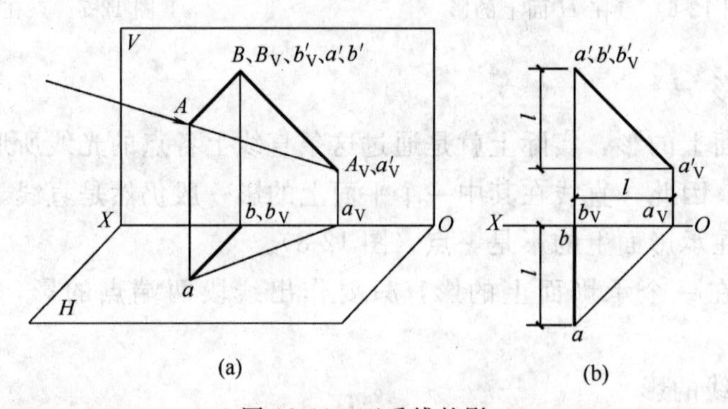

图 12-11　正垂线的影

（2）铅垂线的影　图 12-12 中直线 AB 是铅垂线，点 B 位于 H 面上，直线 AB 在 H 面上的影与光线的投影相重合，在 V 面上的影与直线的正面投影平行。

（3）侧垂线的影　图 12-13 中直线 AB 是侧垂线，其在 V 面上的影 a'_V、b'_V 与 AB 平行且相等。影与直线的正面投影之间的距离，等于侧垂线到 V 面的距离。

从以上对直线的影的分析中可知，直线的影有以下主要规律：直线平行于投影面，

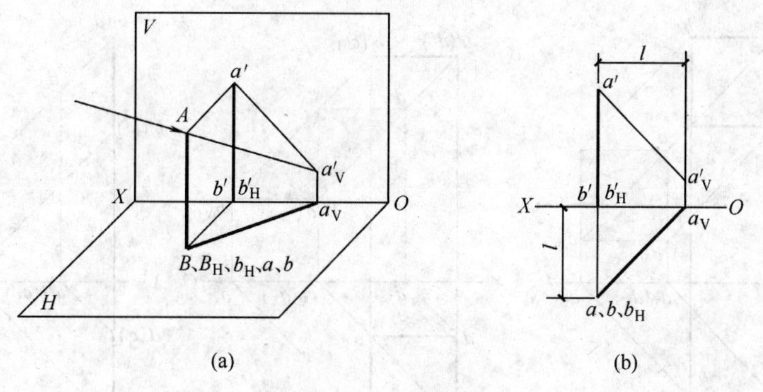

图 12-12　铅垂线的影

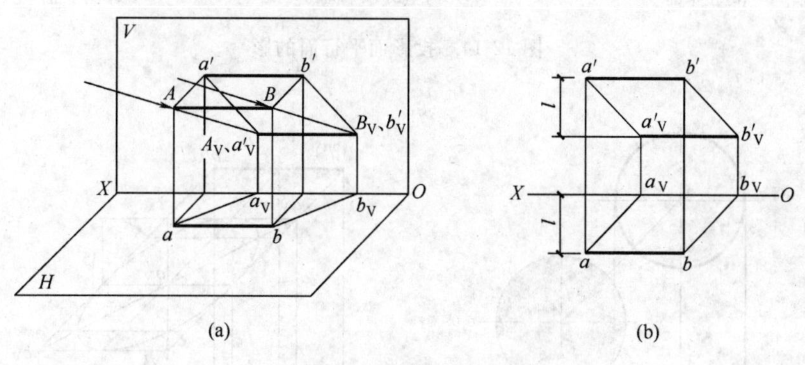

图 12-13　侧垂线的影

则直线在这个投影面上的影与直线平行且等长；直线垂直于投影面，则直线在这个投影面上的影，是与光线投影方向一致的 45°斜线，直线在另一投影面上的影，与直线的同面投影平行。

三、平面形的影

平面形的影的轮廓线，就是平面形边线的影。如果承影面是平面，而平面图形又是多边形时，只要作出多边形各顶点的影，然后用直线依次连接起来，即为多边形的影。如果平面形是由平面曲线所围成，则可先求出曲线上一系列点的影，然后用光滑曲线依次连接起来，即得该平面形的影。

1. 投影面平行面的影

建筑细部的形体，主要由正平面、水平面和侧平面所围成，图 12-14 所示为这三种平面在投影面上的影的画法。

2. 圆的影

如果圆平行于某一投影面，则在该投影面上的影反映实形［图 12-15（a)］。因此，作圆的影时，可先求出圆心的影，再按原半径画圆即为所求。

平行于 H 面的圆在 V 面上的影是一个椭圆，圆心的影为椭圆的中心［图 12-15(b)］。求圆的椭圆影时，可先求出圆的外切正方形 $ABCD$ 的影 a'_V、b'_V、c'_V、d'_V，再在 a'_V、b'_V、c'_V、d'_V中用八点法作一椭圆，即为圆在 V 面上的影。

从以上对平面的影的分析中可知，平面的影有以下主要规律：平面平行于投影面，

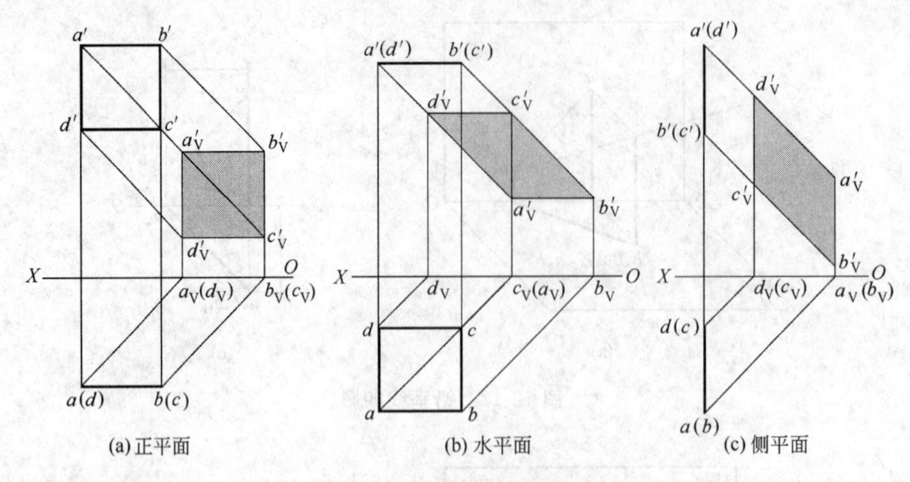

图 12-14　投影面平行面的影

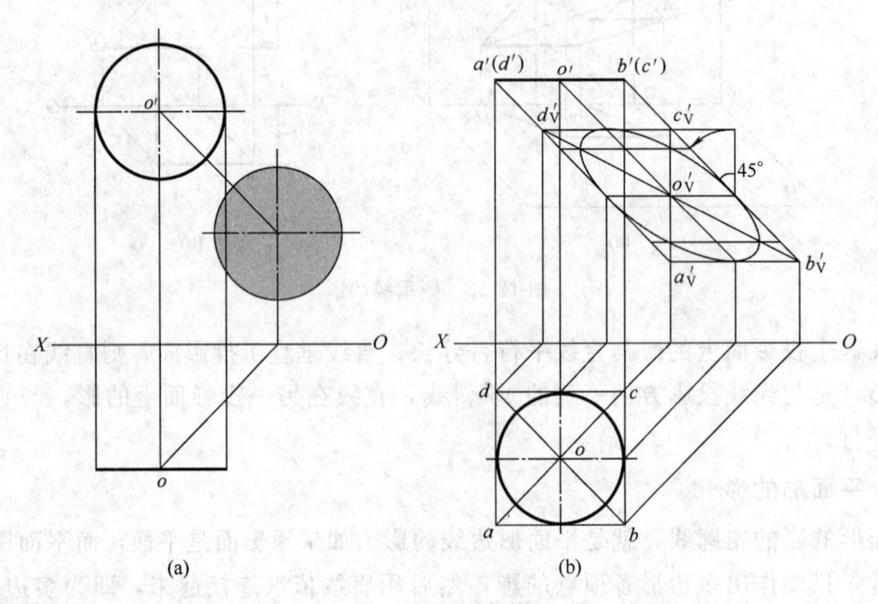

图 12-15　圆的影

则在该投影面上的影与其投影全等，即反映平面的实形；圆平面垂直于投影面，则在该投影面上的影为椭圆。

第三节　房屋及其细部在立面图上的阴影

房屋立面图上的阴影，除反映在整个建筑形体上的变化和凹凸部位外，很大一部分是反映在门窗洞口、窗台、雨篷、阳台、檐口、遮阳板、柱、台阶等建筑细部上。

一、建筑形体的阴影

图 12-16 所示为四个由四棱柱体组成的建筑形体。由于四棱柱体的大小高低各不相同，因此，一个四棱柱体在另一个四棱柱体表面上的影也各不相同，但是，影的轮廓线都是阴线 AB、AC 的影。

二、窗口的阴影

图 12-17 所示为几种不用形式的窗口的阴影：影的宽度 m 反映了凹入墙面的深度；影的宽度 n 反映了窗台或窗楣突出墙面的距离；影的宽度 s 反映窗楣突出窗面的距离。因此，只要知道这些距离的大小，即使没有平面图，也可以在立面图中直接画出阴影。

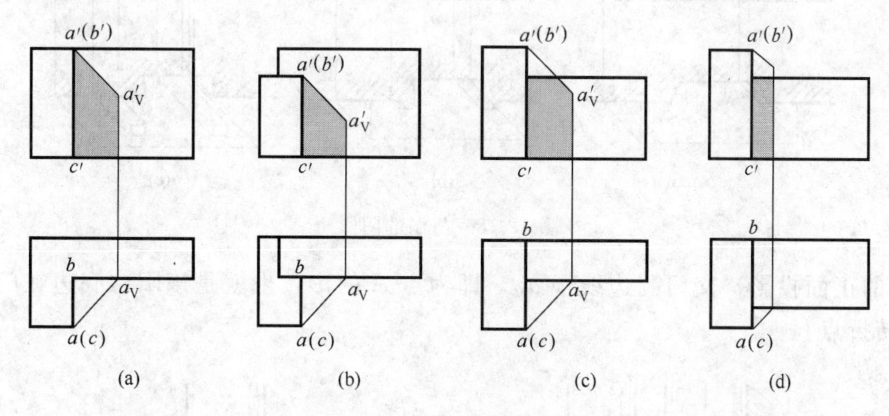

图 12-16　建筑形体的阴影

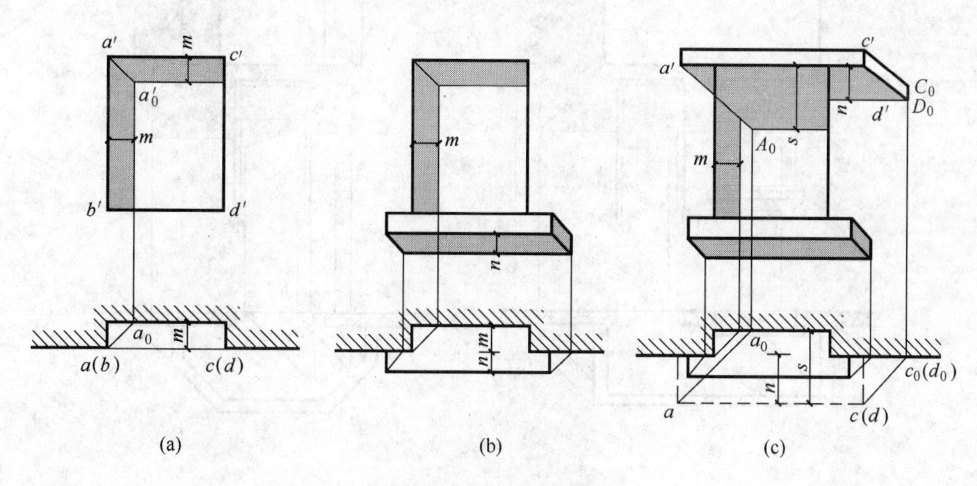

图 12-17　窗口的阴影

三、门洞的阴影

图 12-18 所示为几种不同形式门洞的阴影。门洞上面通常有雨篷，四周有凸出线条，有的在一定的距离有柱子，作阴影时应注意这些部位阴线的影的形状。

四、阳台的阴影

图 12-19 所示为阳台在墙面上的阴影。阳台的影的形状要根据阳台的平面形状和阳台下门窗洞口的情况来确定。作图步骤应分为两步：第一步求出阳台外形的影；第二步再求出门窗洞口等细部的影。图 12-19（b）中，阳台平面形状为多边形，其中一些边在门窗洞口的影的转折点应当作特殊点求出，这样才能确定底面斜棱在墙面上的影的方向。如阳台底边上点 A 的影是在门洞的边线上，应先从水平投影 a_V 作 45°斜线（即光线的水平投影）交阳台底边于 a，在正面投影中找出相应投影 a'，再过 a' 作 45°斜线

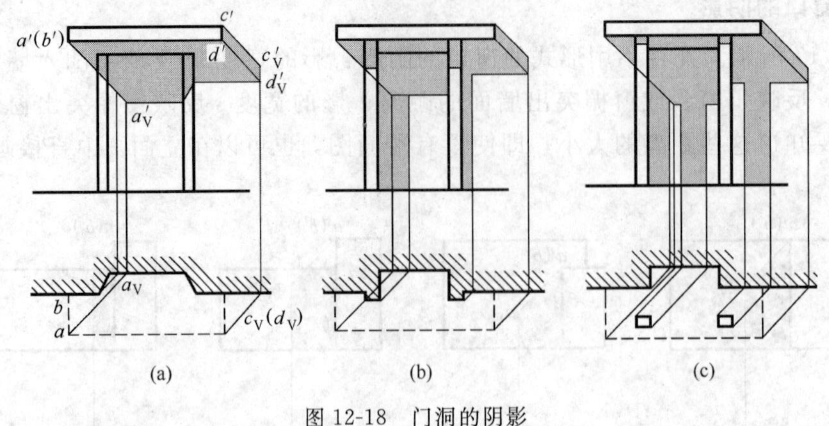

图 12-18　门洞的阴影

（即光线的正面投影）交门洞边线于 a'_V，即为点 A 的影，也就是该阳台底边在门洞边上的影的转折点。

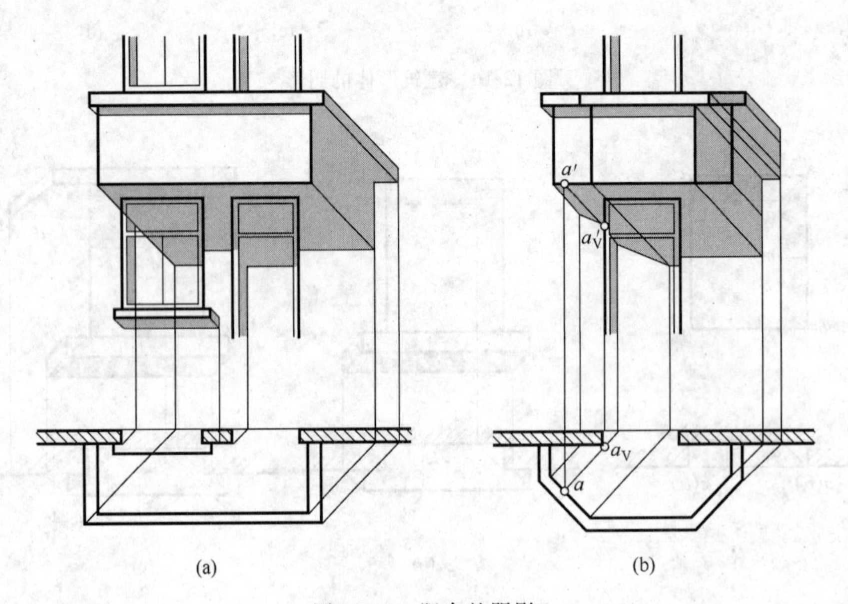

图 12-19　阳台的阴影

五、台阶的阴影

图 12-20 所示为台阶的阴影。台阶两侧有四棱柱体栏板，影的轮廓线是阴线 AB、AC 和 DE、DF 的影。阴线 DE 和 DF 的影落在地面和墙面上，作图较为简单，只要求出点 D 的影 d_H，并连接有关线段即得。阴线 AB 和 AC 的影落在地面、踏面和墙面上，作图步骤如下。

① 过侧面投影上 a'' 作 45°斜线（光线的侧面投影），交第一级踏面上于 a''_H 由此可知点 A 的影在第一级踏面上。

② 过正面投影上 a' 作 45°斜线（光线的正面投影），与第一级踏面的积聚投影相交于 a'_H，连接 a'、a'_H 即为阴线 AB 在墙面和第二、三级踢面上的影。

③ 过水平投影上的 a 作 45°斜线（光线的水平投影），与过 a'_H 所作的垂直线交于

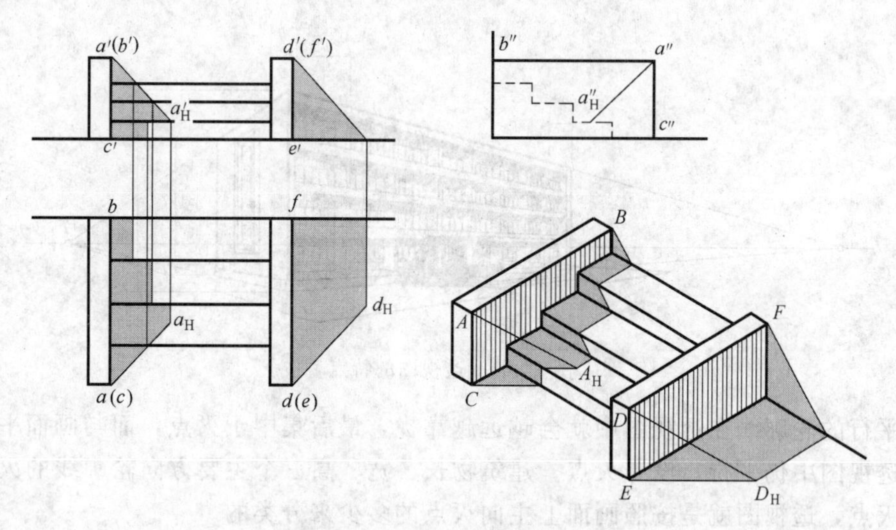

图 12-20　台阶的阴影

a_H，即为点 A 在第一级踏面上的影的水平投影。该斜线与第一级踢面积聚投影的交点，即为阴线 AC 在第一级踢面上的影的积聚投影。过该点作垂直线与正面投影第一级踢面相交的一段，即为阴线 AC 在第一级踢面上的影的正面投影。

本图将水平投影中的阴影都画出，以便在作图过程中对照各阴线的影之间的投影关系。

第四节　透视投影的基本知识

一、透视图的形成和作用

透视投影属于中心投影，也就是将物体投射到投影面上时，投射线都是从投影中心一点出发的。根据透视投影所作的透视图与观察物体时所得到的形象基本上是一致的，非常富有立体感和真实感。

图 12-2（a）所示为某招待所的立面图，它是用正投影的方法作出其正面的投影图，这种投影图真实地反映出建筑物正面各部分的形状和大小，但是缺乏立体感。图 12-2（b）在立面图中加上阴影，使建筑物的凹凸、深浅、明暗能较真实地反映出来，有一定的立体感，但是，这种图同生活中所看到的建筑物形象还有一定的差别。

在建筑设计过程中，特别是在初步设计阶段，往往需要根据建筑物的平、立面图，画出所设计建筑物的透视图，用以研究建筑物的空间造型和立面处理，作为调整和修改设计的依据之一。另一方面，也可以让人们直观地领会设计意图，进行评论，帮助作出更好的建筑设计。

二、透视图的特点

人的眼睛观看物体时，在视网膜上所成的像是距离近的大，距离远的小（图 12-21）。因此，透视图的一个最基本特点即是近大远小。

三、透视图的分类

建筑物的长、宽、高三个主要方向的轮廓线，与画面可能平行，也可能不平行。与

图 12-21　透视图的特点

画面不平行的轮廓线在透视图中就会越远越靠拢，最后集中于灭点，而与画面平行的轮廓线在透视图中仍平行，没有灭点。建筑物长、宽、高三个主要方向轮廓线的灭点，简称主向灭点，透视图就是按照画面上主向灭点的多少来分类的。

1. 一点透视

图 12-22 中，建筑物的高和宽两组主方向的轮廓线平行于画面，只有长度这一方向的轮廓线垂直于画面，因此只有一个灭点 S'，这样画出的透视称为一点透视。在这种透视中，建筑物有一个方向的立面平行于画面。因此，又称为平行透视。

图 12-22　一点透视

2. 两点透视

图 12-21 中，建筑物只有高度这一方向的轮廓线与画面平行，而长、宽两方向的轮廓线均与画面倾斜，因此在画面上形成两个灭点（F_1 和 F_2）。这样画出的透视称为两点透视。在这种透视中，建筑物有两个方向的立面与画面均成一定的角度，因此，又称为成角透视。

3. 三点透视

有些建筑物比较高大，当在近处要看它的全貌时，必须仰着头。这时，建筑物长、宽、高三个主要方向的轮廓线实际上均与画面成一定的角度（也就是画面倾斜于地面），因此在画面上就会形成三个灭点（图 12-23），这样画出的透视称为三点透视。由于画面倾斜于地面，这种透视，又称为倾斜透视。

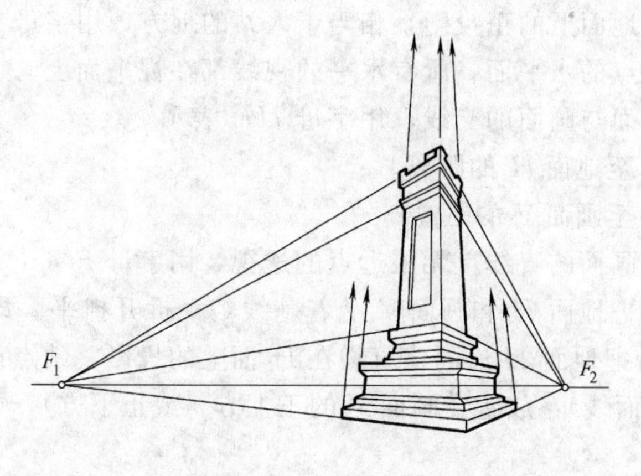

图 12-23　三点透视

第五节　透视图的画法

本节着重介绍两点透视和一点透视的基本画法。

一、透视作图中常用的名称

图 12-24 所示为透视作图时，空间图形各部分的名称。

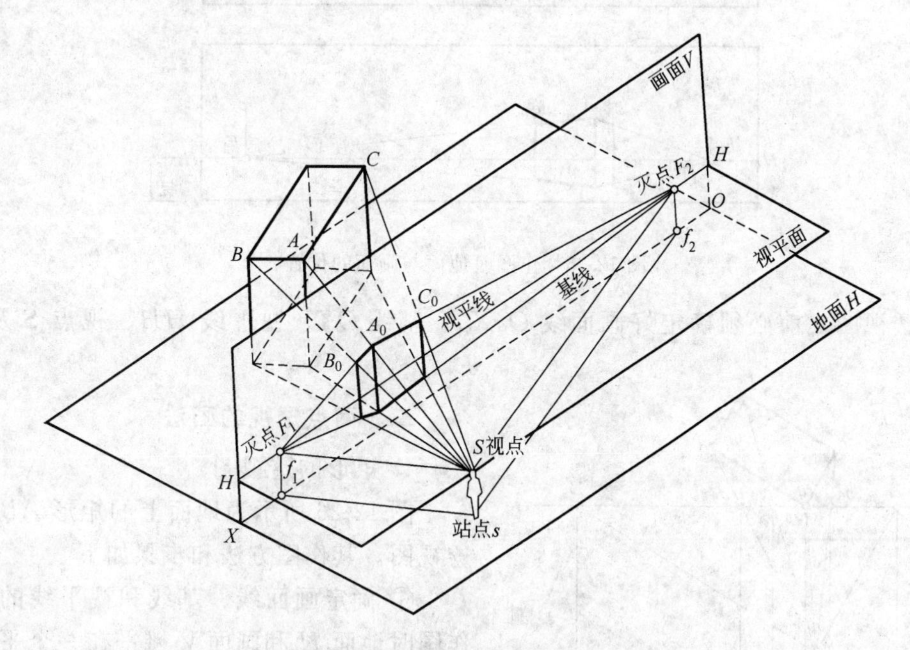

图 12-24　透视作图中常用的名称

地面——放置建筑物的水平面，用字母 H 表示。

画面——透视图所在的平面，用字母 V 表示。作一点透视和两点透视时画面与地面垂直，作三点透视时，画面与地面倾斜。

基线——地面与画面的交线，用字母 OX 表示。

视点——相当于人眼所在的位置，即投影中心，用字母 S 表示。

站点——视点在地面上的正投影，相当于人站的地方，用字母 s 表示。

视平面——过视点的水平面，所有水平的视线都在视平面上。

视平线——视平面与画面的交线，用字母 HH 表示。

视高——视点 S 至地面 H 的距离。

视距——视点 S 至画面 V 的距离。

灭点——倾斜于画面的直线上无限远点的透视，用字母 F_1、F_2 表示。

在作图时，需要把地面 H 和画面 V 沿着基线 OX 拆开摊平。即先移开建筑物，画面 V 保持不动，然后把地面 H 连同建筑物在 H 面上的投影、站点 s、画面在 H 面上的投影 $O_H X_H$（简称画面线），放置在画面 V 的正上方（或正下方），如图 12-25 所示。

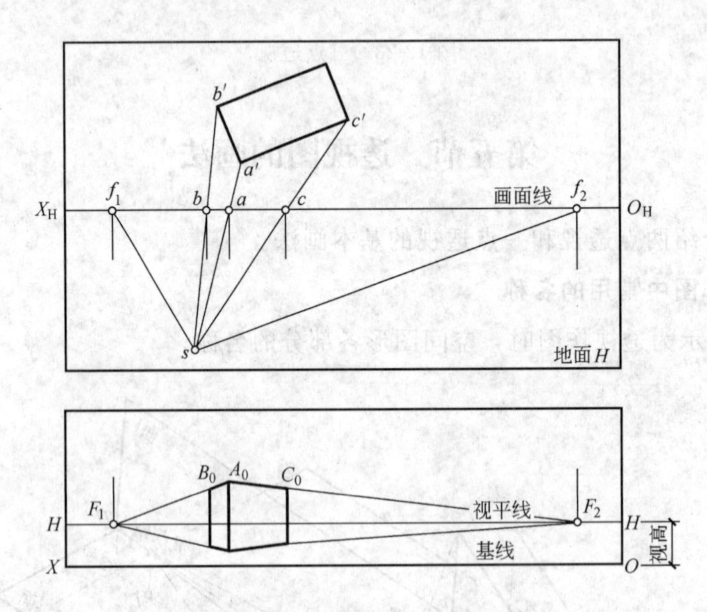

图 12-25 作图时地面与画面的位置

作透视图之前必须确定好画面线 $O_H X_H$、基线 OX、视平线 HH、视点 S 及灭点 F_1、F_2。

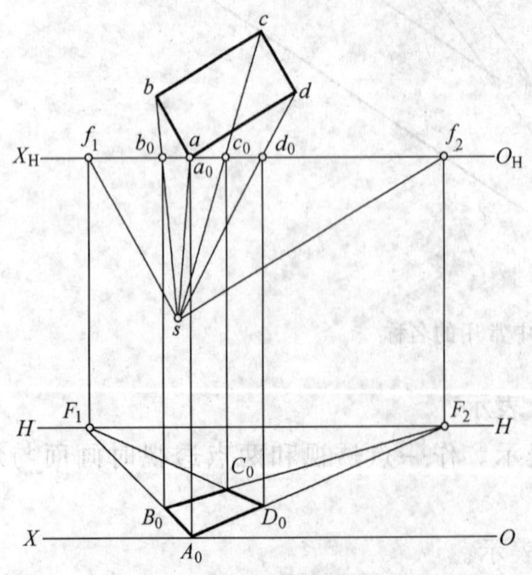

图 12-26 矩形的透视图

二、两点透视的画法

1. 矩形的透视图

图 12-26 所示为地面上的矩形 $ABCD$ 的透视图。其作图方法和步骤如下。

① 确定画面线、基线和视平线的位置。作图时地面 H 和画面 V 摊平在一个平面上，其外线框不必画出，只要画出画面线 $O_H X_H$、基线 OX 和视平线 HH 就可以了。画面线与矩形的距离和视平线与基线的距离，与透视图的大小和形状有关，因此，应根据需要合理安排。

② 确定视点的位置。当视平线与基线的

距离确定后，视点的高度也就确定下来。视点的水平位置，即站点 s 的位置，也应在地面上确定下来。

③ 求矩形各边的灭点。矩形 $ABCD$ 中 $AB//CD$、$AD//BC$ 且均与画面倾斜，因此有两个灭点。求灭点的方法是先过站点 s 分别作 ab、ad 的平行线，交画面线 O_HX_H 于 f_1、f_2（灭点在 H 面上的投影），再过 f_1、f_2 作 O_HX_H 的垂直线交视平线 HH 于 F_1、F_2 即为灭点。

④ 作矩形的透视图。过站点 s 连接 sa、sb、sc、sd 交画面线 O_HX_H 于 a_0、b_0、c_0、d_0，这些点就是矩形各角点透视图在地面上的投影。由于点 A 在基线上，过 a_0 作 O_HX_H 的垂直线交基线 OX 于 A_0，A_0 为点 A 的透视图。连接 A_0F_1、A_0F_2 即为 AB 和 AD 的透视方向。过 b_0、d_0 作 O_HX_H 的垂直线分别交 A_0F_1 和 A_0F_2 于 B_0 和 D_0 得 AB 和 AD 的透视图 A_0B_0 和 A_0D_0。最后连接 B_0F_2 和 D_0F_1 相交于 C_0，$A_0B_0C_0D_0$ 即为矩形 $ABCD$ 的透视图。

2. 长方体的透视图

图 12-27 所示为长方体的透视图。长方体侧棱 AE 在画面上，其透视图反映实长。由于视高大于长方体的高，透视图中反映出长方体两个侧面和一个顶面的透视形状。其作图方法和步骤如下。

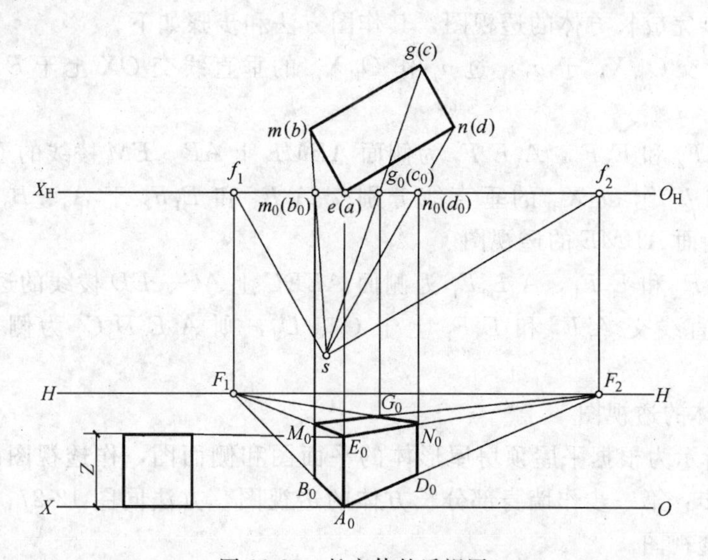

图 12-27　长方体的透视图

① 过 e 作 O_HX_H 的垂直线交 OX 于 A_0，在该垂直线上截取 $A_0E_0=Z$，A_0E_0 即为侧棱 AE 的透视图。

② 连接 A_0F_1、E_0F_1 和 A_0F_2、E_0F_2，$A_0E_0F_1$ 和 $A_0E_0F_2$ 为长方体两个侧面 $AEMB$ 和 $AEND$ 上 AB、EM 及 AD、EN 棱线的透视方向。

③ 过 m_0 和 n_0 作 O_HX_H 的垂直线，分别交 A_0F_1、E_0F_1 和 A_0F_2、E_0F_2 于 B_0、M_0 和 D_0、N_0，$A_0E_0M_0B_0$ 和 $A_0E_0N_0D_0$ 即为长方体侧面 $AEMB$ 和 $AEND$ 的透视图。

④ 连接 N_0F_1 和 M_0F_2 交于 G_0，$E_0M_0G_0N_0$ 即为长方体上底面的透视图。

长方体的透视图，也可以先画出下底面长方形的透视图，再定出四条侧棱的高，最后作出上底面的透视图。

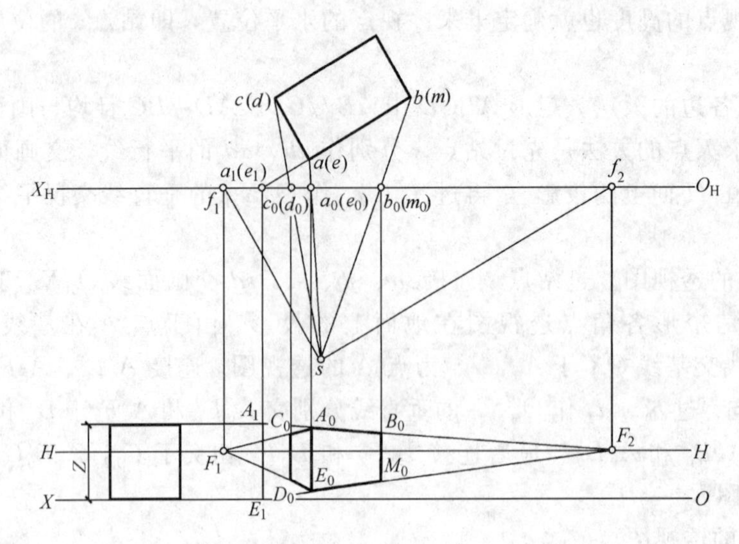

图 12-28　与画面有一定距离的长方体的透视图

如果长方体与画面有一定的距离（图 12-28），作透视图时必须假设将长方体的一个侧面延长至与画面相交，其交线反映长方体的高。再通过其高作侧面上有关棱线的透视方向，并进一步完成长方体的透视图，其作图方法和步骤如下。

① 延长 ba 交 O_HX_H 于 a_1，过 a_1 作 O_HX_H 的垂直线交 OX 上于 E_1，在其上截取 $A_1E_1=Z$。

② 连接 A_1F_2 和 E_1F_2，$A_1E_1F_2$ 为侧面 $ABME$ 上 AB、EM 棱线的透视方向。

③ 过 a_0 和 b_0 作 O_HX_H 的垂直线分别交 A_1F_2 和 E_1F_2 于 A_0、B_0、E_0、M_0，则 $A_0B_0M_0E_0$ 为侧面 $ABME$ 的透视图。

④ 连接 A_0F_1 和 E_0F_1，$A_0E_0F_1$ 为侧面 $AEDC$ 上 AC、ED 棱线的透视方向。过 c_0 作 O_HX_H 的垂直线交 A_0F_1 和 E_0F_1 上于 C_0、D_0，则 $A_0E_0D_0C_0$ 为侧面 $AEDC$ 的透视图。

3．建筑形体的透视图

图 12-29 所示为根据平屋顶房屋形体的平面图和侧面图，作透视图的方法和步骤。作图可分为两步：第一步作墙身部分长方体的透视图，方法同图 12-27；第二步作屋顶部分长方体的透视图。

由于屋顶部分过点 C 的侧棱在画面之前，因此，过点 C 的侧棱的透视图，不反映屋顶的真实高度。所以，作图时应过平面图与画面线的交点 a、b 作 O_HX_H 的垂直线，在其上截取 A_0E_0 和 B_0D_0 等于 Z_2（因为 A_0E_0 和 B_0D_0 是屋顶两侧面与画面的交线，反映屋顶的真实高度）。最后，连接 A_0F_1、E_0F_1 和 B_0F_2、D_0F_2，即可作出屋顶的透视图。

图 12-30 所示为根据坡屋顶房屋形体的平面图和侧面图，作透视图的方法步骤，这个图的关键是求屋脊线 AB 的透视图。作法是延长 ab 交 O_HX_H 于 a_1，过 a_1 作 O_HX_H 的垂直线交 OX 于 C_1，截取 $A_1C_1=Z_2$，A_1C_1 为屋脊在画面上的真高。由于屋脊 AB 平行于长度方向 DE，因此灭点是 F_2，连接 A_1F_2 即为 AB 的透视方向。过 a_0 和 b_0 作 O_HX_H 的垂直线，分别交 A_1F_2 于 A_0 和 B_0，A_0B_0 为屋脊 AB 的透视图。最后连接 A_0D_0、

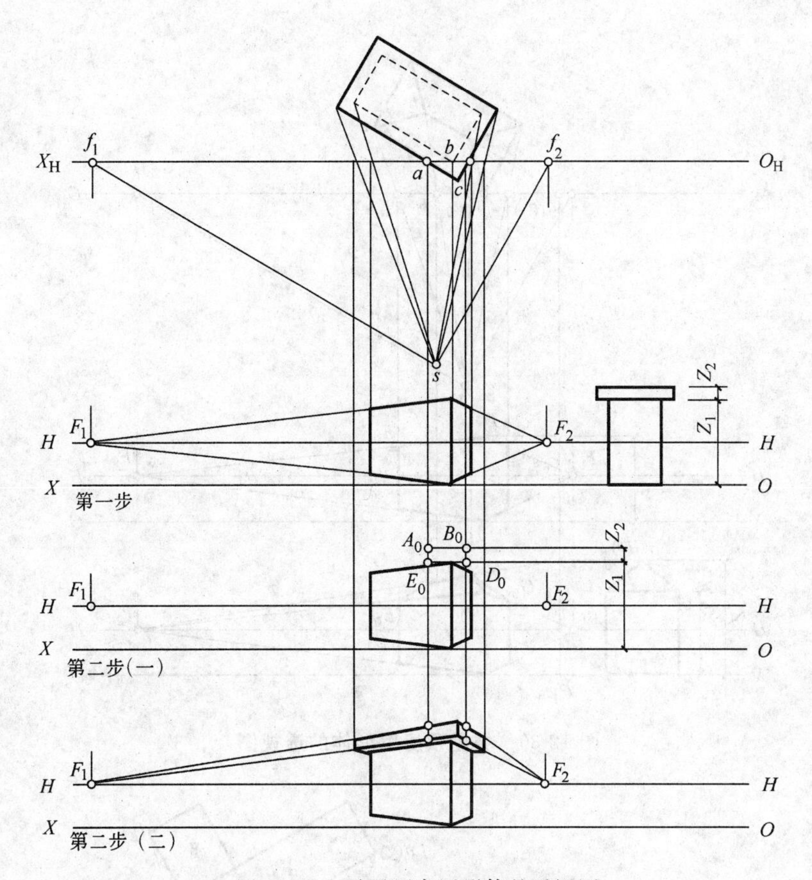

图 12-29　平屋顶房屋形体的透视图

A_0G_0 和 A_0E_0，即完成屋顶的透视图。

图 12-31 所示为两个长方体组合而成的建筑形体透视图的作图方法和步骤。作图时应分主次先后，先作主体部分Ⅰ，再作附属部分Ⅱ，并求出两个长方体的交线。

① 作主体部分Ⅰ的透视图。因主体部分是一个长方体，侧棱 EF 在画面上，作图方法同图 12-27。

② 作附属部分Ⅱ的透视图。附属部分Ⅱ实际上也是一个长方体，其侧面 $ABCD$ 平行主体部分Ⅰ的侧面 $EMGN$。因附属部分Ⅱ与画面有一定的距离，作图时应求出 AB 的真高 A_1B_1，再作出侧面上有关棱线的透视方向。其中 C_0D_0 为两个长方体交线的透视图。

③ 作附属部分Ⅱ另一侧面 $ABKL$ 的透视图 $A_0B_0K_0L_0$，即完成整个建筑形体的透视图。

4. 透视图前应考虑的几个问题

① 考虑建筑物的安放位置及视点的位置。一般应将建筑物的主要部分放在离视点较近的位置，使视角（视点与建筑物最左最右两侧连线的夹角）等于 28°～30°，并使视角的平分线垂直于 O_HX_H，或画宽与视距之比等于 1∶2（图 12-32）。

② 考虑建筑物与画面的夹角。通常建筑物的主立面与画面的夹角取 30°左右较为恰当，有时为了兼顾其他侧立面，夹角的大小也可以根据需要而改变为 20°或 45°左右（图 12-33）。

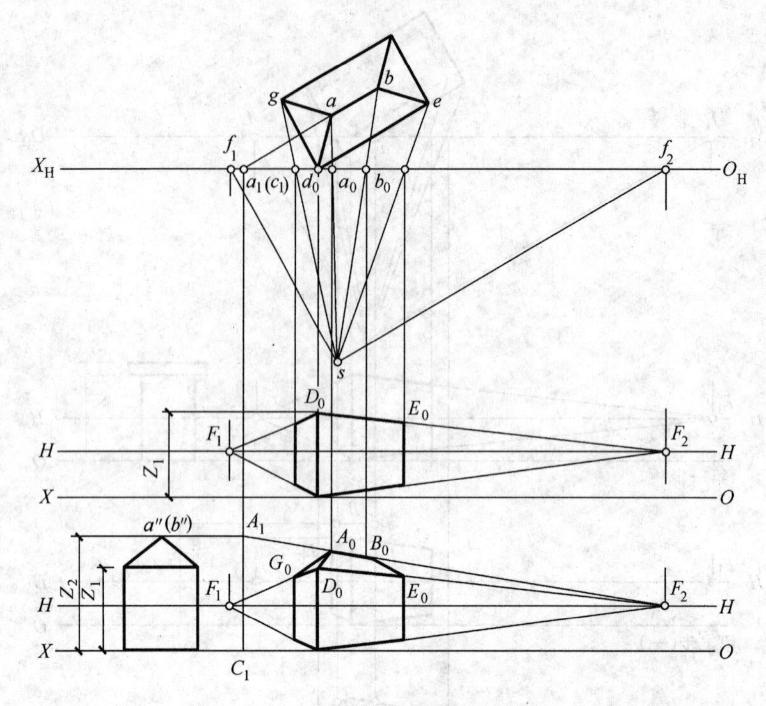

图 12-30　坡屋顶房屋形体的透视图

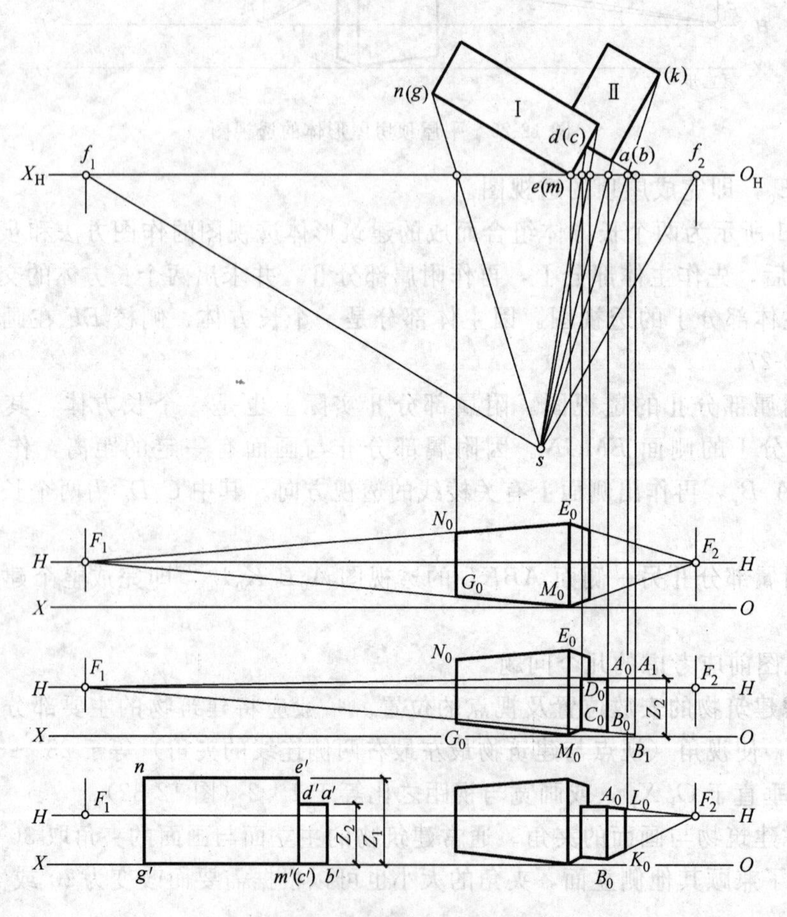

图 12-31　建筑形体的透视图

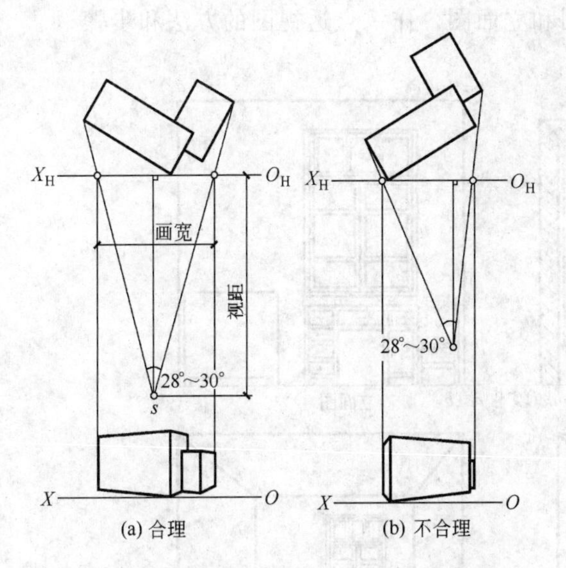

图 12-32 考虑建筑物的安放及视点的位置

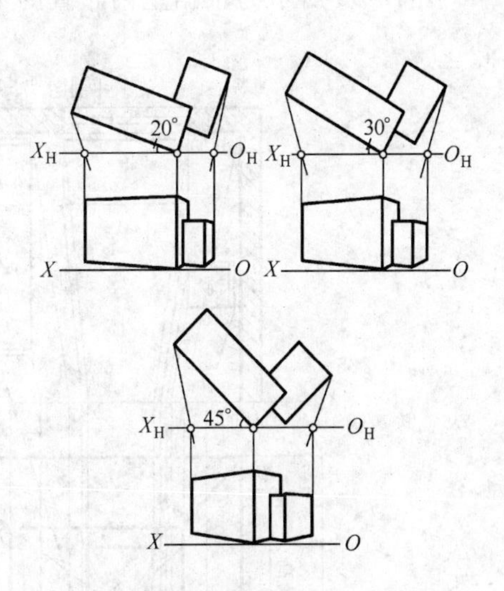

图 12-33 考虑建筑物主立面与画面的夹角

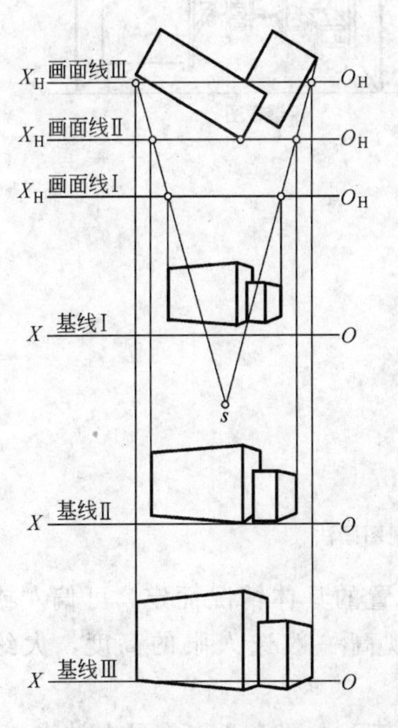

图 12-34 画面与建筑物的距离

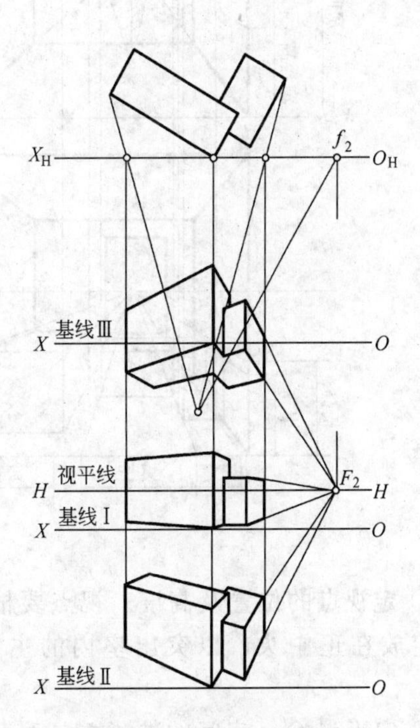

图 12-35 视点的高低

③ 考虑建筑物与画面的距离。建筑物与画面的距离远近，会影响透视图的大小。距离近的透视图大，反之则小（图 12-34）。

④ 考虑视点的高度。一般情况下视点的高度可取人的眼睛高度，但也可以根据需要，将视点升高或降低。视点升高，可得俯视图，视点降低，可得仰视图（图 12-35）。

三、一点透视的画法

在一点透视中，物体有两组主要方向的轮廓线平行于画面，一组主要方向的轮廓线垂直于画面，因此只有一个灭点。它一般用于室内布置、庭园、长廊和街景等透视图。

图 12-36 所示为根据室内布置的平面图和立面图，作一点透视图的方法和步骤。

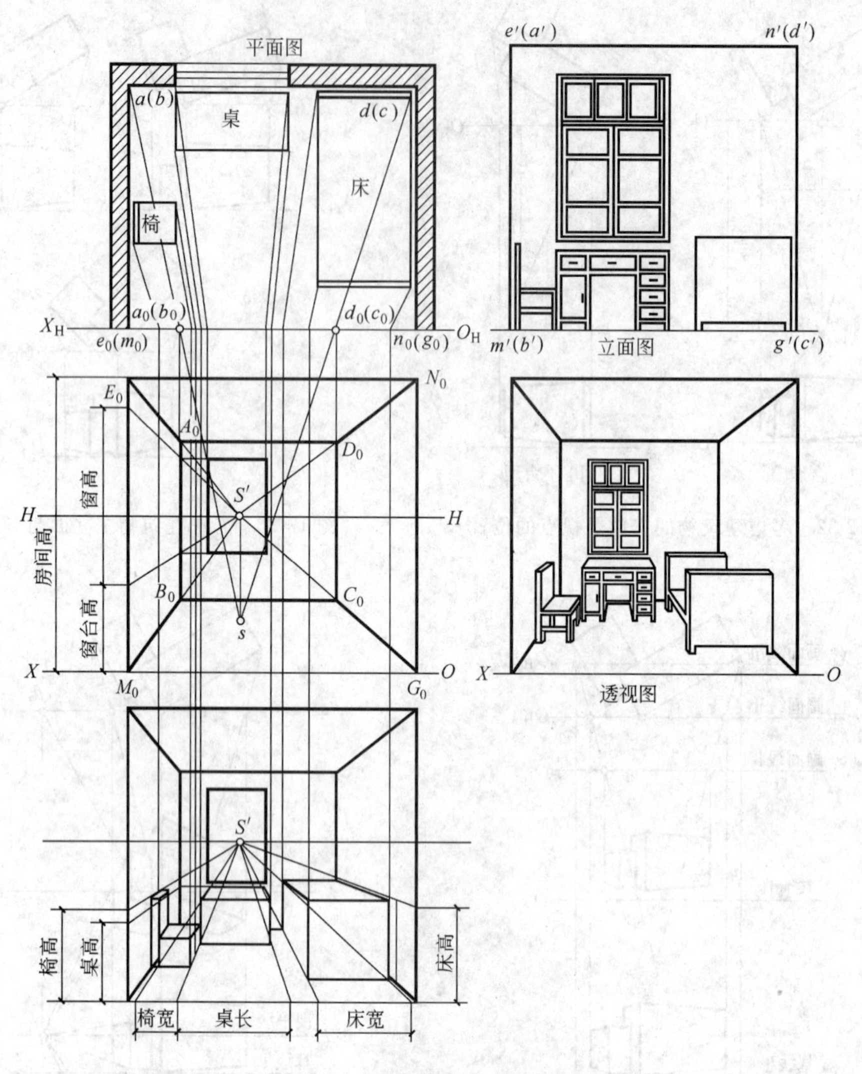

图 12-36 室内布置透视图画法

① 定视点的位置及高度。视点要根据室内布置的具体情况而定，可偏左或偏右，不一定放在正中央，以突出室内的主要部分。视高一般选人眼的高度，大约 1.6m 左右。

② 定灭点 S'。房间的进深方向垂直于画面，其灭点即为心点，可由站点 s 向 HH 作垂线求得。

③ 作墙角线及窗位置的透视图。画面与房间的交线为 $E_0M_0G_0N_0$，连接 $S'E_0$、$S'M_0$、$S'G_0$、$S'N_0$ 为左右两墙面与地面及天棚的交线 AE、BM、CG、DN 的透视方向。过画面线 O_HX_H 与视线在 V 面上的投影的交点作铅垂线，求得与画面平行的正墙面 $ABCD$ 的透视图 $A_0B_0C_0D_0$。窗在 $ABCD$ 上，与画面有一定的距离，必须首先在侧墙面与画面的交线上定出窗的真高，再求出它的透视高度。

④ 作床、桌、椅等家具的透视图。床、桌、椅与画面都有一定的距离，因此都必须假想把这些家具延伸至画面上，定出它们的长（或宽）、高的真实尺寸，再求出它们

的透视轮廓，最后画出家具的细部。

第六节　透视图的简捷作图法

在画透视图时，当建筑物的主要轮廓画出后，一些细部轮廓可用简捷的方法作出。

一、利用对角线等分已知透视窗

如图 12-37 所示，房屋的立面为等距离的四个开间，这些开间的等分线都通过相应矩形对角线的交点。作这些等分线的透视图的方法与步骤如下。

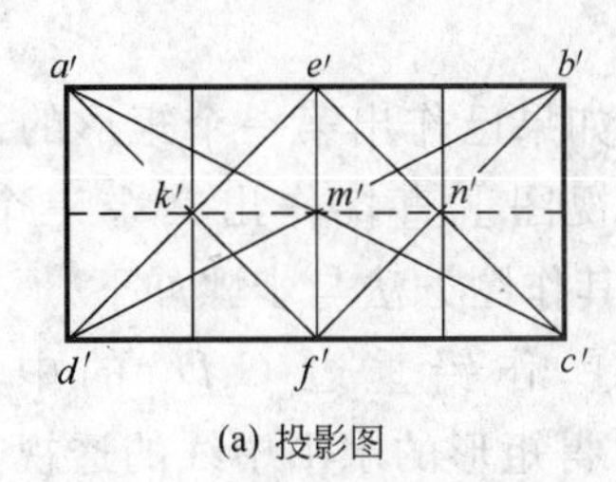

(a) 投影图

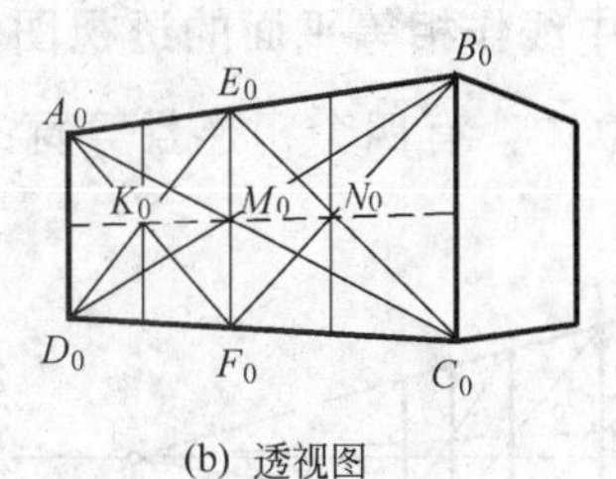

(b) 透视图

图 12-37　利用对角线等分已知透视面

① 作 $A_0B_0C_0D_0$ 的对角线交于 M_0。

② 过 M_0 作 B_0C_0 或 A_0D_0 的平行线 E_0F_0，即为立面 $ABCD$ 等分线的透视图。

③ 用同法可求得 N_0、K_0，过 N_0、K_0 作直线平行 E_0F_0，即为 $BCFE$ 和 $ADFE$ 等分线的透视图。如果连接 $K_0M_0N_0$ 则为 $ABCD$ 高度方向等分线的透视图。

二、利用辅助灭点分割已知透视面

如图 12-38 所示，房屋的立面为不等距的七个开间，作透视图的方法与步骤如下。

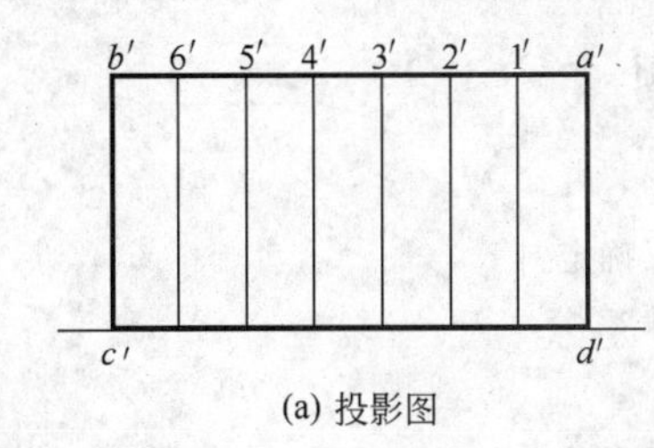

(a) 投影图

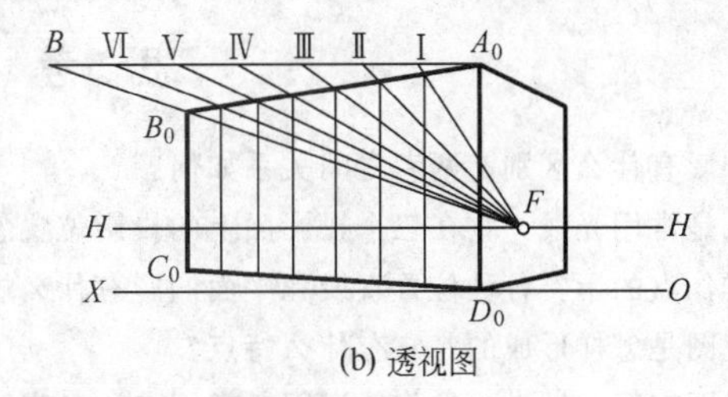

(b) 透视图

图 12-38　利用辅助灭点分割已知透视面

① 过 A_0 作水平线 A_0B 在其上截取 A_0Ⅰ、Ⅱ等分别等于 $a'1'$、$1'2'$ 等。

② 连接 BB_0 并延长交 HH 于 F，F 即为辅助灭点。

③ 接 FⅠ、FⅡ等交 A_0B_0 上各点，通过这些点作铅垂线，即为各开间的分割线。

三、利用辅助线横向分割已知透视面

如图 12-39 所示，房屋立面垂直方向分为不等距的四个高度，由于 AB 在画面上，A_0Ⅰ$_0$、Ⅰ$_0$Ⅱ$_0$ 等分别等于 $a'1'$、$1'2'$ 等分别求 D_0C_0 上的分割点的作图方法与步骤如下。

① 辅助线 D_0E，在 D_0E 上截取 D_0Ⅰ$=a'1'$、ⅠⅡ$=1'2'$等。

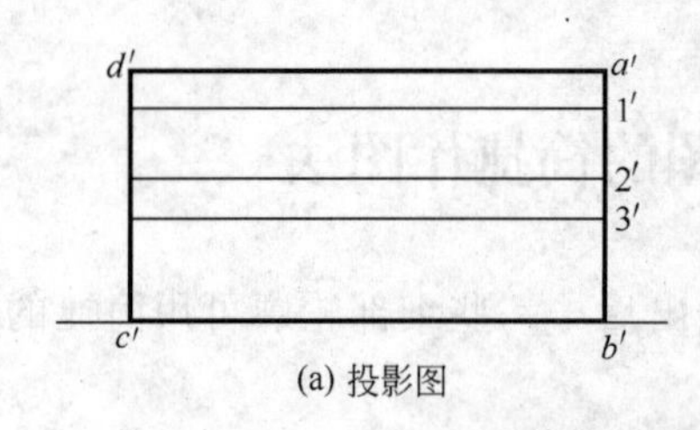

(a) 投影图

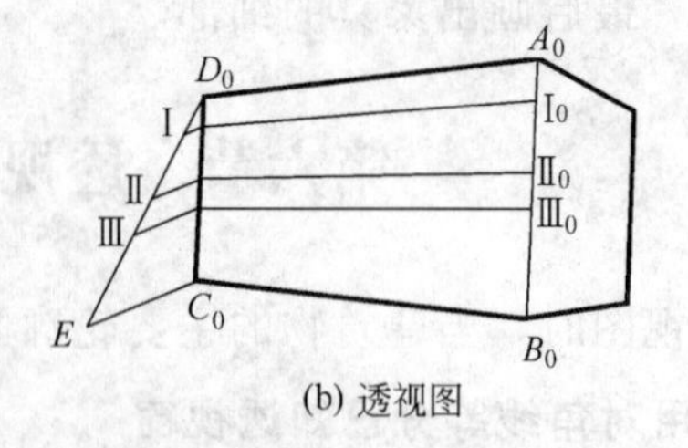

(b) 透视图

图 12-39　利用辅助现横向分割已知透视面

② 连接 EC_0，过Ⅰ、Ⅱ、Ⅲ作直线平行 EC_0 交 D_0C_0 上各点即为分割点的透视图。

四、利用中线作相等平面的透视图

在图 12-40 中，有四个相连且等宽的矩形，如果已作出第一个矩形的透视图，即可在透视图上直接作出其余三个矩形的透视图。其作图方法与步骤如下。

图 12-40　利用中线作相等平面的透视图

① 作铅垂边 C_0D_0 的中点 O_0，连接 O_0F_2 得矩形的水平中线的透视方向。

② 连接 A_0O_0 并延长，交 B_0F_2 于 G_0，A_0G_0 即为矩形 $ABGE$ 的对角线。

③ 过 G_0 作铅垂线 G_0E_0，即为第二个矩形的另一铅垂边的透视图。

④ 重复上述方法，可以作出第三个、第四个矩形。

各个矩形的对角线在空间都是平行的，它们的透视必相交于同一个灭点 F，即 A_0G_0 与过 F_2 的铅垂线的交点。

思　考　题

1. 阴和影有什么区别？两者之间关系如何？
2. 什么是常用光线，它在三个投影面上的投影位置怎样确定？
3. 怎样作点的影？各种位置直线和平面的影有什么规律？
4. 透视图是怎样形成的？它有什么特点？
5. 透视图有哪些种类？在作透视图时常用名称各表示什么含意？
6. 直线的透视有哪些规律？
7. 画透视图时应怎样确定画面、站点、视平线和灭点？

参考文献

[1] 吴运华，高远主编. 建筑制图与识图. 武汉：武汉理工大学出版社，2004.

[2] 乐荷卿主编. 土木建筑制图. 武汉：武汉工业大学出版社，1995.

[3] 颜金樵主编. 建筑制图. 北京：高等教育出版社，1988.

[4] 陈玉华，王德芳主编. 土建制图. 上海：同济大学出版社，1991.

[5] 宋平安主编，建筑制图. 北京：中国建筑工业出版社，1997.

[6] GB/T 50001—2001 房屋建筑制图统一标准.

[7] GB/T 50105—2001 建筑结构制图标准.

[8] 00G101-1，04G101-4 混凝土结构施工图平面整体表示方法制图规则构造详图.

[9] 钱可强. 建筑制图. 北京：化学工业出版社，2010.

[10] 陈国瑞等. 建筑制图与 Auto CAD. 北京：化学工业出版社，2004.

[11] 吴慕辉等，建筑制图与 CAD. 北京：化学工业出版社，2008.